교사를 위한

확률과 통계 입문

Introduction to Probability and Statistics

황인아 지음

KYOWOO

머리말 PREFACE

확률론과 통계학은 단순한 숫자와 공식의 학문이 아니라 데이터의 정리와 분석을 통해 실세계에서 나타나는 문제상황을 과학적이고 합리적으로 해결하는 방법을 제시하여 주는 학문이다. 또한 확률론과 통계학은 우리 일상에서의 의사결정뿐만 아니라 불확실성의 세계를 살아가고 있는 우리에게 미래를 예측하고 대비할 수 있게 해주는 중요한 역할을 하고 있다.

급변하는 지식정보화 시대인 현대 사회는 이미 넘쳐나는 데이터 속에서 옥석을 가리기 위한 도구로써, 확률론과 통계학을 사회 전반에서 폭넓게 사용하고 있다. 특히 과학으로부터 공학, 의학, 기술, 교육학, 인문, 사회 등 거의 모든 학문 분야까지 확률론과 통계학이 깊숙이 스며들어 다양한 측면에서 기여하고 있다.

이 책은 대학에서 확률과 통계를 처음 접하는 학생들, 특히 예비교사들이 한 학기 동안 확률과 통계의 필수 기본 개념과 주요한 성질을 쉽게 이해하고 익힐 수 있도록 이론적인 설명과 함께 연관된 다양한 보기와 예제들로 구성하였다. 각 장의 연습문제에서는 해당 장에 관련된 중등교사 임용시험 기출문제를 제시하여 예비수학교사들이 중등교사 임용시험의 기초를 다질 수 있도록 구성하였다.

이 책은 크게 5장으로 구성되었다. 제1장 확률에서는 확률의 정의와 조건이 주어진 확률에 대하여 다루었고, 제2장 확률변수와 확률분포에서는 이산확률변수와 연속확률변수의 개념과 몇 가지 특별한 종류의 이산확률분포와 연속확률분포를 다루었다. 제3장 결합확률분포에서는 결합확률분포의 개념과 확률변수의 변환에 대하여 다루었으며, 제4장 표본분포에서는 통계량을 정리 요약하는 기술통계와 표본의 개념과 표본분포에 대하여 다루었다. 마지막으로 제5장 추정과 검정에서는 추정과 검정의 개념 및 방법에 대하여 다루었다.

이 책을 통하여 독자 여러분이 가지고 있던 막연한 확률과 통계에 대한 거부감이 사라지기를 기대한다. 특히, 예비교사들에게는 이 책의 내용이 후일 교사로서의 소중한 자산이 되기를 바란다.

끝으로 이 책이 출판될 수 있도록 애써주신 교우사와 도움을 주신 주위의 여러분들에게 감사한 마음을 표한다.

저자 황인아

목차 CONTENTS

제 1 장

확률

1. 확률론의 역사
2. 순열과 조합
3. 확률
4. 조건부확률

1 확률론의 역사

§1 확률론

확률론(Probability Theory)은 불확실성이 포함된 우연현상을 수리적으로 모형화하여 분석하는 방법을 연구하는 수학의 한 분야이다.

예를 들어, 수조 속에 쇠구슬을 떨어뜨리는 실험을 여러 번 반복해도 쇠구슬의 위치는 항상 똑같은 위치에 떨어지는데 이와 같이 항상 일정하게 움직이는 현상을 결정론적 현상 또는 물리적 현상이라고 한다. 이러한 결정론적 현상은 수학적으로 모델링하여 분석될 수 있다. 한편, 작은 쌀 한 톨을 수조에 떨어뜨리는 실험을 반복하는 경우에 쌀 한 톨은 무게가 가볍기 때문에 공기의 흐름, 물의 흐름 등과 같은 우연적인 요인에 의해 항상 같은 위치에 떨어지지 않는다. 이와 같이 우연적인 요인이 포함된 현상을 비결정론적 현상이라고 한다. 이러한 비결정론적 현상은 확률을 이용하여 분석될 수 있다.

18세기까지 수학자들은 결정론적인 현상을 주로 다루었다. 그러나 20세기에 들어와 양자역학이 나오면서 강력한 의미에서의 결정론이 모든 국면에서 반드시 일치하는 것은 아니라고 생각하는 학자들의 수가 증가하였다. 또한 사회가 복잡해지고 다기화되면서 결정론적으로는 설명이 어렵거나 불가능한 현상들이 발견되기 시작하면서 확률론적 접근방법이 점차 보편화 되기 시작하였다.

확률론은 17세기 중엽에 도박사들의 고민을 해결하는 과정에서 탄생하였지만 20세기 초에 미시계의 물리적 현상이 근본적으로 확률적인 본질을 갖고 있음이 알려지면서 기술공학, 사회과학, 자연과학, 양자역학 및 통계역학 등에서 그 응용이 광범위하게 이루어졌고, 그에 따라 확률론은 독자적인 학문으로서 인정받기에 이르렀다.

확률론은 일기예보, 금융수학, 게임이론, 복권 및 카지노 등 실생활과 여타 학문에서 많이 응용되고 있으며, 확률론에서 주로 다루는 내용은 확률의 정의와 성질, 조건부 확률의 정의와 성질, 확률변수와 확률분포, 대수의 법칙과 중심극한정리, 확률화과정이론 등이다.

§2 확률의 기원

확률의 시작은 도박, 즉 우연게임에 있다고 할 수 있다. 초기 우연게임에 사용된 도구는 동물의 복사뼈(Astragalos)였다. 고대 그리스에서는 4개의 복사뼈를 던져서 나온 눈의 모양에 따라 승부를 결정하는 놀이가 있었고, 고대 이집트(B.C.3500년경)에서는 복사뼈를 던져 나온 눈의 수에 따라 hound와 jackal이라는 말을 놀이판에서 옮기는 "hounds and jackals" 놀이가 있었다. 시간이 지남에 따라 우연게임에 사용되었던 동물의 복사뼈는 자연스럽게 다양한 재질(상아, 범고래 이빨, 나무, 돌, 금속, 플라스틱 등)의 주사위로 발달하였다. 초기의 주사위는 B. C. 3000년 경에 북이라크에서 발굴되었다고 알려져 있으며, B. C. 1500년 경에 이집트에서는 현재의 주사위와 거의 같은 모양의 주사위가 있었다고 한다. 우리나라에서도 통일신라시대에 놀이기구로 사용되었던 14면 주사위가 경주 안압지에서 출토되었다. 이 주사위는 삼각면 8개와 사각면 6개로 구성되어 있으며 각 면에는 4자씩의 한자어(술과 관련된 벌칙)가 쓰여 있었다. 때문에 "술과 관련된 명령을 내리는 도구"라는 뜻에서 "주령구"라고 부른다. 주사위 놀이 이후 14세기 프랑스에서는 카드놀이가 출현하였다. 그러나 그 당시 카드놀이는 도박이나 놀이용이 아니라 주로 종교의식에서 신성한 판단을 내리기 위한 목적으로 사용되었다고 한다.

안압지에서 출토된 14면 주사위
(목제 주령구)

확률의 개념은 15세기 말부터 16세기 초 경에 처음으로 도입되기 시작하였다. 1487년 파촐리(Paccioli : 1445~1509)는 그의 논문 "산술과 기하 비율의 총합"에 다음과 같은 공정한 분배에 관한 문제를 제시하였다.

「두 사람 A와 B가 같은 금액의 판돈을 내고 게임을 하고 있다. 게임의 규칙은 먼저 6게임을 이긴 사람이 판돈을 모두 갖기로 하였는데 두 사람이 게임을 하다가 불가피한 이유로 A가 4승 3패한 상황에서 게임을 중단할 수 밖에 없었다. 이때 두 사람이 승률이 같다면 판돈을 어떻게 나누는 것이 공정한가?」

파촐리는 이 분배문제의 해법을 제시하였지만 그의 해법(4 : 3으로 분배)은 틀린 것이었다.

1564년 카르다노(Cardano : 1501~1576)는 "우연게임에 관한 책"을 썼는데 이 책은 도박 안내

책자이자 확률의 기본 개념을 확립한 최초의 책으로 그의 사후 1663년에 발표되었다. 이 책에는 circuit(오늘날의 표본공간)이라는 개념이 처음으로 언급되었고, 두 주사위를 던져서 나온 눈의 합이 10일 경우의 확률을 계산하는 방법을 제시하였다. 또한 파촐리의 분배문제도 다루었는데 그 해법도 틀렸다고 한다.

갈릴레이(Galileo Galilei : 1564~1642)는 그의 사후인 1718년에 발표된 "주사위 게임에 관한 생각"이란 책에서 3개의 주사위를 던졌을 때 주사위의 눈의 합이 10이 되는 경우가 합이 9가 되는 경우보다 더 자주 일어난다는 것을 밝혔다.

확률의 개념은 1654년에 파스칼(Pascal : 1623~1662)과 페르마(Fermat :1601~1665)가 드메레의 주사위 문제와 파촐리의 분배문제를 해결하는 과정에서 탄생되었다. 프랑스의 귀족이었던 드메레(De Mere : 1607~1684)는 파스칼에게 다음과 같은 주사위 문제를 문의하였다.

「2개의 주사위를 던져서 적어도 한 번 이상 (6, 6)이 나올 우연이 $\frac{1}{2}$보다 크려면 최소 몇 번을 던져야 하는가?」

드메레는 24번 던지면 되는 것으로 생각했지만 그의 생각은 잘못되었고, 파스칼은 페르마와의 서신 왕래를 통하여 시행의 수가 25번 되어야 함을 확인하였다.

참고 적어도 한 번 이상 (6, 6)의 눈이 나올 확률은 $p=1-(\frac{35}{36})^n$ 이고, $n=24$일 때, $p=0.4914$, $n=25$일 때, $p=0.5055$이다.

파스칼이 해결한 두 번째 문제는 파촐리가 제시하였던 분배문제였다. 그는 게임이 계속된다고 할 때, 일반화된 분배문제의 해법은 각 도박사의 승률에 비례해서 몫을 나누어야 한다고 하면서 이항계수의 산술삼각형(파스칼 삼각형)을 이용하여 그 몫을 계산하여 11 : 5로 분배하는 것이 올바른 분배임을 설명하였다.

| 파스칼과 페르마의 해법 |

<table>
<tr><th></th><th>7회</th><th>8회</th><th>9회</th><th>10회</th><th>11회</th><th>A가 이길 확률</th><th>$_nC_x p^x(1-p)^{n-x}$
n:시행 횟수, x: A가 이긴 횟수</th></tr>
<tr><td>A</td><td>4승3패</td><td>승</td><td>승</td><td></td><td></td><td rowspan="2">$\frac{1}{2}\times\frac{1}{2}=\frac{1}{4}$</td><td rowspan="2">$_2C_2\,(\frac{1}{2})^2(1-\frac{1}{2})^0=\frac{1}{4}$</td></tr>
<tr><td>B</td><td>3승4패</td><td>패</td><td>패</td><td></td><td></td></tr>
<tr><td>A</td><td>4승3패</td><td>승</td><td>패</td><td>승</td><td></td><td rowspan="2">$\frac{1}{2}\times\frac{1}{2}\times\frac{1}{2}=\frac{1}{8}$</td><td rowspan="4">$\{\,_2C_1\,(\frac{1}{2})^1(1-\frac{1}{2})^{2-1}\,\}\times\frac{1}{2}=\frac{1}{4}$</td></tr>
<tr><td>B</td><td>3승4패</td><td>패</td><td>승</td><td>패</td><td></td></tr>
<tr><td>A</td><td>4승3패</td><td>패</td><td>승</td><td>승</td><td></td><td rowspan="2">$\frac{1}{2}\times\frac{1}{2}\times\frac{1}{2}=\frac{1}{8}$</td></tr>
<tr><td>B</td><td>3승4패</td><td>승</td><td>패</td><td>패</td><td></td></tr>
<tr><td>A</td><td>4승3패</td><td>승</td><td>패</td><td>패</td><td>승</td><td rowspan="2">$\frac{1}{2}\times\frac{1}{2}\times\frac{1}{2}\times\frac{1}{2}=\frac{1}{16}$</td><td rowspan="6">$\{\,_3C_1\,(\frac{1}{2})^1(1-\frac{1}{2})^{3-1}\}\times\frac{1}{2}=\frac{3}{16}$</td></tr>
<tr><td>B</td><td>3승4패</td><td>패</td><td>승</td><td>승</td><td>패</td></tr>
<tr><td>A</td><td>4승3패</td><td>패</td><td>승</td><td>패</td><td>승</td><td rowspan="2">$\frac{1}{2}\times\frac{1}{2}\times\frac{1}{2}\times\frac{1}{2}=\frac{1}{16}$</td></tr>
<tr><td>B</td><td>3승4패</td><td>승</td><td>패</td><td>승</td><td>패</td></tr>
<tr><td>A</td><td>4승3패</td><td>패</td><td>패</td><td>승</td><td>승</td><td rowspan="2">$\frac{1}{2}\times\frac{1}{2}\times\frac{1}{2}\times\frac{1}{2}=\frac{1}{16}$</td></tr>
<tr><td>B</td><td>3승4패</td><td>승</td><td>승</td><td>패</td><td>패</td></tr>
<tr><td></td><td></td><td></td><td></td><td></td><td></td><td colspan="2">$\frac{1}{4}+\frac{1}{4}+\frac{3}{16}=\mathbf{\frac{11}{16}}$</td></tr>
</table>

이와 같은 파스칼과 페르마의 해법은 확률의 기원을 이루었고, 많은 수학자로 하여금 확률에 관한 연구를 하게 하였다.

§3 확률론의 발전

파스칼과 페르마에 의해 확률의 개념이 나타난 이후에 확률론이 수학 원리로 굳건히 자리 잡게 된 것은 호이겐스, 베르누이, 드무아브르, 심프슨, 베이즈, 라플라스, 가우스, 포아송, 체비셰프, 마코브, 콜모고로브 등의 공헌에 의한 것이다.

1. 호이겐스(Christiaan Heygens : 1629~1695)

네덜란드의 수학자 호이겐스는 1657년에 확률이론에 관한 논문 "우연게임에 관한 추론"을 발표하였다. 이 논문은 실제적으로 우연게임에 관한 첫 번째 논문으로(카르다노의 책은 그의 사후 1663년에 발표됨) 3개의 명제와 11개의 정리로 구성되어 있다. 그가 제시한 3개의 명제는 기댓값에 관한 것이고, 11개의 정리는 파스칼과 페르마의 주사위 문제를 체계적으로 정리·확장한 것이다. 그리고 그의 논문의 끝부분에는 파스칼과 페르마가 제시한 5개의 확률문제를 첨가했는데 그의 논문은 반세기 동안 확률이론의 입문서가 되었다.

확률이론은 파스칼, 페르마, 호이겐스의 연구로부터 17세기 중엽까지 확률의 덧셈법칙, 곱셈법칙 등이 발달하였으나 18세기 중엽까지는 수학적으로 큰 진전이 없었다.

2. 베르누이(James Bernoulli : 1654~1705)

1713년 베르누이는 "추측술"이라는 책을 출간했는데 그는 이 책에서 초기 확률이론의 개념적 혁신이라고 할 수 있는 큰 수의 법칙을 증명하였다. 추측술은 4개의 장으로 구성되어 있다. 베르누이의 가장 중요한 공헌은 추측술의 제 1장에서 호이겐스의 정리 3, 4, 5, 14를 조합론, 덧셈법칙, 곱셈법칙, 무한수열의 이론을 이용하여 해결한 것이다. 제 2장에서는 여러 가지 순열과 조합 이론을 다루었고, 제 3장에서는 여러 가지 우연게임과 주사위 게임에 대한 문제를 합의 법칙, 곱의 법칙, 조합론, 기대값의 계산, 조건부 기댓값 등을 귀납법을 사용하여 체계적으로 해결하였다. 제 4장에서는 사회문제, 윤리문제, 경제문제에 대한 확률의 응용에 대해 논의하였고, 큰 수의 법칙을 다루었다. 큰 수의 법칙은 확률이론의 실제적 응용과 이론 발달에 큰 공헌을 하였다.

3. 드 무아브르(Abraham De Moivre : 1667~1754)

1711년 드 무아브르의 확률이론에 관한 첫 번째 논문 "우연의 측정이나 우연성에 의존하는 게임에서 사건이 일어날 확률"이 영국 왕립학회에 발표되었다. 이 논문은 공굴리기 게임에서의 득점 문제와 도박사의 패망 문제 등을 포함하고 있으며 호이겐스와 몽마르트의 논문에 이어 확률의 발달사에 중요한 공헌을 하였다. 이 논문의 대부분의 내용은 1718년에 발표한 드 무아브르의 가장 빛나는 업적인 "우연론"에 포함되어 있다. 이 책의 제 3판은 1756년에 출간되었으며 과거 반세기 동안의 확률이론을 총망라한 최초의 현대적 확률교재이다.

우연론에서는 확률의 정의(같은 정도로 일어난다는 가정이 없음)와 기본 정리, 그리고 일련의 문제들로 구성되어 있다. 우연론의 첫 번째 개정판에는 합성확률, 도박사의 패망확률 등 53개의 확률문제가 실려 있고, 두 번째 개정판에는 득점 문제, 주사위 확률, 확률의 곱셈정리, 기댓값 등에 대한 75개의 문제와 15개의 보험수학 문제가 실렸으며, 세 번째 개정판에는 1718년부터 1756년까지 다루었던 확률문제를 망라하였고, 이전 문제를 확장한 새로운 문제와 새로운 주석, 정리를 추가하여 이항분포, 대기시간 분포 등 74개의 확률문제와 33개의 보험수학 문제가 실려 있다.

드 므아브르는 정규분포를 최초로 고안하였고 생명연금에 있어서 확률론을 통계에 응용하였으며 확률모함수의 개념을 최초로 소개하였다.

4. 심프슨(Thomas Simpson : 1710~1761)

18세기 초 확률론은 영국의 수학자 심프슨과 베이즈의 연구에 의해 큰 진전을 이루었다. 심프슨은 1775년 그의 논문 "기계, 물리, 수학 분야에서 흥미 있는 제 문제의 특성"에서 「같은 조건하에서 실험을 반복할 때 실험을 더 많이 하면 할수록 결론의 오차율은 줄어든다」라는 사실을 밝혀 통계적 오차이론에 큰 기여를 하였다. 증명없이 제시된 이 "대수의 법칙"은 천문학자들로부터 공감을 얻었다. 또한 그는 처음으로 연속분포를 고안하였고, 연속분포의 그래프를 제시하였으며, 1752년에는 "관측된 생명표"를 발표하였는데, 이것은 드무아브르의 생명표와 사망에 관한 수학적 법칙 등에 대한 논쟁을 수정·보완한 것이다.

5. 베이즈(Thomas Bayes : 1701~1761)

확률이론에 관한 베이즈의 연구는 그의 사망 이후인 1763년에 발표된 "우연론의 문제풀이에 관한 에세이"에 나타나 있다. 여기서 그는 처음으로 이항분포의 그래프와 성질을 유도하였다. 그의 이름을 딴 베이즈 정리는 확률의 곱셈법칙을 다른 형태로 나타낸 것이고 의학통계에서 많이 응용하여 사용되고 있는 것으로, 라플라스가 붙인 이름이다.

6. 라플라스(Pierre Simon Laplace : 1749~1827)

라플라스는 확률이론에 지대한 공헌을 하여 현대 확률론의 아버지라고 불리운다. 그는 1812년 "확률의 해석적 이론"을 발표하였는데 그는 이 책에서 베르누이 정리의 새로운 증명, 득점문제(분배문제), 뷔퐁의 바늘문제, 생테 피터스부르그의 파라독스 등 여러 가지 확률문제의 해법을 제시하였고, 수학적 확률(고전적 확률)을 정의하였다.

라플라스는 확률의 추론에 대한 4권의 저서를 남겼다. 이 중에서 18세기 수학적 확률론의 역사에서 가장 의미있는 연구로 1773년의 "원인 사건에 대한 고찰", 1780년의 "확률에 대한 고찰"을 손꼽는다. 그는 결과에 대한 원인 확률을 구할 수 있는 "역확률"을 생각해 냈고, 1774년에 원인확률이 사전에 균등하게 주어졌을 때 베이즈 정리의 특수한 경우를 제시했다. 또한 라플라스는 1772년부터 1774년에 걸쳐 관측된 사건의 실제 일어난 시간 t를 찾는 문제에 몰두하였다. 그는 관측치가 t로부터 x만큼 차이가 날 확률 $f(x)$를 오차곡선이라 하고, 이 함수를 어떻게 찾을 것인가에 관심을 기울였다. 결국 그는 1774년 $f(x) = \frac{m}{2} e^{-m|x|}$인 분포를 찾았다. 이 분포를

오늘날 라플라스분포 또는 이중지수분포(Double Exponential Distribution)라고 부른다.

라플라스는 1774년부터 1786년의 일련의 논문에서 이항분포나 기하분포의 정규근사를 탐구하고 있었다. 이 논문들의 대부분은 "확률의 해석적 이론"(1812)에 수록되어 있다. 라플라스의 가장 중요한 업적은 1810년에 발표한 중심극한정리이다. 그는 드 무아브르의 극한정리를 일반화하여 이항분포의 극한분포는 정규분포에 따른다는 것을 증명하였다. 이 정리는 현재 드 무아브르- 라플라스 정리로서 알려져 있다. 즉, n 이 충분히 크면, ${}_nC_x p^x q^{(n-x)} \approx \frac{1}{\sqrt{2\pi}\sqrt{npq}} e^{-\frac{(x-np)^2}{2npq}}$ 이 성립한다.

7. 가우스(Carl Friedrich Gauss : 1777～1855)

가우스는 1809년에 "태양 주위로 움직이는 행성 운동 이론"이라는 논문에서 행성의 궤도를 확률적 개념으로 접근하여 처음으로 정규분포를 제시하였다. 행성궤도에 관한 미지의 방정식과 관측치 간의 차를 오차 E라 하면, 이에 대한 확률값 $f(E)$는 곡선을 이루며 $f(E) = \frac{h}{\sqrt{\pi}} e^{-\frac{E^2}{h^2}}$, $h > 0$을 만족한다는 사실을 밝혔다.

여기서 h는 관측값의 정도에 대한 척도로 이 곡선을 정규곡선 또는 가우스곡선이라 부른다.

8. 포아송(Simeon Denis Poisson : 1781～1840)

포아송은 포아송 분포에서의 큰 수의 법칙과 근사정리를 유도하였다. 그의 큰 수의 법칙은 베르누이의 법칙을 일반화 한 것이고, 근사정리는 포아송 분포의 모수 p에 대한 추정량을 제시한 것이다. 이 2개의 정리와 법정판결의 정확성 평가, 물리학에서의 확률응용 등이 1837년 포아송의 주요 연구인 "확률 연구"에 나타나 있다.

9. 체비셰프(Pafnuty Chebyshev : 1821～1894)

체비셰프는 1886년에 그의 논문에서 체비셰프 부등식을 증명하였고, 이를 이용하여 체비셰프 정리(베르누이 정리와 포아송 정리의 확장)를 증명하였다. 체비셰프가 증명한 또 하나의 주요 정리는 적률법에 의한 중심극한정리로 1887년 "확률에 관한 2가지 정리"란 제목으로 발표하였다. 그는 이 논문에서 확률론의 적률법을 구축한 것으로 평가받는다.

10. 마코브(Andrey Markov : 1856~1922)

마코브는 1913년에 확률이론 발달에 많은 기여를 한 저서 "확률 해석학"을 출판하고 이 책을 교재로 강의하였다. 그의 업적 중 하나는 체비셰프의 중심극한정리에서 조건을 완화하여 적률법으로 간단히 특성함수를 사용하여 증명하였다는 것이다. 그 후 중심극한정리는 그 조건을 더욱 약화하여 1922년에 린드버그가 증명하였으며, 1935년에는 펠러가 증명하였다.

또한 마코브는 종속변수의 확률변수에 대한 큰수의 법칙과 중심극한정리를 증명하였고, 확률론의 새로운 분야인 마코브 확률과정을 고안하였다.

11. 콜모고로브(Andrey Kolmogorov: 1903~1987)

20세기 초까지는 모든 확률교재에서 라플라스의 수학적 확률의 정의를 사용하였다. 이 정의는 같은 정도로 일어나는 유한 표본공간에서 정의된 확률이기 때문에 조건이 만족되지 않는 상황에서는 적용할 수 없다.

확률이론에도 공리적 방법에 의한 새로운 논리구조의 필요성이 서서히 대두하게 되었다. 20세기 초반 수학분야에서는 유클리드 기하학 원론에서의 공리, 로바체브스키의 공리(평행선 공준)를 이어받아 힐베르트와 페아노의 공리가 발표되던 시기이다. 확률이론의 공리화는 베른스타인(Bernstein : 1880~1968)에 의해 최초로 도입되었다. 그는 1917년에 발표한 그의 논문 "확률이론의 공리적 기초에 관한 에세이" 에서 확률을 3가지 공리 즉, (1) 확률의 비교 공리 (2) 배반사건 공리 (3) 결합사건 공리로 구체화하였다. 이보다 진전된 확률의 공리화는 콜모고로브의 연구에 기인한다. 그는 1933년에 발표한 책 "Grundbegriffe der Wahrscheinlich-Keitsrechnung"에서 집합론의 개념을 이용한 공리로 확률이론의 논리적 기초를 확립하게 된다.

콜모고로브의 확률공리의 결과로 확률론은 현대의 수학 원리로 발달하게 되었고 많은 분야에서 응용할 수 있게 되었다. 1654년 파스칼과 페르마가 제시했던 확률 개념이 1933년 콜모고로브의 공리적 확률의 정의로 명확하게 정의되기까지 무려 400년 이상이 걸렸다.

| 확률론의 역사 연대기표 |

년도	학자	내용
1487	Paccioli	"산술과 기하 비율의 총합"이라는 논문에서 분배문제 제시
1564	Cardano	"우연게임에 관한 책"(사후인 1663년 발표)에서 확률론의 기초 개념 확립, 표본공간 개념, 확률개념 제시
1654	Pascal & Fermat	분배문제, 주사위 문제 해법, 확률의 창시자
1657	Heygens	"우연게임에 관한 추론"(확률에 관한 최초의 교재), 기댓값의 도입 및 응용
1713	James Bernoulli	"추측술"에서 큰 수의 법칙 증명
1713	Montmort	"우연게임의 분석에 관한 에세이"에서 확률에 대수적 방법 도입
1718	De Moivre	"우연론"(3판은 최초의 현대적 확률교재), 정규분포 최초 고안, $p=1/2$이고 n이 클 때 이항분포가 정규분포로 근사함을 확인
1763	Bayes	이항분포의 그래프와 성질 유도, 베이즈 정리
1775	Simpson	대수의 법칙, 통계적 오차이론, 연속분포의 고안과 그래프 제시
1809	Gauss	오차이론의 정규성 법칙
1812	Laplace	이항분포의 정규분포로의 근사, 수학적 확률(고전적 확률) 정의, 중심극한정리, 현대 확률론의 아버지
1837	Poisson	포아송 분포, 큰 수의 법칙 일반화, 근사정리
1886	Chebyshev	체비셰프 부등식, 적률법에 의한 중심극한정리
1913	Markov	마코브 확률과정 고안
1933	Kolmogorov	공리적 확률 정의

2 순열과 조합

§1 경우의 수

순번을 고르거나 자리를 배열할 때, 여행가는 교통수단을 선택하거나 비상 연락망을 짤 때 등과 같이 우리는 흔히 어떤 대상을 선택하거나 배열하는 상황을 겪게 된다. 이때 무엇보다 중요한 것은 모든 경우의 수를 중복되지 않고 빠뜨림 없이 세어야 한다. 어떤 사건이 일어나는 경우의 수를 정확하고 체계적으로 세는 것은 수학적 사고의 바탕이다.

1. 시행과 사건

동전을 던지거나 복권을 뽑는 경우와 같이 동일한 조건 아래에서 몇 번이고 되풀이할 수 있고, 그 결과가 우연에 따르는 실험이나 관찰을 **시행**(trial)이라고 한다. 그리고, 한 번의 시행에서 일어날 수 있는 모든 결과의 집합을 **표본공간**(sample space)이라 하고, 표본공간의 부분집합을 **사건**(event)이라고 한다. 전체집합인 표본공간은 반드시 일어나는 사건이고, 이것을 기호로 Ω 또는 S와 같이 나타낸다.

표본공간의 각각의 원소 즉, 어떤 시행에서 발생한 각각의 결과를 **표본점**(sample point)이라고 한다. 또 어떤 시행에서 표본공간의 한 원소로만 이루어진 집합, 즉 한 개의 표본점만을 결과로 가지고 있는 사건을 **단순사건**(simple event) 또는 **근원사건**(elementary event)이라고 한다.

어떤 시행에서 표본공간 전체, 즉 반드시 일어나는 사건을 **전사건**(sure event)이라고 하며, 어떤 시행에서 한가지의 결과도 발생하지 않는 공집합, 즉 결코 일어나지 않는 사건을 **공사건**(empty event)이라고 한다. 공사건은 기호로 $\varnothing$ 으로 나타낸다.

〈예제 1-1〉

(1) 한 개의 동전을 던지는 시행에서,
앞면을 H, 뒷면을 T 라고 하면 표본공간은 $\Omega = \{H,\ T\}$ 이다.

(2) 농구에서 3점 슛이 성공할 때까지 던지는 시행에서,

성공을 s, 실패를 f 라고 하면 표본공간은 $\Omega = \{s,\ fs,\ ffs,\ \cdots\}$ 이다.

(3) 윷을 던지는 시행에서, 표본공간은 $\Omega = \{$등, 배$\}$ 이다.

(4) 시계의 분침이 가리키는 눈금을 x 라고 하면, 표본공간은 $\Omega = \{x \mid 0 \le x < 60\}$ 이다.

표본공간 Ω 의 두 사건 A, B에 대하여

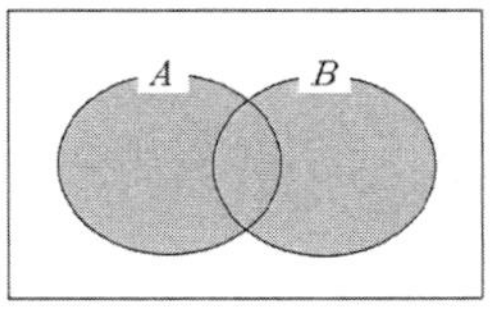

1) 사건 A 또는 B가 일어나는 사건을 A와 B의 **합사건**(union event)이라 하고, 이것을 기호로 $A \cup B$와 같이 나타낸다.

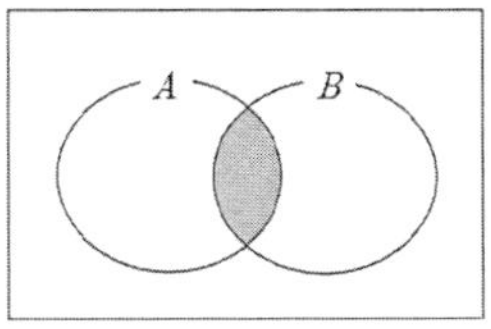

2) 사건 A와 B가 동시에 일어나는 사건을 A와 B의 **곱사건**(product event)이라 하고, 이것을 기호로 $A \cap B$와 같이 나타낸다.

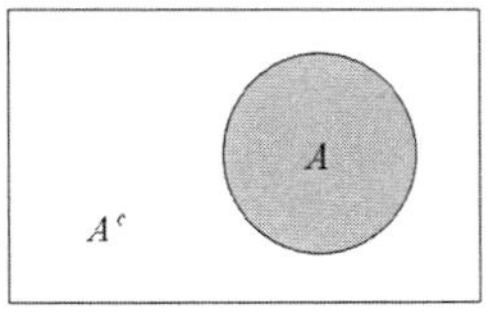

3) 어떤 시행에서 사건 A 에 대하여 A 에 포함되지 않은 근원사건들의 집합을 A 의 **여사건**(complement event)이라 하고, 이것을 기호로 A^C와 같이 나타낸다.

4) 두 사건 A, B가 $A \cap B = \varnothing$ 일 때, 즉 두 사건 A, B가 동시에 일어나지 않을 때, 두 사건 A, B는 서로 **배반사건**(exclusive event)이라고 한다.

〈예제 1-2〉

어떤 상자에 1부터 10까지의 숫자가 하나씩 적힌 공이 들어있다. 한 개의 공을 꺼내는 시행에서 다음을 구하여라.

(1) 표본공간

(2) 근원사건

(3) $A =$ 꺼낸 공의 숫자가 3의 배수인 사건

(4) $B =$ 꺼낸 공의 숫자가 6의 약수인 사건

(5) 사건 A와 B의 합사건

(6) 사건 A와 B의 곱사건

풀이

(1) 표본공간은 시행에서 일어날 수 있는 모든 결과의 집합이므로

$\Omega = \{1,\ 2,\ 3,\ \cdots,\ 9,\ 10\}$ 이다.

(2) 근원사건은 표본공간의 한 원소로만 이루어진 집합, 즉 한 개의 표본점만을 결과로 가지고 있는 사건이므로 $\{1\}, \{2\}, \{3\}, \cdots, \{9\}, \{10\}$ 이다.

(3) A 가 꺼낸 공의 숫자가 3의 배수인 사건이므로 $A = \{3,\ 6,\ 9\}$ 이다.

(4) B가 꺼낸 공의 숫자가 6의 약수인 사건이므로 $A = \{1,\ 2,\ 3,\ 6\}$ 이다.

(5) 사건 A 와 B 의 합사건은 $A \cup B = \{1,\ 2,\ 3,\ 6,\ 9\}$ 이다.

(6) 사건 A 와 B 의 곱사건은 $A \cap B = \{3,\ 6\}$ 이다. //

〈예제 1-3〉

서로 다른 두 개의 동전을 던지는 시행에서 다음을 구하여라.

(1) 표본공간

(2) 근원사건

(3) $A =$ 서로 다른 면이 나오는 사건

(4) $B =$ 서로 같은 면이 나오는 사건

(5) 사건 A 와 B 의 합사건

(6) 사건 A 와 B 의 곱사건

풀이 동전의 앞면을 H, 뒷면을 T라고 하면

(1) 표본공간은 시행에서 일어날 수 있는 모든 결과의 집합이므로

$\Omega = \{(H,\ H),\ (H,\ T),\ (T,\ H),\ (T,\ T)\}$ 이다.

(2) 근원사건은 표본공간의 한 원소로만 이루어진 집합, 즉 한 개의 표본점만을 결과로 가지고 있는 사건이므로 $\{(H,\ H)\}, \{(H,\ T)\}, \{(T,\ H)\}, \{(T,\ T)\}$ 이다.

(3) A 가 서로 다른 면이 나오는 사건이므로 $A = \{(H,\ T),\ (T,\ H)\}$ 이다.

(4) B가 서로 같은 면이 나오는 사건이므로 $B = \{(H,\ H),\ (T,\ T)\}$ 이다.

(5) 사건 A 와 B 의 합사건은 $A \cup B = \Omega$ 이다.

(6) 사건 A 와 B 의 곱사건은 $A \cap B = \varnothing$ 이다. //

2. 합사건과 곱사건에 대한 경우의 수

어떤 사건이 발생할 수 있는 각각의 방법을 **경우**(cases)라고 하며, 그 방법의 총 가지수를 **경우의 수**(possibility of cases)라고 한다. 또 사건 A 의 경우의 수를 $n(A)$ 와 같이 나타낸다.

경우의 수를 세는 기본적인 방법은 하나하나씩 세는 것이지만 보다 조직적이고 체계적으로 세기 위해서는 세는 규칙을 이용하는 것이 편리하다.

합의 법칙	사건 A 또는 B가 일어나는 경우의 수는 다음과 같다. (1) $A \cap B = \varnothing$ 인 경우, $n(A \cup B) = n(A) + n(B)$ (2) $A \cap B \neq \varnothing$ 인 경우, $n(A \cup B) = n(A) + n(B) - n(A \cap B)$

참고 일반적으로 합의 법칙은 셋 이상의 사건에 대해서도 성립한다.

〈예제 1-4〉

두 개의 주사위를 동시에 던졌을 때, 나오는 두 눈의 합이 10 보다 클 경우의 수는 두 눈의 합이 11 인 경우의 수를 구하여라.

풀이 사건 A를 두 눈의 합이 11 인 사건이라하고 사건 B를 두 눈의 합이 12 인 사건이라고 하자. 그러면 $A = \{(5, 6), (6, 5)\}$ 이고 $B = \{(6, 6)\}$ 이므로 $A \cap B = \varnothing$ 이다. 따라서 두 눈의 합이 11 인 경우의 수는 $n(A \cup B) = 2 + 1 = 3$ 이다. //

〈예제 1-5〉

앞에서 했던 <예제 1-2>와 <예제 1-3>에서 사건 A 또는 B가 일어나는 경우의 수를 구하여라.

풀이 <예제 1-2>에서 $n(A) = 3$, $n(B) = 4$, $n(A \cap B) = 2$ 이다. 따라서 사건 A 또는 B가 일어나는 경우의 수는 $n(A \cup B) = 3 + 4 - 2 = 5$ 이다.

<예제 1-3>에서 $n(A) = 2$, $n(B) = 2$, $A \cap B = \varnothing$ 이므로 사건 A 또는 B가 일어나는 경우의 수는 $n(A \cup B) = 2 + 2 = 4$ 이다. //

곱의 법칙

사건 A 가 일어나는 경우의 수 각각에 대하여 사건 B가 연이어 일어나는 경우의 수는 다음과 같다.

$$n(A \times B) = n(A) \cdot n(B)$$

여기서 $A \times B = \{(a,\ b) \mid \ a \in A,\ b \in B\}$ 이다.

참고 일반적으로 곱의 법칙은 셋 이상의 사건에 대해서도 성립한다.

〈예제 1-6〉

어떤 동아리 회의에 2 학년 학생 5 명과 신입생 7 명이 참석하였다. 동아리 행사를 위해 2 명씩 조를 만들어 자료를 조사하려고 한다. 이때, 2 학년 학생과 신입생이 한 조가 될 수 있는 경우의 수를 구하여라.

풀이 2 학년 5 명 각각에 대하여 신입생 7 명 중의 한 명이 한 조가 될 수 있으므로, 곱의 법칙으로부터 $5 \times 7 = 35$ 가지이다. //

〈예제 1-7〉

오른쪽 그림과 같은 4 개 지역을 4 가지 색깔로 구분하여 색칠하는 모든 경우의 수를 구하여라.

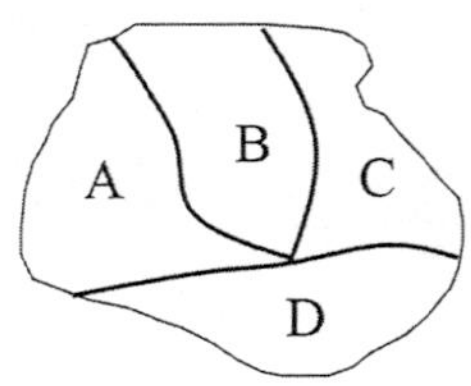

풀이

(1) $B \neq D$인 경우,

D를 칠하는 방법이 4 가지, A를 칠하는 방법이 3 가지, B를 칠하는 방법이 2 가지, C를 칠하는 방법이 2 가지이므로 칠하는 방법의 수는 곱의 법칙으로부터

$$4 \times 3 \times 2 \times 2 = 48 \text{가지이고,}$$

(2) $B = D$인 경우,

D를 칠하는 방법이 4 가지, A를 칠하는 방법이 3 가지, B를 칠하는 방법이 1 가지, C를 칠하는 방법이 2 가지이므로 칠하는 방법의 가짓수는 곱의 법칙으로부터

$$4 \times 3 \times 1 \times 3 = 36 \text{가지이다.}$$

따라서 문제에서 구하려고 하는 모든 경우의 수는 $48 + 36 = 84$ 가지이다. //

〈예제 1-8〉

84 의 약수의 개수를 구하여라.

풀이 $84 = 4 \times 21 = 2^2 \times 3 \times 7$ 이므로, 84 의 약수의 개수는 2^2 의 약수의 개수와 3 과 7 의 약수의 개수를 곱한 것과 같다. 이때, 2^2 의 약수는 1, 2, 2^2 의 3 개이고, 3 과 7 의 약수는 각각 1, 3 의 2 개와 1, 7 의 2 개이므로 곱의 법칙으로부터 84 의 약수의 개수는 $3 \times 2 \times 2 = 12$ 개이다. //

참고 일반적으로, 자연수 N 이 $N = a^{k_1} \times b^{k_1} \times \cdots \times n^{k_n}$ 으로 소인수분해 될 때, N 의 약수의 개수는 각각의 소인수 a^{k_1}, b^{k_1}, $\cdots$, n^{k_n} 의 약수 개수의 곱이므로 $(k_1 + 1) \times (k_2 + 1) \times \cdots \times (k_n + 1)$ 이다.

여기서 a, b, $\cdots$, n 은 서로 다른 소수이다.

한 반에서 회장과 부회장 각각 1명씩을 뽑는 경우와 대의원 2명을 뽑는 경우는 다르다. 전자는 순서를 고려해야 하는 경우이고, 후자는 순서를 고려할 필요가 없는 경우이다. 일반적으로 서로 다른 사물을 배열할 때, 그 순서를 고려해야 하는 경우와 그렇지 않은 경우는 배열하는 방법의 수가 다르다.

여기서는 순서를 고려하여 배열하는 경우에 대하여 알아본다.

§2 순열

서로 다른 n 개 중에서 r 개를 택하여 순서를 생각하고 한 줄로 배열하는 경우의 수를 n 개에서 r 개를 택하는 **순열**(permutation)**의 수**라 하고, 이것을 기호로 ${}_nP_r$ 과 같이 나타낸다.

1) 서로 다른 n 개 중에서 r 개를 택하여 한 줄로 배열할 때, 첫 번째 자리에 올 수 있는 것은 n 가지이고, 두 번째 자리에 올 수 있는 것은 첫 번째 자리에 놓인 것을 제외한 $(n-1)$ 가지이다. 이와 같이 생각하면 r 번째 자리에 올 수 있는 것은 $(n-(r-1))$ 가지이다. 따라서 순열의 수 ${}_nP_r$ 은 곱의 법칙으로부터 다음과 같다.

$$ {}_nP_r = n(n-1)(n-2)\cdots(n-(r-1)) \quad (0 \le r \le n) $$

2) 순열의 수 ${}_nP_r$에서 $r = n$ 일 때, 즉 서로 다른 n개를 한 줄로 배열하는 방법의 가지 수를 n 계승(factorial)이라 하고, 이것을 기호로 $n!$ 과 같이 나타낸다. 즉,

$$ {}_nP_n = n! = n(n-1)(n-2)\cdots 3 \cdot 2 \cdot 1 \quad (\text{단}, 0! = 1) $$

3) 순열의 수 ${}_nP_r(0 \le r \le n)$을 계승의 기호로 나타내면 다음과 같다.

$$ {}_nP_r = \frac{n!}{(n-r)!} $$

순열	서로 다른 n개 중에서 r개를 택하여 순서를 생각하고 한 줄로 배열하는 경우의 수는 ${}_nP_r = \dfrac{n!}{(n-r)!}$ $(0 \le r \le n)$ 이다.

〈예제 1-9〉

(1) 1, 2, 3, 4 의 4개의 숫자를 한 번씩만 이용하여 백의 자릿수를 만들 때, 가능한 경우의 수를 구하여라.

$$ {}_4P_3 = \frac{4!}{1!} = 4 \times 3 \times 2 \times 1 = 24 \text{ (가지)}. $$

(2) 6명의 계주 선수 중에서 4명을 뽑아 순서를 정하는 경우의 수는

$$ {}_6P_4 = \frac{6!}{2!} = 360 \text{ (가지) 이다.} $$

(3) 학생 3명을 5가지 유형의 봉사활동에 배분할 때, 각 봉사활동 당 많아야 한 명을 배분하는 경우의 수는

$$ {}_5P_3 = \frac{5!}{2!} = 60 \text{ (가지) 이다.} $$ //

순열의 수는 다음 성질을 만족한다.

순열의 성질	(1) ${}_nP_r = n \times {}_{(n-1)}P_{(r-1)}$ (단, $1 \le r \le n$) (2) ${}_nP_n = n!$ (3) ${}_nP_0 = 1$

§ 3 중복순열

서로 다른 n 개 중에서 중복을 허용하여 r 개를 택하고 한 줄로 배열하는 경우의 수를 **중복순열** (combination with repetition)**의 수**라 하고, 이것을 기호로 $_{n}\Pi_{r}$과 같이 나타낸다.

서로 다른 n 개 중에서 중복을 허용하여 r 개를 택하고 한 줄로 배열할 때, 첫 번째 자리에 올 수 있는 것은 n 가지, 그 각각에 대하여 두 번째 자리에 올 수 있는 것도 n 가지, r 번째 자리에 올 수 있는 것도 n 가지이므로 중복순열의 수 $_{n}\Pi_{r}$ 은 곱의 법칙으로부터 다음과 같다.

$$_{n}\Pi_{r} = \underbrace{n \times n \times n \times \cdots \times n}_{r\text{개}} = n^{r}$$

중복순열	서로 다른 n 개 중에서 중복을 허용하여 r 개를 택하여 한 줄로 배열하는 경우의 수는 $_{n}\Pi_{r} = n^{r}$ 이다.

〈예제 1-10〉

(1) 1, 2, 3, 4 의 4가지 숫자를 중복을 허락하여 세 자릿수를 만들 때 가능한 경우의 수는 $_{4}\Pi_{4} = 4^{4} = 256$ (가지)이다.

(2) 5 명이 가위바위보를 할 때, 내미는 경우의 수
(단, 가위바위보 중 나오지 않는 것이 있을 수 있다.)
= 5 통의 서로 다른 편지를 세 개의 우체통에 넣는 방법의 수
(단, 빈 우체통이 있을 수 있다.)
= 5 개의 서로 다른 연필을 3 명의 학생 A, B, C에게 나누어 주는 방법의 수
(단, 연필을 받지 못하는 학생이 있을 수 있다.)
= $_{3}\Pi_{5} = 3^{5} = 243$ (가지) //

§4 원순열

서로 다른 n개를 원형으로 배열하는 경우의 수를 **원순열**(circular permutation)**의 수**라고 한다.

서로 다른 n개를 한 줄로 배열하는 경우의 수는 $n!$(가지)이다. 이 n개를 원형으로 배열했을 때, $(1, 2, 3, \cdots, n)$, $(2, 3, \cdots, n, 1)$, $\cdots$, $(n, 1, 2, 3, \cdots, n-1)$은 모두 같은 방법이다. 즉, 이 n개의 방법이 한 가지이므로 $n!$을 n으로 나누어주어야 한다. 따라서, 서로 다른 n개를 원형으로 배열하는 경우의 수는 다음과 같다.

원순열	(1) 서로 다른 n개를 원형으로 배열하는 원순열의 수는 $\frac{n!}{n} = (n-1)!$ 이다. (2) 서로 다른 n개에서 r개를 택하여 원형으로 배열하는 원순열의 수는 $\frac{{}_nP_r}{r}$ 이다.

〈예제 1-11〉

(1) 7명 중 5명을 뽑아 원탁에 앉히는 경우의 수는 $\frac{{}_7P_5}{5} = 504$ (가지)이다.

(2) 오른쪽 그림과 같이 8명이 정사각형 모양의 탁자에 둘러앉을 때, 2명씩 짝을 이루어서 회전하면 같은 것이 되므로 4가지가 같은 경우가 된다. 따라서 이와 같은 정사각순열의 수는

$$\frac{8!}{4} = 10080 \text{ (가지)이다.}$$ //

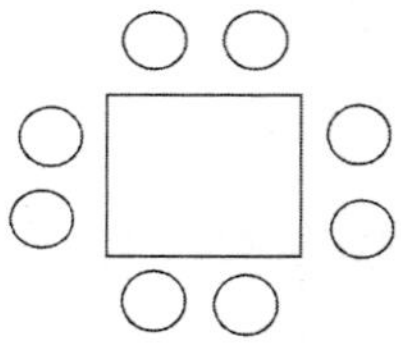

§5 같은 것이 있는 순열

n개 중에서 서로 같은 것이 $a, b, \cdots, k$개씩 있을 때, 이 n개를 한 줄로 배열하는 경우의 수를 구하여보자.

만일 n개가 서로 다른 것이라면, 이 n개를 한 줄로 배열하는 경우의 수는 $n!$(가지)이다. 그런데 n개 중에서 a개가 같은 것이라면, 이 a개를 다른 것으로 보고 한 줄로 배열한 경우의 수

$a!$ (가지)는 한 가지가 되므로 $n!$을 $a!$ 으로 나누어주어야 한다. 또, n 개 중에서 b 개가 같은 것이라면 $n!$을 $b!$ 으로 나누어주어야 한다. 따라서 n 개중에서 서로 같은 것이 a, b, $\cdots$, k 개씩 있을 때, 이 n 개를 한 줄로 배열하는 경우의 수는 $\dfrac{n!}{a!\,b!\,\cdots\,k!}$ 이다.

같은 것이 있는 순열	n 개중에 서로 같은 것이 a, b, $\cdots$, k 개씩 있을 때, 이 n 개를 한 줄로 배열하는 경우의 수는 $\dfrac{n!}{a!\,b!\,\cdots\,k!}$ 이다. (단, $a+b+\cdots+k=n$)

〈예제 1-12〉

(1) 10 개의 문자 s, t, a, t, i, s, t, i, c, s를 배열하는 방법의 수는 $\dfrac{10!}{3!\,3!\,2!\,1!\,1!}$ 이다.

(2) 서로 다른 9 권의 책을 3 명이 학생이 각각 2 권, 3 권, 4 권으로 나누어 갖는 방법의 수는 $\dfrac{9!}{2!\,3!\,4!}$ 이다. //

〈예제 1-13〉

오른쪽 그림과 같은 도로망에서 A 지점을 출발하여 최단 경로를 이용하여 C지점을 통과하여 B지점까지 가는 모든 경우의 수를 구하여라.

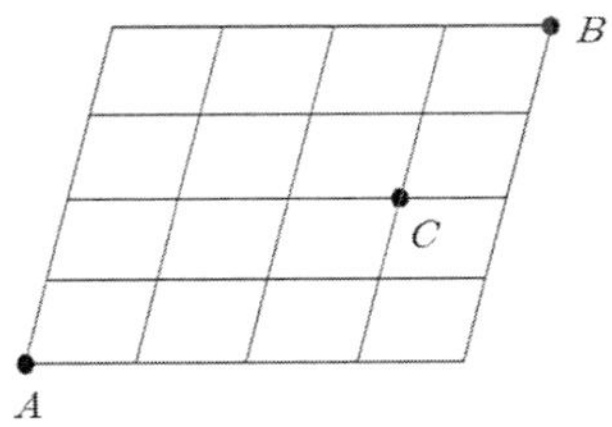

풀이 오른쪽 그림에서 동쪽으로 한 구간 가는 것을 a, 북쪽으로 한 구간 가는 것을 b 라고 하면, A 지점에서 C지점까지 최단 경로로 가는 경우의 수는 a, a, a, b, b를 한 줄로 배열하는 순열의 수와 같다. 따라서, A 지점에서 C지점까지 최단경로의 수는 $\dfrac{5!}{3!\,2!}$ 이다. 마찬가지로, C지점에서 B까지 최단경로의 수는 $\dfrac{3!}{2!\,1!}$ 이므로 구하는 경우의 수는

$\dfrac{5!}{3!\,2!}\times\dfrac{3!}{2!\,1!}=10\times3=30$ 이다. //

서로 다른 10개의 연필 중에서 5개를 택하여 순서를 고려하여 배열하는 경우의 수와 순서를 고려하지 않고 배열하는 경우의 수는 차이가 있을까? 여기서는 순서를 고려하지 않고 배열하는 경우에 대하여 알아본다.

§ 6 조합

서로 다른 n개 중에서 그 순서를 생각하지 않고 r개를 택하는 경우의 수를 n개에서 r개를 택한 **조합**(combination)**의 수**라고 하고, 이것을 기호로 $_nC_r$과 같이 나타낸다.

서로 다른 n개 중에서 r개를 택하여 순서를 생각하고 배열하는 경우의 수 즉, 순열의 수는 $_nP_r$ 이다. 이때, 순서를 생각하지 않으면 r 개를 한 줄로 배열하는 방법의 수 $r!$은 같은 방법이 된다. 따라서 서로 다른 n개에서 그 순서를 생각하지 않고 r개를 택하는 경우의 수는 $_nP_r$ 을 $r!$으로 나누어주어야 하므로 $_nC_r = \frac{_nP_r}{r!}$ 이다.

조합	서로 다른 n개 중에서 그 순서를 생각하지 않고 r개를 택하는 경우의 수는 $_nC_r = \frac{n!}{r!(n-r)!}$ (단, $0 \le r \le n$) 이다.

〈예제 1-14〉

서로 다른 31 가지 종류의 아이스크림을 파는 아이스크림 가게에서 5 개의 아이스크림을 사려고 한다. 5 개의 아이스크림이 서로 다른 종류일 경우의 수는

$_{31}C_5 = \frac{31!}{5!\,(31-5)!} = \frac{31!}{5!\,(26)!}$ 이다. //

〈예제 1-15〉

(1) 똑같은 연필 5자루가 있을 때 7명의 학생에게 많아야 한 개씩의 연필을 나눠주는 경우의 수는 $_7C_5$ 이다.

(2) 10 명의 학생 중에서 대의원 3 명을 뽑는 경우의 수는 10 명 중 3 명을 순서 없이 뽑는 경우의 수이므로 ${}_{10}C_3$ 이다. //

조합의 수는 다음의 성질을 만족한다.

조합의 성질	
	(1) ${}_nC_r = {}_nC_{n-r}$ (단, $0 \le r \le n$)
	(2) ${}_nC_r = {}_{n-1}C_r + {}_{n-1}C_{r-1}$: 파스칼의 공식
	(3) ${}_nC_n = 1$
	(4) ${}_nC_0 = 1$

§7 중복조합

서로 다른 n 개 중에서 중복을 허용하여 r 개를 택하되 그 순서를 무시하는 경우의 수를 **중복조합(combination with repetition)의 수**라 하고, 이것을 기호로 ${}_nH_r$ 과 같이 나타낸다.

〈예제 1-16〉

서로 다른 3 개의 수 1, 2, 3 중에서 중복을 허용하여 4 개를 택하되 그 순서를 무시하는 경우의 수를 모두 나열하면 다음과 같이 15 가지이다.

$\{1,1,1,1\}$ $\{1,1,1,2\}$ $\{1,1,1,3\}$ $\{1,1,2,2\}$ $\{1,1,2,3\}$

$\{1,1,3,3\}$ $\{1,2,2,2\}$ $\{1,2,2,3\}$ $\{1,2,3,3\}$ $\{1,3,3,3\}$

$\{2,2,2,2\}$ $\{2,2,2,3\}$ $\{2,2,3,3\}$ $\{2,3,3,3\}$ $\{3,3,3,3\}$

이때, 위의 각 경우의 성분에 각각 0, 1, 2, 3 을 더해보면,

$\{1,2,3,4\}$ $\{1,2,3,5\}$ $\{1,2,3,6\}$ $\{1,2,4,5\}$ $\{1,2,4,6\}$

$\{1,2,5,6\}$ $\{1,3,4,5\}$ $\{1,3,4,6\}$ $\{1,3,5,6\}$ $\{1,4,5,6\}$

$\{2,3,4,5\}$ $\{2,3,4,6\}$ $\{2,3,5,6\}$ $\{2,4,5,6\}$ $\{3,4,5,6\}$ 이다.

이것은 서로 다른 6 개의 수 1, 2, 3, 4, 5, 6 에서 4 개를 택하되 그 순서를 무시하는 경우

와 같다. 따라서, 서로 다른 세 수 1, 2, 3 중에서 중복을 허용하여 4 개를 택하되 그 순서를 무시하는 경우의 수는 ${}_3H_4 = {}_{3+(4-1)}C_4 = 15$이다.

일반적으로 서로 다른 n 개 중에서 중복을 허용하되 그 순서를 무시하고 r 개를 택하는 경우의 수는 다음과 같다.

$${}_nH_r = {}_{n+r-1}C_r$$

중복조합	서로 다른 n 개 중에서 중복을 허용하되 그 순서를 무시하고 r 개를 택하는 경우의 수는 ${}_nH_r = {}_{n+r-1}C_r$ 이다.

〈예제 1-17〉

(1) 서로 다른 종류의 공 3 가지 중에서 중복을 허용하여 6 개를 고르는 경우의 수는 ${}_3H_6$이다.

(2) 동일한 6 개의 칫솔을 4 명이 나눠 가지는 방법의 수는 ${}_4H_6$ 이다.

(3) 10 명의 위원이 3 명의 후보를 무기명으로 투표하는 경우의 수는 ${}_3H_{10}$ 이다. //

3 확률

우리의 일상생활은 우연사건의 연속이라고 할 수 있다. 르또에 당첨된다든지, 고속도로가 교통사고로 인해 막힌다거나, 새똥을 맞는 것 등은 모두 우연사건이다. 이와 같은 우연사건은 그 발생 가능성을 확률로 나타냄으로써 수리적으로 분석할 수 있다. 확률은 일상생활에서의 우연사건뿐만 아니라 사회 현상 및 자연현상에서의 우연 현상도 잘 설명해주기 때문에 현대와 같은 불확실성 시대에 매우 필요한 분야라고 할 수 있다.

여기서는 다양한 방향에서의 확률의 정의에 대하여 알아본다.

§1 확률의 정의

확률 개념은 1654년 파스칼(Pascal : 1623~1662)과 페르마(Fermat :1601~1665)가 편지를 주고받으며 해결한 득점문제와 주사위문제에 그 기원을 두고 있다. 그러나 확률을 수학적으로 체계화한 사람은 프랑스의 수학자인 라플라스(Laplace, P. L. : 1749~1827)이다. 그는 1812년 "확률의 해석적 이론"이라는 책을 출판하면서 과거 2세기에 걸쳐 발달되어온 확률 이론을 정리·조직하였고 확률을 처음으로 정의하였다. 그가 정의한 확률을 수학적 확률 또는 고전적 확률이라고 하는데 이것은 특정 공간에서 정의되었기 때문에 확률의 완전한 정의가 못된다. 확률의 또 다른 정의인 통계적 확률과 기하학적 확률도 역시 확률의 완전한 정의가 못된다. 이에 1930년 러시아의 수학자 콜모고로브(Kolmogorov, A. N. : 1903~1987)는 그 이전까지 발달되어온 모든 확률의 정의를 통합하여 어떤 공리를 만족하는 것을 확률이라고 정의하였는데 이 확률이 확률의 완전한 정의이다.

1. 수학적 확률

한 개의 주사위를 던지면 1에서 6까지의 눈 가운데 어느 하나가 반드시 나온다. 이때, 어느 눈이 나올지는 우연에 따르므로 알 수 없지만, 정육면체의 주사위라면 1의 눈이 나올 확률은

$$(\text{1의 눈이 나올 확률}) = \frac{1}{6} = \frac{(\text{1의 눈의 개수})}{(\text{모든 눈의 개수})}$$

라고 할 수 있다. 이와 같은 확률을 **수학적 확률**이라고 한다.

일반적으로 수학적 확률은 다음과 같이 정의된다.

수학적 확률	어떤 시행의 결과가 유한개이고, 각 단순사건이 같은 정도로 일어날 것이 기대될 때, 사건 A가 일어날 수학적 확률은 다음과 같다. $$P(A)=\frac{n(A)}{n(\Omega)}=\frac{(\text{사건 } A\text{의 원소의 개수})}{(\text{표본공간 } \Omega\text{의 원소의 개수})}$$

참고 수학적 확률은 라플라스가 정의했기 때문에 라플라스의 확률 또는 고전적 확률이라고도 한다.

보기 (1) 2 개의 동전을 던지는 시행에서 표본공간은

$\Omega=\{HH,\ HT,\ TH,\ TT\}$ (단, H는 앞면, T는 뒷면을 나타냄)

이고, 각 단순사건은 같은 정도로 일어난다.

이때, 이 시행에서 2 개 모두 앞면이 나오는 사건을 A라고 하면 $A=\{HH\}$이므로 사건 A가 일어날 확률은

$P(A)=\frac{(A\text{의 원소의 개수})}{(\Omega\text{의 원소의 개수})}=\frac{1}{4}$ 이다.

(2) 오른쪽 그림에서와 같이 원판에 화살을 쏘았을 때, 영역 A에 맞출 확률은 표본공간이 무한집합이기 때문에 수학적 확률로 구할 수 없다.

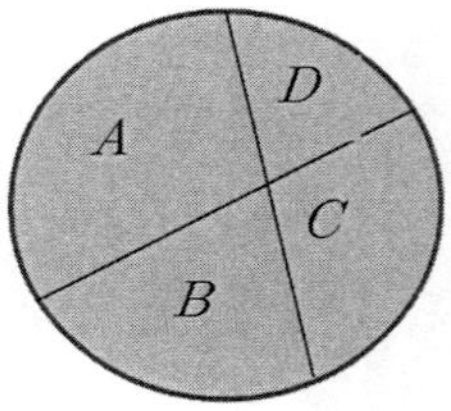

〈예제 1-18〉 (득점문제)

A, B 두 사람이 각각 1000 원씩을 내고 5전 3승의 게임을 하기로 하였다. 먼저 3승을 하는 사람이 2000원을 모두 갖기로 했는데, A가 2승 1패한 상황에서 불가피하게 게임을 중단할 수밖에 없었다. 두 사람의 실력은 같다고 할 때, 판돈은 어떻게 분배해야 공평한가?

풀이 두 사람이 게임을 계속한다고 가정하고 모든 경우를 생각해 보자.

4차전에서 A가 승리할 확률은 $\frac{1}{2}$이고, A가 승리하면 A가 3승이 되어 게임은 끝난다. 4차전에서 B가 승리하면 2승 2패가 되므로 5차전을 해야 하는데 5차전에서 A와 B가 이길 확률은

각각 $\frac{1}{2}$이므로 A와 B가 3승할 확률은 모두 $\frac{1}{4}$이다. 따라서 A가 3승할 확률은 $\frac{3}{4}$이므로 다음 표처럼 정리하여 생각할 수 있다.

	3차전	4차전	5차전	**A가 이길 확률**
A	2승1패	승		$\frac{1}{2}$
B	1승2패	패		
A	2승1패	패	승	$\frac{1}{2}\times\frac{1}{2}=\frac{1}{4}$
B	1승2패	승	패	
				$\frac{1}{2}+\frac{1}{4}=\mathbf{\frac{3}{4}}$

따라서 A는 $2000\times\frac{3}{4}=1500$ (원)을 가져야 공평하다. //

〈예제 1-19〉 (주사위 문제)

두 개의 주사위를 동시에 던지는 시행을 n번 계속 할 때, (6, 6)의 눈이 적어도 한 번 나오면 딜러가 이기고 그렇지 않으면 상대방이 이기는 게임이 있다. 이 게임에서 딜러는 $n=24$ 이면 자신한테 불리하다는 것을 경험적으로 알게 되었다. 왜 불리한지를 설명하여라.

풀이 두 개의 주사위를 던지는 시행에서 표본공간은 다음과 같다.

$$\Omega = \{(1,1), (1,2), \cdots, (1,6), (2,1), (2,2), \cdots, (2,6), \cdots, (6,1), \cdots, (6,6)\}$$

이 시행에서 (6, 6)이 나오지 않을 확률은 $\frac{35}{36}$ 이다. 24 번의 시행에서 한 번도 (6, 6)이 나오지 않으면 딜러가 지게 되는데 이 확률은 $(\frac{35}{36})^{24}=0.51$ 이다. 따라서 딜러가 질 확률이 0.5 보다 크므로 딜러가 불리하다. //

2. 통계적 확률과 기하학적 확률

수학적 확률은 각 단순사건이 같은 정도로 일어날 것이 기대된다는 가정 아래에서 정의되었다. 그러나 자연현상이나 사회현상에서 발생하는 사건에는 그 근원사건이 같은 정도로 일어나지 않는 경우가 많이 있다.

예를 들면, 윷 또는 단추를 던지는 시행에서는 각 단순사건은 같은 정도로 나올 것으로 기대되지는 않는다. 이와 같은 경우에는 시행을 여러 번 되풀이하여 나타나는 상대도수를 면밀히 관찰하면 각 단순사건이 일어나는 가능성을 알 수 있다.

다음 표는 단추를 던지는 시행을 그 횟수 n을 늘려감에 따라 앞면이 나오는 횟수와 그 상대도수를 나타낸 것이다.

횟수(n)	10	20	30	50	100	200	500
앞면이 나오는 횟수 (r_n)	4	7	13	21	38	81	200
상대도수 ($\frac{r_n}{n}$)	0.4	0.35	0.433	0.42	0.38	0.405	0.4

위의 표에서 앞면이 나오는 횟수의 상대도수 $\frac{r_n}{n}$ 의 값은 n이 커짐에 따라 일정한 값 0.4에 가까워지고 있다.

이처럼 시행횟수가 한없이 커질 때, 어떤 사건의 상대도수가 일정한 값으로 수렴하는 값을 그 사건의 **통계적 확률**이라고 한다.

통계적 확률	동일한 시행을 n 번 반복하여 사건 A가 일어난 횟수를 r_n 이라 할 때, $\lim_{n\to\infty} \frac{r_n}{n} = p$를 사건 A의 통계적 확률이라고 한다.

통계적 확률에서 실제로 시행 횟수 n을 한없이 크게 할 수는 없으므로, 시행 횟수 n이 적당히 클 때의 $\frac{r_n}{n}$의 값을 통계적 확률 p의 근삿값으로 생각한다.

〈예제 1-20〉

오른쪽 그림과 같은 원판을 회전시킨 후 화살을 던지는 시행을 여러 번 반복하였을 때, A의 영역에 꽂히는 횟수와 상대도수를 나타내면 다음 표와 같다.

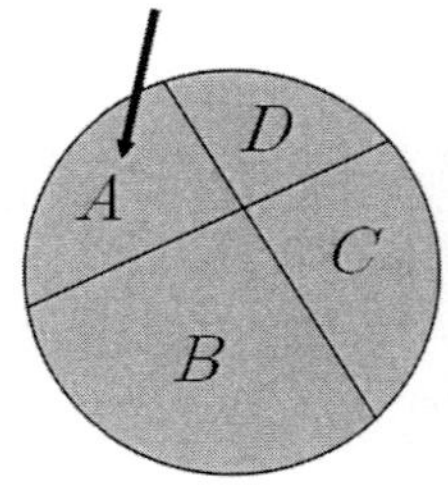

횟수(n)	10	20	30	50	100	200	500
A의 영역 (r_n)	3	4	5	11	21	39	100
상대도수 ($\frac{r_n}{n}$)	0.3	0.2	0.167	0.22	0.21	0.195	0.2

위의 표에서 숫자 A 의 영역에 꽂히는 경우의 상대도수 $\frac{r_n}{n}$ 의 값은 n 이 커짐에 따라 0.2 에 가까워지고 있다. 따라서 통계적 확률의 근삿값은 0.2 이다. //

통계적 확률의 근삿값은 각 단순사건이 같은 정도로 일어나지 않을 경우뿐만 아니라 표본공간이 무한인 경우에도 구할 수 있다.

예를 들어, 오른쪽 그림의 시계판에서 자유롭게 회전하는 초침을 회전시킨 후 그 초침이 정지했을 때 가리키는 숫자를 x 라고 하면 이 시행의 표본공간은 $\Omega = S = \{x \mid 0 \le x < 60\}$ 과 같이 무한집합이다.

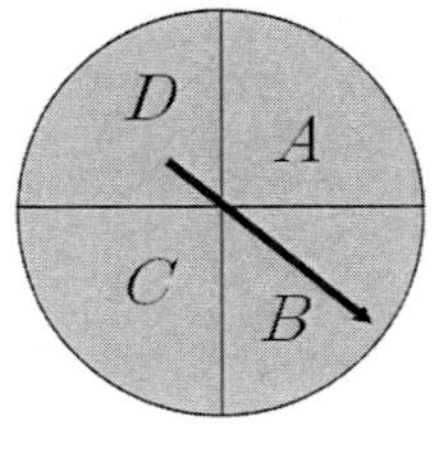

이때, 사건 $A = \{x \mid 0 \le x \le 15\}$ 의 통계적 확률은

$$P(A) = \lim_{n\to\infty} \frac{r_n}{n}$$

(단, n 은 시행횟수, r_n 은 A 영역을 가리키는 초침의 횟수)

이고, $P(A)$ 의 근삿값은 이 시행을 적당히 했을 때의 A 영역을 가리키는 초침의 횟수의 비율이다. 그러나 사건 A 의 확률은 통계적 확률의 근삿값을 구하지 않고도 $\frac{1}{4}$ 임을 추측할 수 있다.

이 확률은 위의 시계판에서 S를 원, A를 부채꼴로 생각하면 다음과 같이 구한 것으로 생각할 수 있다.

$$P(A) = \frac{\text{호 } A\text{의 길이}}{\text{원 } S\text{의 둘레}} = \frac{1}{4} \quad \text{또는} \quad P(A) = \frac{\text{부채꼴 } A\text{의 넓이}}{\text{원 } S\text{의 넓이}} = \frac{1}{4}$$

일반적으로 표본공간 S가 연속일 때, 어떤 사건 A 에 대하여

$$P(A) = \frac{\text{영역 } A\text{의 크기}}{\text{전체 영역 } S\text{의 크기}} \quad \text{(단, 영역의 크기는 길이, 넓이, 부피 등)}$$

를 **기하학적 확률**이라고 한다.

기하학적 확률은 길이, 넓이, 부피 등의 기하학적 측도가 정의되는 표본공간에서만 정의 된다. 기하학적 확률의 효시는 프랑스의 수학자 뷔퐁(Comte de Buffon : 1707~1788)이 1777년 제시한 바늘문제(needle problem)이다. 바늘문제의 답은 원주율 π의 역수인데 그는 바늘을 여러 번 떨어뜨리는 실험을 통하여 π의 근삿값을 통계적 확률로 구하였다.

〈예제 1-21〉 (뷔퐁의 바늘문제)

길이가 l 인 바늘을 간격이 $2l$ 인 평행선 위에 던졌을 때, 바늘이 평행선에 걸칠 확률을 구하여라.

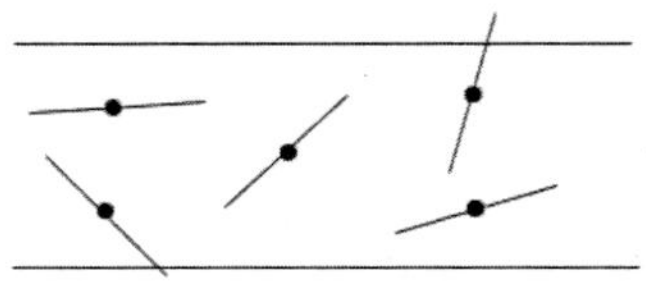

풀이 바늘의 중심에서 가장 가까운 한 변(평행선)까지의 거리를 r 이라 하고, 바늘과 평행선이 이루는 각을 θ 라고 하면 표본공간은 다음과 같다.

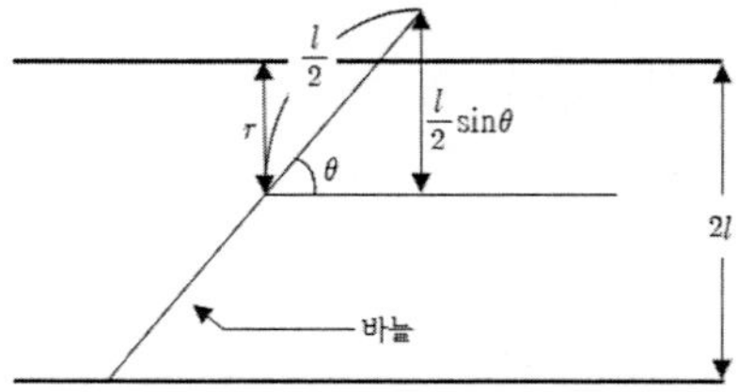

$$\Omega = \{(r, \theta) \mid 0 \le r \le l,\ 0 \le \theta \le \pi\}$$

이때, $r < \frac{l}{2}\sin\theta$ 이면 바늘은 평행선에 걸치게 된다.

따라서 $A = \{(r, \theta) \mid r < \frac{l}{2}\sin\theta\}$ 이라 하면, 구하는 확률은 기하학적 확률로부터

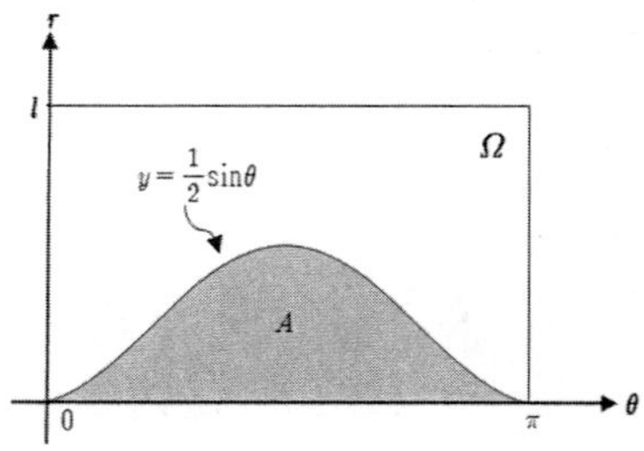

$$P(A) = \frac{A\text{의 넓이}}{\Omega\text{의 넓이}}$$

$$= \frac{1}{l\pi}\int_0^{\pi} \frac{l}{2}\sin\theta\, d\theta = \frac{1}{\pi}$$ 이다. //

3. 공리적 확률

확률은 표본공간에 따라 수학적 확률, 통계적 확률, 기하학적 확률로 정의하였다. 콜모고로브 ((Kolmogorov, A. N. : 1903 ~ 1987)는 이 세 가지 정의를 하나로 통합하여 다음과 같은 공리를 만족하는 것으로 확률을 정의하였다. 이것을 **공리적 확률**이라고 한다.

공리적 확률	표본공간 Ω 의 임의의 사건 A 에 대하여 다음 세 가지를 모두 만족하는 $P(A)$ 를 사건 A 의 공리적 확률이라고 한다. (1) $0 \le P(A) \le 1$ (2) $P(\Omega) = 1$ (3) $A_1, A_2, \cdots$ 이 표본공간 Ω 에서 정의된 상호배반사건 일 때, $P(A_1 \cup A_2 \cup A_3 \cup \cdots) = \sum_{i=1}^{\infty} P(A_i)$

공리적 확률은 수학적 확률과 같이 어떤 구체적인 식으로 정의된 것이 아니라 확률이 만족해야 하는 기본 성질을 공리로 나타낸 것이므로 공리적 확률로는 확률을 구할 수 없다. 표본공간이 유한이고, 각 원소가 같은 정도로 일어날 것이 기대되면 수학적 확률이 위의 공리를 만족하므로 수학적 확률로 확률을 구하고, 그렇지 않으면 통계적 확률로 확률을 구하면 된다. 또, 표본공간이 연속이면 길이, 넓이, 부피 등의 기하학적 측도가 위의 공리를 만족하므로 기하학적 확률로 확률을 구하면 된다.

주의 | 주사위를 던지는 시행에서의 표본공간은 $\Omega=\{1, 2, 3, 4, 5, 6\}$이다. 이때 어떤 사건 $A \subseteq \Omega$ 에 대하여 $P_1(A)$, $P_2(A)$를 다음과 같이 정의하자.

$$P_1(A)=\frac{(A\text{의 원소의 개수})}{(\Omega\text{의 원소의 개수})},\quad P_2(A)=\frac{(A\text{의 원소들의 합})}{(\Omega\text{의 원소들의 합})}$$

그러면 $P_1(A)$, $P_2(A)$는 위의 공리를 모두 만족한다.

예를 들어, $A=\{1, 3, 5\}$인 경우, $P_1(A)=\frac{3}{6}$, $P_2(A)=\frac{9}{21}$이다. 이때, $P_1(A)$는 수학적 확률이지만 $P_2(A)$는 확률의 정의가 되지 못한다. 왜냐하면 $P_2(A)$는 어떤 특수한 상황(주사위의 눈이 숫자로만 표시)에서만 위의 공리를 만족하기 때문이다. 따라서 위의 공리가 어느 특수한 상황에서 만족된다고 해서 모두 확률의 정의가 되는 것이 아니라 일반적인 상황에서 수학적 확률, 통계적 확률, 기하학적 확률과 모순이 없어야 한다.

§2 확률의 성질

공리적 확률의 정의로부터 확률은 다음 성질을 만족한다.

확률의 성질	표본공간 Ω 의 세 사건 A, B, C와 공사건 $\varnothing$ 에 대하여 다음이 성립된다. (1) $P(\varnothing)=0$ (2) $P(A^c)=1-P(A)$ (3) $P(B-A)=P(B)-P(A\cap B)$ (4) $A\subset B$ 이면 (i) $P(B-A)=P(B)-P(A)$ (ii) $P(A)\le P(B)$

(5) A, B가 상호배반이 아닐 때,

$$P(A \cup B) = P(A) + P(B) - P(A \cap B)$$

(6) A, B가 상호배반일 때, $P(A \cup B) = P(A) + P(B)$

(7) A, B, C가 상호배반이 아닐 때,

$$P(A \cup B \cup C) = P(A) + P(B) + P(C) - P(A \cap B) - P(A \cap C) - P(B \cap C) + P(A \cap B \cap C)$$

(8) A, B, C가 상호배반 (즉, $A \cap B \neq \varnothing$, $A \cap C \neq \varnothing$, $B \cap C \neq \varnothing$)일 때,

$$P(A \cup B \cup C) = P(A) + P(B) + P(C)$$

〈예제 1-22〉

어느 제약회사에서는 새로운 감기약을 개발하고 그 약효를 조사하기 위해서 임상실험을 하였다. 임상실험 결과 실험 대상자의 3%는 두통 증상을, 3.5%는 졸음 증상을, 1.5%는 두통과 졸음 증상을 모두 나타냈다고 한다. 이와 같은 실험 결과가 모든 사람에게도 적용된다고 할 때, 다음 확률을 구하여라.

(1) 그 약을 먹은 사람이 두통 증상 또는 졸음 증상을 나타낼 확률

(2) 그 약을 먹은 사람이 두통과 졸음 두 가지 증상 중 한 가지만 나타낼 확률

풀이

(1) 두통 증상을 나타낼 사건을 A, 졸음 증상을 나타낼 사건을 B라고 하면,

$P(A) = 0.03$, $P(B) = 0.035$, $P(A \cap B) = 0.015$ 이다.

따라서, 구하는 확률은

$P(A \cup B) = P(A) + P(B) - P(A \cap B) = 0.03 + 0.035 - 0.015 = 0.05$ 이다.

(2) 두통 증상만 나타낼 확률은

$P(A \cap B^c) = P(A) - P(A \cap B) = 0.03 - 0.015 = 0.015$ 이고,

졸음 증상만 나타낼 확률은

$P(A^c \cap B) = P(B) - P(A \cap B) = 0.035 - 0.015 = 0.02$ 이다.

따라서, 구하는 확률은

$P(A \cap B^c) +\ P(A \cap B^c) =\ P(A^c \cap B) = 0.015 + 0.02 = 0.035$ 이다. //

⟨예제 1-23⟩

어떤 대학교에서는 일반수학 수강생 60명의 과제에 다음과 같이 등급을 나누어 각 등급에 각각 20점, 15점, 10점, 5점, 0점의 점수를 배점한다고 한다. 이 중에서 임의로 한 개를 선택할 때, 이 과제의 점수가 적어도 5점일 확률을 구하여라.

등급	A	B	C	D	F	합계
학생 수(명)	12	18	18	9	3	60

풀이 과제의 점수가 적어도 5점, 즉 D등급 이상인 사건을 A라고 하면, A 의 여사건 A^c는 과제의 점수가 5점 미만, 즉 F등급인 사건이다. 그러므로 여사건 A^c의 확률은

$$P(A^c) = \frac{3}{60} = \frac{1}{20} \text{ 이다.}$$

따라서 여사건의 성질로부터 구하는 확률은

$$P(A) = 1 - P(A^c) = 1 - \frac{1}{20} = \frac{19}{20} \text{ 이다.}$$ //

4 조건부확률

한 개의 주사위를 던지는 시행에서 짝수의 눈이 나올 확률은 $\frac{1}{2}$이다. 만일 눈의 수가 4보다 작다는 조건 아래에서 짝수의 눈이 나올 확률은 $\frac{1}{3}$이다. 왜냐하면 눈의 수가 4보다 작다는 조건 아래에서는 표본공간이 $\{1, 2, 3, 4, 5, 6\}$이 아니라 $\{1, 2, 3\}$이기 때문이다.

여기서는 어떤 조건이 주어졌을 때의 확률에 대하여 알아본다.

§1 조건부확률

두 사건 A, B에 대하여 A가 일어났다는 조건 아래에서 B가 일어날 확률을 사건 A가 일어났을 때의 사건 B의 **조건부확률**(conditional probability)이라고 하고, 이것을 다음과 같이 정의한다.

$$P(B \mid A) = \frac{P(A \cap B)}{P(A)} \quad (\text{단}, P(A) > 0)$$

조건부확률	사건 A가 일어났을 때 사건 B의 조건부확률은 $P(B \mid A) = \frac{P(A \cap B)}{P(A)} \quad (\text{단}, P(A) > 0)$

어떤 사건에 대한 확률은 전체 표본공간에서 정의되지만 조건부확률은 표본공간 전체 중에서 주어진 조건을 만족하는 영역에서 정의된다.

〈예제 1-24〉

어느 상자에 같은 모양의 단추 3개가 들어있다. 그중 하나는 양면이 모두 검정색이고, 다른 하나는 한 면은 흰색, 다른 한 면은 검정색이다. 나머지 하나는 양면이 모두 흰색이다. 이 상자에서 단추 하나를 임의로 꺼냈을 때, 한 면이 흰색이었다. 다른 면도 흰색일 확률을 구하여라.

풀이 단추의 한 면이 검정색인 경우를 B, 흰색인 경우를 W 라고 하면 단추 3개는 $(B,\ B)$, $(B,\ W)$, $(W,\ W)$으로 표현할 수 있다. 따라서 검정색 면 3개, 흰색 면 3개 중에서 한 면이 흰색일 확률은 $P(W) = \frac{1}{2}$ 이고, 한 면이 흰색이고, 다른 면도 흰색일 확률은 $P(W \cap W) = \frac{1}{3}$ 이다. 따라서, 구하는 확률은

$$P(W \mid W) = \frac{P(W \cap W)}{P(W)} = \frac{1}{3} / \frac{1}{2} = \frac{2}{3} \text{ 이다.}$$ //

〈예제 1-25〉

다음 확률을 구하여라.

(1) 주사위를 2번 던지는 실험에서 사건 A는 두 눈의 합이 6인 사건이고, 사건 B는 두 눈의 차가 3이상인 사건일 때, 두 눈의 차가 3이상인 사건이 일어났을 때, 두 눈의 합이 6인 사건이 일어날 확률.

(2) 어떤 회사의 밸브는 100시간 이상을 지탱할 확률이 0.7이고, 150시간 이상을 지탱할 확률은 0.28이라고 알려져 있다. 만일, 이 회사의 어떤 밸브가 현재 100시간을 이상을 지탱하였다면 이것이 150시간 이상을 지탱할 수 있는 확률.

풀이

(1) A가 두 눈의 합이 6 인 사건이고 B는 두 눈의 차가 3 이상인 사건이라 하면,

$$P(A \mid B) = \frac{P(A \cap B)}{P(B)} = \frac{2/36}{12/36} = \frac{1}{6} \text{ 이다.}$$

(2) A는 밸브가 150시간 이상 지탱하는 사건이고 B가 밸브가 100시간 이상 지탱하는 사건이라 하면, $P(A \mid B) = \frac{P(A \cap B)}{P(B)} = \frac{P(A)}{P(B)} = \frac{0.28}{0.7} = 0.4$ 이다. //

조건부확률은 다음과 같은 성질을 만족한다.

조건부확률의 성질	표본공간 Ω의 세 사건 $A,\ B,\ C$에 대하여 다음이 성립한다. (단, $P(A) \neq 0$, $P(C) \neq 0$) (1) $P(\varnothing \mid C) = 0$, $P(\Omega \mid C) = 1$ (2) $P(A^c \mid C) = 1 - P(A \mid C)$ (3) $P((A \cup B) \mid C) = P(A \mid C) + P(B \mid C) - P((A \cap B) \mid C)$

(4) 두 사건 A, B가 상호배반이면,

$$P((A \cup B) \mid C) = P(A \mid C) + P(B \mid C)$$

(5) $A \subset B$ 이면 $P(A \mid C) \le P(B \mid C)$

조건부확률의 정의에서 다음과 같은 확률의 곱셈정리가 성립함을 알 수 있다.

확률의 곱셈정리	표본공간 Ω의 두 사건 A, B에 대하여, $P(A) > 0$, $P(B) > 0$ 이면 다음이 성립한다. $P(A \cap B) = P(A) \cdot P(B \mid A) = P(B) \cdot P(A \mid B)$

참고 확률의 곱셈정리는 n개의 사건 A_1, A_2, $\cdots$, A_n에 대해서 확장될 수 있다. 즉, $P(A_1) > 0$, $P(A_1 \cap A_2) > 0$, $\cdots$, $P(A_1 \cap A_2 \cap \cdots \cap A_{n-1}) > 0$, 이면 다음이 성립한다.

$$\begin{aligned} &P(A_1 \cap A_2 \cap \cdots \cap A_n) \\ &= P(A_1) \cdot P(A_2 \mid A_1) \cdot P(A_3 \mid A_1 \cap A_2) \cdot \cdots \cdot \\ &\qquad P(A_n \mid A_1 \cap A_2 \cap \cdots \cap A_{n-1}) \end{aligned}$$

〈예제 1-26〉

공정한 주사위를 2 회 던지는 시행에서 6 이 나오는 확률을 구하여라.

풀이 첫 번째 시행에서 6 이 나오는 사건을 A 라고 하고, 두 번째 시행에서 6 이 나오는 사건을 B라고 하자. 그러면 $P(A) = \frac{1}{6}$ 이고 $P(B \mid A) = P(B) = \frac{1}{6}$ 이므로 확률의 곱셈정리로부터 구하는 확률은 $P(A \cap B) = P(A) \cdot P(B \mid A) = \frac{1}{6} \cdot \frac{1}{6} = \frac{1}{36}$ 이다. //

〈예제 1-27〉

항아리 속에 흰색 공과 검은색 공이 각각 1 개씩 들어 있다. 한 번에 한 개의 공을 꺼낼 때, 첫 번째 공이 흰색이고 두 번째 꺼낸 공이 검정일 확률을 구하여라. (단 꺼낸 공은 다시 항아리에 넣지 않는다)

풀이 A를 첫 번째 흰색 공을 선택하는 사건이라 하고, B를 두 번째 검은색 공을 선택하는 사건이라 하자. 그러면 $P(A) = \frac{1}{2}$ 이고 $P(B \mid A) = 1$ 이므로 확률의 곱셈정리로부터 구하는 확률은 $P(A \cap B) = P(A) \cdot P(B \mid A) = \frac{1}{2} \cdot 1 = \frac{1}{2}$ 이다. //

〈예제 1-28〉

흰색 공과 검은색 공이 각각 4 개와 6 개가 들어 있는 상자로부터 2 개의 공을 무작위로 비복원추출을 한다고 하자. 이때, 첫 번째 공이 흰색이고 두 번째에 검은색 공을 꺼낼 확률을 구하여라.

풀이 A를 첫 번째 흰색 공을 선택하는 사건이라 하고, B를 두 번째 검은색 공을 선택하는 사건이라 하자. 그러면 첫 번째 시행 후에 항아리에는 6 개의 검은색 공과 3 개의 흰색공이 남아 있으므로, $P(A) = \frac{4}{10} = \frac{2}{5}$ 이고 $P(B \mid A) = \frac{6}{9} = \frac{2}{3}$ 이다. 따라서 구하는 확률은 확률의 곱셈정리로부터 $P(A \cap B) = P(A) \cdot P(B \mid A) = \frac{2}{5} \cdot \frac{2}{3} = \frac{4}{15}$ 이다. //

§2 베이즈 정리

분할	표본공간 Ω 의 n 개의 사건 $A_1, A_2, \cdots, A_n$ 이 아래의 조건을 만족할 때, $A_1, A_2, \cdots, A_n$ 를 Ω 의 **분할**(partition)이라고 한다. (1) 모든 i 에 대하여, $A_i \neq \varnothing$ (2) $A_i \cap A_j = \varnothing, \quad i \neq j$ (3) $\bigcup_{i=1}^{n} A_i = \Omega$

표본공간 Ω가 오른쪽 그림과 같이 $A_1, A_2, \cdots, A_n$ 으로 분할되었다고 하자.

그러면 임의의 사건 B가 일어날 확률은

$P(B) = P(B \cap A_1) + P(B \cap A_2) + \cdots + P(B \cap A_n)$ 이다.

그리고 확률의 곱셈정리로부터

$$P(B \cap A_i) = P(A_i) \cdot P(B \mid A_i),\ i = 1,\ 2,\ \cdots\ n$$

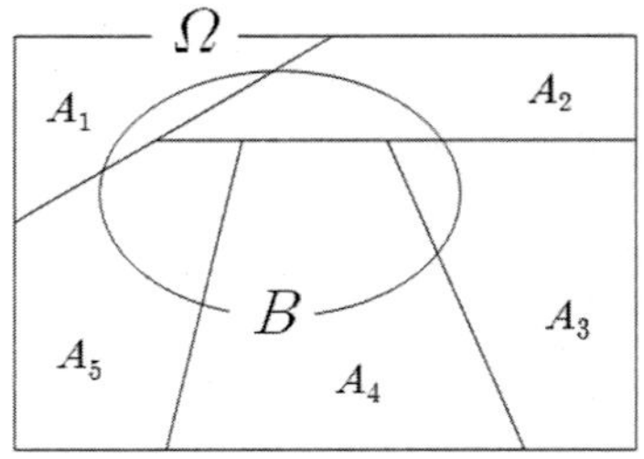

이므로

$$\begin{aligned} P(B) &= P(B \cap A_1) + P(B \cap A_2) + \cdots + P(B \cap A_n) \\ &= P(A_1) \cdot P(B \mid A_1) + P(A_2) \cdot P(B \mid A_2) \\ &\qquad + \cdots + P(A_n) \cdot P(B \mid A_n) \\ &= \sum_{i=1}^{n} P(A_i) \cdot P(B \mid A_i) \end{aligned}$$

이와 같은 성질을 **전확률의 법칙**(total probability rule)라고 한다.

전확률의 법칙	n개의 사건 $A_1,\ A_2,\ \cdots,\ A_n$이 표본공간 Ω의 분할이라 하면, 임의의 사건 B에 대하여 다음이 성립한다. $$P(B) = \sum_{i=1}^{n} P(A_i) \cdot P(B \mid A_i)$$

〈예제 1-29〉

강희의 필통에는 볼펜 3자루와 형광펜 4자루가 들어 있고 강호의 필통에는 볼펜 4자루와 형광펜 3자루가 들어 있다. 한 필통에서 펜을 한 자루 꺼낼 때, 그 펜이 형광펜일 확률을 구하여라.

풀이 A_1을 강희의 필통에서 펜을 꺼내는 사건, A_2를 강호의 필통에서 펜을 꺼내는 사건, 그리고 B를 형광펜을 꺼내는 사건이라 하자. 그러면 $P(A_1) = P(A_2) = \frac{1}{2}$이다. 또 강희의 필통에서 형광펜을 꺼낼 확률은 $P(B \mid A_1) = \frac{4}{7}$이고 강호의 필통에서 형광펜을 꺼낼 확률은 $P(B \mid A_2) = \frac{3}{7}$이므로 구하는 확률은 전확률의 법칙으로부터

$$\begin{aligned} P(B) &= P(B \cap A_1) + P(B \cap A_2) \\ &= P(A_1) \cdot P(B \mid A_1) + P(A_2) \cdot P(B \mid A_2) \\ &= \frac{1}{2} \cdot \frac{4}{7} + \frac{1}{2} \cdot \frac{3}{7} = \frac{1}{2} \text{ 이다.} \end{aligned}$$

//

〈예제 1-30〉

두 개의 상자에 큰 나사와 작은 나사가 들어 있다. 한 상자에는 60개의 큰 나사와 40개의 작은 나사가 들어 있고, 다른 상자에는 10개의 큰 나사와 20개의 작은 나사가 들어 있다. 하나의 상자를 무작위로 뽑은 후에 그 상자에서 한 개의 나사를 뽑을 때, 이 나사가 큰 나사일 확률을 구하여라.

풀이 A_1을 첫 번째 상자를 뽑는 사건, A_2를 두 번째 상자를 뽑는 사건, 그리고 B를 큰 나사를 뽑는 사건이라 하자. 그러면 $P(A_1) = P(A_2) = \frac{1}{2}$ 이다. 또 첫 번째 상자로부터 큰 나사를 뽑을 확률은 $P(B \mid A_1) = \frac{60}{100} = \frac{3}{5}$ 이고 두 번째 상자로부터 큰 나사를 뽑을 확률은 $P(B \mid A_2) = \frac{10}{30} = \frac{1}{3}$ 이다. 따라서 구하는 확률은 전확률의 법칙으로부터

$$\begin{aligned} P(B) &= P(B \cap A_1) + P(B \cap A_2) \\ &= P(A_1) \cdot P(B \mid A_1) + P(A_2) \cdot P(B \mid A_2) \\ &= \frac{1}{2} \cdot \frac{3}{5} + \frac{1}{2} \cdot \frac{1}{3} = \frac{7}{15} \text{ 이다.} \end{aligned}$$

//

〈예제 1-31〉

남학생 중에서 색약인 학생의 비율은 2%, 여학생 중에서 색약인 학생의 비율은 0.5% 라고 한다. 남학생이 60%인 어느 학교에서 한 학생을 임의로 뽑았을 때 색약일 확률을 구하여라.

풀이 A_1을 뽑힌 학생이 남학생일 사건, A_2를 뽑힌 학생이 여학생일 사건, 그리고 B를 뽑힌 학생이 색약일 사건이라 하자. 그러면 $P(A_1) = 0.6$ 이고 $P(A_2) = 0.4$ 이다. 또 뽑힌 학생이 남학생 중에서 색약일 학생의 확률은 $P(B \mid A_1) = 0.02$ 이고, 뽑힌 학생이 여학생 중에서 색약일 학생의 확률은 $P(B \mid A_2) = 0.005$ 이다. 따라서 구하는 확률은 전확률의 법칙으로부터

$$\begin{aligned} P(B) &= P(B \cap A_1) + P(B \cap A_2) \\ &= P(A_1) \cdot P(B \mid A_1) + P(A_2) \cdot P(B \mid A_2) \\ &= (0.6) \cdot (0.02) + (0.4) \cdot (0.005) = 0.014 \text{ 이다.} \end{aligned}$$

//

확률의 곱셈정리와 전확률의 법칙으로부터 사건 B 가 일어났다는 조건 아래에서 A_i 가 일어

날 조건부확률은 다음과 같다. 이것은 영국의 통계학자인 토마스 베이즈에 의해 제안된 것으로 **베이즈 정리**(Bayes' theorem)라고 한다.

베이즈 정리	n 개의 사건 $A_1,\ A_2,\ \cdots,\ A_n$ 이 표본공간 Ω 의 분할이고, B가 $P(B) > 0$ 인 임의의 사건일 때, 다음이 성립한다. $$P(A_i \mid B) = \frac{P(B \cap A_i)}{P(B)} = \frac{P(A_i) \cdot P(B \mid A_i)}{\sum_{i=1}^{n} \{P(A_i) \cdot P(B \mid A_i)\}},\quad i = 1,\ 2,\ \cdots,\ n$$

참고 베이즈의 정리는 이미 일어난 후 사건의 확률을 구하는 것이므로 사후확률(posterior probability)의 정리라고도 한다.

〈예제 1-32〉

앞의 <예제 1-31>에서 뽑힌 학생이 색약이었을 때, 그 학생이 여학생일 확률을 구하여라.

풀이 구하는 확률은 베이즈 정리로부터

$$P(A_2 \mid B) = \frac{P(B \cap A_2)}{P(B)} = \frac{P(A_2) \cdot P(B \mid A_2)}{P(A_1) \cdot P(B \mid A_1) + P(A_2) \cdot P(B \mid A_2)}$$

$$= \frac{(0.4) \cdot (0.005)}{(0.6) \cdot (0.02) + (0.4) \cdot (0.005)} = \frac{1}{7}$$ //

〈예제 1-33〉

오늘 도희는 수학 수행평가를 보았다. 수행평가 문항 중 어떤 문항의 보기가 5개였고, 도희가 이 문항의 정답을 알고 있을 확률은 0.6이라고 한다. 도희가 이 문항을 맞았을 때, 도희가 정답을 모르고 있었을 확률을 구하여라.

풀이 A_1을 도희가 정답을 알고 있는 사건, A_2를 도희가 정답을 추측한 사건, 그리고 B를 도희가 정답을 맞추는 사건이라 하자. 그러면 $P(A_1) = 0.6$ 이고 $P(A_2) = 0.4$ 이다. 또 도희가 정답을 알고 답을 맞추는 확률은 $P(B \mid A_1) = 1$ 이고, 정답을 추측하여 답을 맞추는 확률은 $P(B \mid A_2) = 0.2$ 이다. 따라서 전확률의 법칙으로부터

$$P(B) = P(B \cap A_1) + P(B \cap A_2)$$
$$= P(A_1) \cdot P(B \mid A_1) + P(A_2) \cdot P(B \mid A_2)$$
$$= (0.6) \cdot (1) + (0.4) \cdot (0.02) = 0.68 \text{ 이다.}$$

그러므로 구하는 확률은 베이즈 정리로부터

$$P(A_2 \mid B) = \frac{P(B \cap A_2)}{P(B)} = \frac{P(A_2) \cdot P(B|A_2)}{P(A_1) \cdot P(B|A_1) + P(A_2) \cdot P(B|A_2)}$$
$$= \frac{(0.4) \cdot (0.2)}{(0.6) \cdot (1) + (0.4) \cdot (0.2)} = \frac{2}{17} \qquad //$$

〈예제 1-34〉

A 도시에서 한밤중에 택시가 교통사고를 내고 뺑소니를 치는 사건이 발생하였다. A 도시에서 운행되는 택시는 노란색 택시가 70%, 녹색 택시가 30%라고 한다. 어느 목격자는 그 날밤 사고를 내고 뺑소니친 택시가 녹색이라고 진술하였다. 그러나 그 목격자가 색약이어서 한밤중에 택시 색깔을 바르게 맞출 확률이 80%이라고 한다. 그날 밤 교통사고를 내고 뺑소니친 택시가 목격자의 진술대로 녹색일 확률을 구하여라.(단, 뺑소니 택시는 A 도시에서 운행되는 택시라고 한다.)

풀이 A_1을 사고 택시가 녹색일 사건, A_2를 사고 택시가 노란색일 사건, 그리고 B를 사고 당시 목격한 차량이 녹색이라고 진술하는 사건이라 하자. 그러면 $P(A_1) = 0.3$ 이고 $P(A_2) = 0.7$ 이다. 따라서 전확률의 법칙으로부터

$$P(B) = P(B \cap A_1) + P(B \cap A_2)$$
$$= P(A_1) \cdot P(B \mid A_1) + P(A_2) \cdot P(B \mid A_2)$$
$$= (0.3) \cdot (0.8) + (0.7) \cdot (0.2) = 0.38 \text{ 이다.}$$

그러므로 구하는 확률은 베이즈 정리로부터

$$P(A_1 \mid B) = \frac{P(B \cap A_1)}{P(B)} = \frac{P(A_1) \cdot P(B \mid A_1)}{P(A_1) \cdot P(B \mid A_1) + P(A_2) \cdot P(B \mid A_2)}$$
$$= \frac{(0.3) \cdot (0.8)}{(0.3) \cdot 0.8) + (0.7) \cdot (0.2)} = \frac{0.24}{0.38} = \frac{12}{19} \qquad //$$

§3 사건의 독립과 종속

어떤 사건이 일어날 확률이 다른 사건이 일어날 확률에 영향을 주는 경우가 있고, 그렇지 않은 경우가 있다. 예를 들어 흰 공 3개와 검은 공 2개가 들어 있는 주머니에서 2개의 공을 차례로 꺼낼 때, 복원추출하는 경우에는 첫 번째 공의 색깔이 두 번째 공의 색깔이 나올 확률에 영향을 주지 않는다. 그러나 비복원추출하는 경우에는 첫 번째 공의 색깔이 두 번째 공의 색깔이 나올 확률에 영향을 준다. 이와 같이 두 사건이 서로 영향을 주지 않는 경우를 독립이라고 한다.

즉, 두 사건 A, B에 대하여 사건 A는 사건 B가 발생하거나 발생하지 않는 것에 아무런 영향을 주지 않을 때, 사건 A는 사건 B와 독립이라고 한다. 이때 $P(B \mid A) = P(B)$이므로 확률의 곱셈정리로부터 $P(A \cap B) = P(A) \cdot P(B \mid A) = P(A) \cdot P(B)$이 성립한다.

따라서 두 사건 A, B에 대하여 $P(A \cap B) = P(A) \cdot P(B)$를 만족할 때, 사건 A, B는 서로 독립이라고 한다.

사건의 독립	(1) 사건 $A,\ B \subseteq \Omega$에 대하여 $A,\ B \neq \varnothing$이고, 다음을 만족할 때 $A,\ B$는 서로 **독립**(independent)이라고 한다. $$P(A \cap B) = P(A) \cdot P(B)$$ (2) 독립이 아닌 경우 **종속**(dependent)이라고 한다.

참고 세 사건 $A,\ B,\ C$에 대하여 다음 조건을 만족할 때, 세 사건은 서로 독립이라고 한다.

$P(A \cap B) = P(A) \cdot P(B)$, $P(B \cap C) = P(B) \cdot P(C)$,

$P(A \cap C) = P(A) \cdot P(C)$, $P(A \cap B \cap C) = P(A) \cdot P(B) \cdot P(C)$

두 사건 $A,\ B$가 서로 독립이면 다음이 성립한다.

$$P(B|A) = \frac{P(A \cap B)}{P(A)} = \frac{P(A)P(B)}{P(A)} = P(B),\quad P(A|B) = \frac{P(A \cap B)}{P(B)} = \frac{P(A)P(B)}{P(B)} = P(A)$$

여기서 두 사건 $A,\ B$가 서로 독립이라는 것과 배반이라고 하는 것의 차이에 주의하여야 한다. 즉 두 사건 $A,\ B$가 서로 독립이라는 것은 $P(A \cap B) = P(A) \cdot P(B)$이며, 두 사건 $A,\ B$가 배반이라는 것은 $A \cap B = \varnothing$이므로 $P(A \cap B) = 0$이 된다. 그러므로 두 사건 $A,\ B$가 모두 공사건이 아닌 경우, 독립이라는 조건과 배반의 조건을 동시에 만족시킬 수 없다.

일반적으로 사건 $A_1, A_2, \cdots, A_n$에 대한 독립은 다음과 같이 정의 한다.

사건의 독립	사건 $A_1, A_2, \cdots, A_n \subseteq \Omega$ 에 대하여 다음을 만족할 때, $A_1, A_2, \cdots, A_n$은 서로 **독립**이라고 한다. $$P(A_{i_1} \cap A_{i_2} \cap \cdots \cap A_{i_k}) = P(A_{i_1}) \cdot P(A_{i_2}) \cdot \cdots \cdot P(A_{i_k})$$ 단, $k = 2, 3, \cdots, n$, $\{i_1, i_2, \cdots, i_k\} \subseteq \{1, 2, \cdots, n\}$, $P(A_{i_k}) \neq 0$

〈예제 1-35〉

동전을 두 번 던지는 시행에서 사건 A는 두 번의 시행에서 나오는 면이 같을 사건, B는 첫 번째 시행에서 앞면이 나올 사건, 사건 C는 두 번의 시행에서 나오는 면이 다른 사건이라고 하자. 이때, 어느 두 사건이 서로 독립인지 말하여라.

풀이 먼저 표본공간 Ω와 각 사건 A, B, C에 대하여,

$$\Omega = \{HH, HT, TH, TT\},\ A = \{HH, TT\},\ B = \{HH, HT\},\ C = \{HT, TH\}$$

이므로, $P(A) = P(B) = P(C) = \dfrac{1}{2}$ 이다.

한편, $P(A \cap B) = P(HH) = \dfrac{1}{4}$ 이고 $P(B \cap C) = P(HT) = \dfrac{1}{4}$, $P(A \cap C) = P(\varnothing) = 0$

이므로, 1) $P(A \cap B) = P(A)P(B)$ 이다. 따라서 A, B 는 서로 독립이다.

2) $P(B \cap C) = P(B)P(C)$ 이다. 따라서 B, C 는 서로 독립이다.

3) $P(A \cap C) \neq P(A)P(C)$ 이다. 따라서 A, C는 독립이 아니다. //

〈예제 1-36〉

공정한 주사위 두 개를 던지는 시행에서 주사위 두 눈의 합이 6인 사건과 첫 번째 주사위의 눈이 4인 사건이라고 할 때 두 사건이 서로 독립인지 말하여라.

풀이 A를 주사위 두 눈의 합이 6인 사건, B를 첫 번째 주사위의 눈이 4인 사건이라고 하자. 그러면 $A = \{(1, 5), (2, 4), (3, 3), (4, 2), (5, 1)\}$ 이고 $B = \{(4, 1), (4, 2), (4, 3),$

(4, 4), (4, 5), (4, 6)} 이므로, $P(A) = \frac{5}{36}$ 이고 $P(B) = \frac{6}{36} = \frac{1}{6}$, $P(A \cap B) = P(\{(4, 2)\}) = \frac{1}{36}$ 이다.

한편, $P(A)P(B) = \frac{5}{36} \cdot \frac{1}{6}$ 이다. 따라서 $P(A \cap B) \neq P(A)P(B)$ 이므로 두 사건 A, B는 독립이 아니다. //

〈예제 1-37〉

어느 전자제품의 부분 회로도가 아래와 같다. 이 회로에서 각 스위치가 고장이 날 확률은 0.2라고 할 때, A 에서 B로 전류가 흐를 확률을 구하여라. (단, 각 스위치는 독립적으로 작동한다)

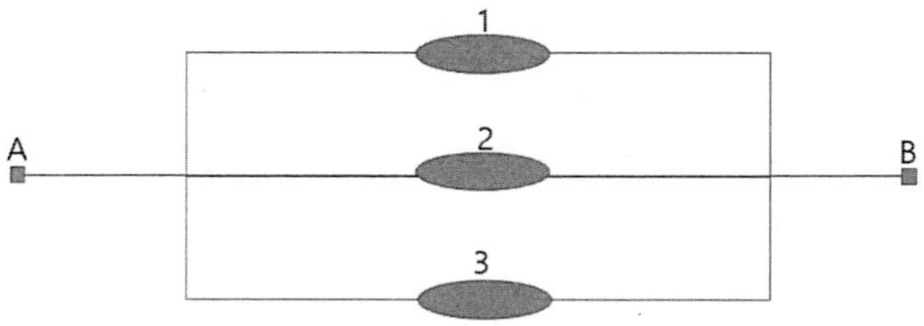

풀이 회로가 병렬연결로 되어 있으므로, 적어도 스위치 하나에 전류가 흐르면 A 에서 B로 전류가 흐른다. 이제 $i = 1, 2, 3$ 에 대하여 E_i를 스위치 i 에 전류가 흐르는 사건이라고 하자. 그러면 각 스위치에 전류가 흐르지 않을 확률은 $P(E_1{}^c) = P(E_2{}^c) = P(E_3{}^c) = 0.2$ 이다. 그러므로 구하는 확률은

$$P(E_1 \cup E_2 \cup E_3) = 1 - P(E_1{}^c \cap E_2{}^c \cap E_3{}^c)$$
$$= 1 - P(E_1{}^c) \cdot P(E_2{}^c) \cdot P(E_3{}^c) = 1 - (0.2)^3 = 0.992 \text{ 이다.}$$ //

두 사건 A, B가 독립이면 다음 성질을 만족한다.

독립의 성질	두 사건 A, B가 서로 독립이면 A와 B^c, A^c와 B, A^c와 B^c 도 각각 서로 독립이다.

〈예제 1-38〉

서로 독립인 두 사건 A, B에 대하여 $P(A\cap B)=2P(A\cap B^c)$, $P(A^c\cap B)=\frac{1}{12}$ 일 때, $P(A)$의 값을 구하여라. (단, $P(A)\neq 0$)

풀이 두 사건 A, B가 서로 독립이므로 위 독립의 성질에 의하여 A와 B^c, A^c와 B, A^c와 B^c 이 서로 독립이다. 따라서 $P(A)\cdot P(B)=2P(A)\cdot P(B^c)$ 이므로 $P(B)=\frac{2}{3}$ 이다. 또한 $P(A^c)\cdot P(B)=\frac{1}{12}$ 이므로 구하는 확률은 $P(A)=\frac{7}{8}$ 이다. //

제1장 연습문제

1. (1992년 임용고사 기출) 주머니 속에 앞면이 나올 확률이 각각 $\frac{1}{4}$, $\frac{1}{2}$, $\frac{3}{4}$ 인 동전 C_1, C_2, C_3가 한 개씩 들어 있다. 이 주머니에서 임의로 한 개의 동전을 꺼내 4번을 던졌더니 앞면이 2번 나왔다. 균형 잡힌 동전 C_2가 꺼내졌을 확률을 구하시오.

2. (1993년 임용고사 기출) 두 선수 A, B가 반복되는 시합을 진행하여 5번을 먼저 이기는 사람이 우승하고, 우승자에게는 1600원의 상금을 주도록 하였다. A가 3번, B가 2번을 이긴 상태에서 부득이한 사정으로 시합을 중단하였다. 상금 1600원을 어떻게 배분하여 갖는 것이 타당한가? (단, 각 시합에서 이길 확률은 서로 같고, 비기는 경우는 없다.)

3. (1995년 임용고사 기출) 오른쪽 그림과 같은 정삼각형의 내부의 한 점 p에서 각 변에 그은 수선의 길이를 a, b, c라고 할 때, a, b, c가 삼각형의 세 변의 길이가 될 확률을 구하여라.

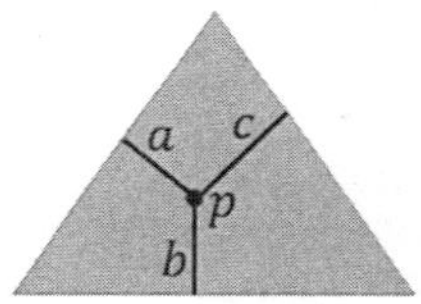

4. (1995년 임용고사 기출) 1에서 5까지의 번호가 붙여진 학생 5명이 1번부터 번호순으로 세워져 있다. 이 중에서 2명의 학생을 뽑아 서로의 위치를 바꾸어 놓는 시행을 3회 반복하였을 때, 첫 번째 학생이 1번일 확률을 구하시오.

5. (1996년 임용고사 기출) 5개의 숫자 1, 2, 3, 4, 5를 일렬로 나열할 때, 첫 번째에 1이, 4번째에 4가 놓여 있지 않을 확률을 구하시오.

6. (2000년 임용고사 기출) 어떤 반에서 방학 후 여행에 대한 설문조사를 하였다. 강원도에 다녀온 학생이 전체의 $\frac{2}{5}$, 제주도를 다녀온 학생이 전체의 $\frac{1}{4}$ 이었다. 강원도를 다녀오지 않은 학생을 임의로 뽑았을 때, 이 학생이 제주도를 다녀오지 않을 조건부확률을 구하시오. (단, 강원도를 다녀올 사건과 제주도를 다녀올 사건은 서로 독립이다.).

7. (2003년 임용고사 기출) 어떤 회사에서는 3대의 기계 a, b, c로 같은 종류의 빵을 만들고 있다. 3대의 기계는 각각 총 생산량의 20%, 30%, 50%를 생산하고 있으며, 생산품의 불량률은 각각 0.5%, 1%, 2%이다. 생산된 빵을 임의로 한 개 택하여 검사하였을 때, 그것이 불량품이었다고 하자. 이 불량품이 기계 a 또는 b에서 생산되었을 확률을 구하시오.

8. (2012년 임용고사 기출) 상자 A에 빨간 공 2개와 흰 공 3개가 들어 있고, 상자 B에 빨간 공 2개와 흰 공 m개가 들어 있다. 상자 A가 선택될 확률이 $\frac{1}{3}$이고, 상자 B가 선택될 확률이 $\frac{2}{3}$이다. 두 상자 A, B 중 하나를 택하여 그 상자에서 임의로 추출한 한 개의 공이 흰 공일 때, 이 흰 공이 상자 A에서 추출되었을 조건부확률이 $\frac{2}{7}$이다. m의 값을 구하여라.

제 2 장

확률변수와 확률분포

1. 확률변수
2. 이산확률분포
3. 연속확률분포

1 확률변수

여러 시행에 대한 표본공간은 반드시 수로만 이루어지지 않는다. 또한 강수 확률, 게임 승률, 불량품의 발생률과 같은 자연현상 및 사회현상에서 발생하는 우연사건들은 원소 개수가 너무 많거나 복잡해서 조건제시법이나 원소나열법으로 나타내기가 불편하다. 그러므로 자연현상 및 사회현상에서 발생하는 사건의 성질을 분석하기 위해서는 먼저 그 사건의 확률적 구조를 알아야 한다. 이때, 우연사건들의 확률적 구조를 수리적으로 모델링하기 위해서 먼저 사건에 대하여 정의된 확률을 변수를 도입하여 수치적으로 나타내는 것이 필요하다.

여기서는 확률변수의 개념과 확률변수가 이루는 확률적 구조, 즉 확률분포에 하여 알아본다.

§1 확률변수의 뜻

두 개의 동전을 던지는 시행에서 앞면의 개수를 X라고 하면 X가 취하는 값은 0, 1, 2이다.

이 값들은 표본공간의 각 단순사건에 대하여

$$HH \to X = 2, \qquad HT \to X = 1$$

$$TH \to X = 1, \qquad TT \to X = 0$$

으로 대응된다.

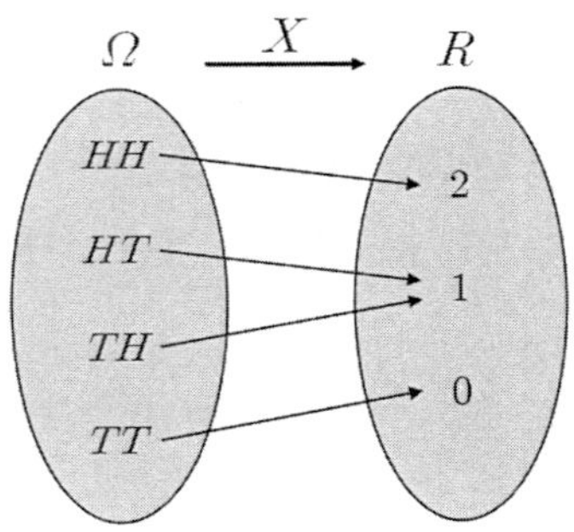

이때, 단순사건 $\{HH\}$이 일어날 확률 $P(\{HH\})$는 $P(X=2)$와 같이 나타낼 수 있다. 또 $P(X=1)$은 사건 $\{HT,\ TH\}$이 일어날 확률을 나타낸 것이다. 이처럼 어떤 사건에 대한 확률은 X가 어떤 값을 취하는 것에 대한 확률로 나타낼 수 있는데 이때, X는 표본공간의 각 사건에 하나의 수를 대응시킨 것이다.

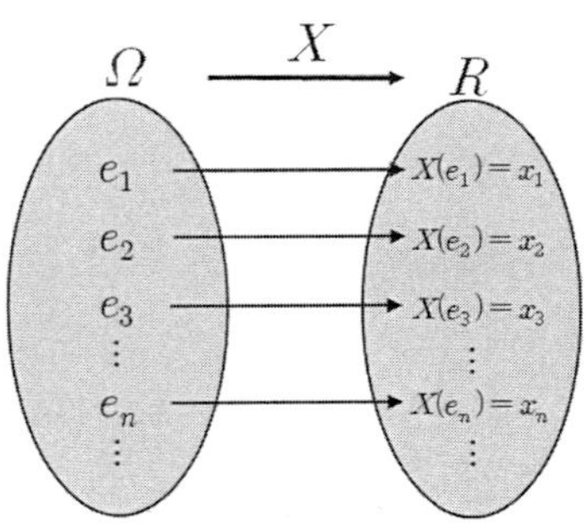

일반적으로, 표본공간을 $\Omega = \{e_1, e_2, \cdots, e_n, \cdots\}$라고 할 때, 각 단순사건에 오직 하나의 수를 대응시킨 관계 즉, 표본공간 Ω를 정의역으로 하고 실수의 집합 R을 공역으로 하는 함수 $X : \Omega \to R,\ X(e_i) = x_i,\ x_i \in R$를 확률변수라고 한다.

확률변수	어떤 시행에서 표본공간의 각 단순사건에 오직 하나의 수를 대응시킨 관계, 즉 표본공간 Ω를 정의역으로 하고 실수의 집합 R을 공역으로 하는 함수 X를 **확률변수**(random variable)라고 한다. 즉, 확률변수 $X : \Omega \to R,\ X(e_i) = x_i,\ x_i \in R$

참고 확률변수는 함수이나 실제로는 그 역할이 변수와 같아 확률변수라고 부른다.

일반적으로 확률변수 $X(e_i) = x_i$를 간단히 $X = x_i$로 나타내고, 그 확률을 $P(X = x_i)$과 같이 나타낸다. 이때, 함수값 x_i의 개수를 셀 수 있으면 그 확률변수를 **이산확률변수**(discrete random variable)라 하고, 셀 수 없는 경우, 즉 어떤 구간의 모든 실수값이 확률변수의 치역인 경우에 **연속확률변수**(continuous random variable)라고 한다.

확률변수는 보통 알파벳의 대문자 X, Y, Z 등으로 나타내고, 확률변수의 함수값은 소문자 x, y, z 또는 숫자로 나타낸다.

보기 1 (1) 어느 농구 선수가 3점 슛을 성공시킨 것을 s, 실패한 것을 f로 나타내고 3점 슛을 성공할 때까지의 던진 슛의 수를 X라고 할 때, 표본공간은 $\Omega = \{s, fs, ffs, fffs, \cdots\}$이다. 이때, Ω의 각 원소에 대하여 자연수가 차례로 대응되므로 X는 이산확률변수이다.

(2) 원판에 자유롭게 회전하는 바늘을 회전시키는 시행에서 바늘이 정지한 곳의 눈금을 X라 할 때, X가 취할 수 있는 값은 구간 [0, 60]에 속한 모든 실수값이므로 X는 연속확률변수이다.

보기 2 (1) 서로 다른 두 개의 주사위를 던지는 시행에서 두 눈의 합을 확률변수 X라고 할 때, 표본공간은 $\Omega = \{(1, 1), (1, 2), \cdots, (1, 6), (2, 1), \cdots, (6, 1), \cdots, (6, 6)\}$이다. 따라서 확률변수 $X = \{2, 3, 4, \cdots, 11, 12\}$이다.

(2) 어떤 공장에서 생산한 건전지 수명을 확률변수 X라 할 때, 표본공간은 $\Omega = [0, \infty)$이므로 확률변수 $X = x,\ x \geq 0$이다.

§ 2 확률질량함수

이산확률변수 X가 취하는 값을 $x_1,\ x_2,\ x_3,\ \cdots$ 라고 하고, X가 이 값들을 취할 확률을 $P(X=x_i)=p_i,\ i=1,\ 2,\cdots,\ n$ 이라고 할 때, $x_1,\ x_2,\ x_3,\ \cdots$ 과 $p_1,\ p_2,\ p_3,\ \cdots$과의 대응 관계를 이산확률변수 X의 확률분포 또는 **이산확률분포** 또는 **확률질량함수**라고 하고, $P(X=x_i)$ 또는 $f(x_i)$를 이산확률변수 X의 확률질량함수 값이라고 한다.

확률 질량함수 (p.m.f.)	이산확률변수 $X:\Omega\rightarrow R$ 가 취하는 값을 $x_1,\ x_2,\ x_3,\ \cdots$ 라고 하고, X가 이 값들을 취할 확률을 $P(X=x_i)=p_i,\ i=1,\ 2,\cdots,\ n$ 이라고 할 때, $x_1,\ x_2,\ x_3,\ \cdots$ 과 $p_1,\ p_2,\ p_3,\ \cdots$과의 대응 관계를 **이산확률분포**(discrete probability distribution) 또는 **확률질량함수**(probability mass function)라고 한다. 즉, 확률질량함수 $f:X(\Omega)\rightarrow[0,\ 1],\ f(x)=P(X=x),\ x\in X(\Omega)$

이산확률변수의 확률분포는 다음과 같이 이산확률분포표 또는 이산확률분포의 그래프로 나타낼 수 있다.

X	x_1 x_2 x_3 $\cdots$ x_n $\cdots$	계
$P(X=x_i)=f(x_i)$	p_1 p_2 p_3 $\cdots$ p_n $\cdots$	1

이산확률분포표

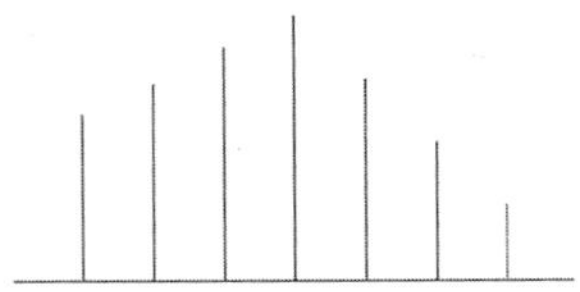

이산확률분포의 그래프

보기 3 두 개의 동전을 던지는 시행에서 앞면의 개수를 X라고 하면, 표본공간의 각 단순사건에 대하여 $HH\rightarrow X=2,\ HT\rightarrow X=1,\ TH\rightarrow X=1,\ TT\rightarrow X=0$ 이므로 $X(\Omega)=\{0,\ 1,\ 2\}$ 이고

$P(X=0)=\dfrac{1}{4},\ P(X=1)=\dfrac{2}{4},\ P(X=2)=\dfrac{1}{4}$ 이다.

따라서 (1) 확률질량함수는 $f(x)=P(X=x)=\begin{cases}\dfrac{1}{4}, & x=0\\ \dfrac{1}{2}, & x=1\\ \dfrac{1}{4}, & x=2\end{cases}$ 이다.

(2) 이산확률분포표는

X	0	1	2	합계
$P(X=x)=f(x)$	$\frac{1}{4}$	$\frac{1}{2}$	$\frac{1}{4}$	1

이다.

(3) 이산확률분포 그래프는

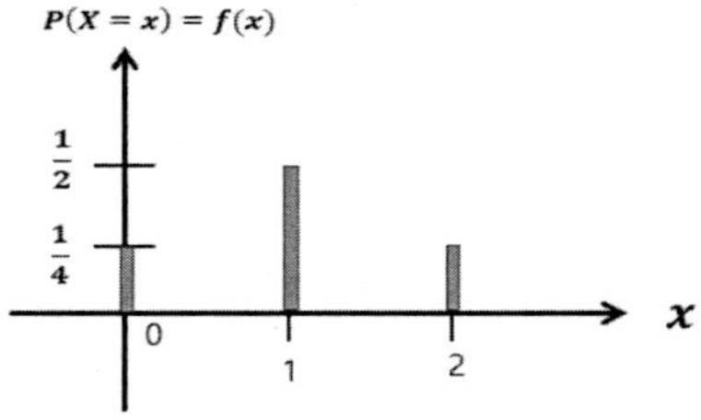

이다.

확률질량함수 $P(X=x_i)$, $i=1, 2, \cdots, n$은 어떤 사건에 대한 확률을 확률변수로 나타낸 것이므로 확률의 기본 성질에 의하여 다음 성질을 만족한다.

확률질량함수의 성질	확률질량함수 $P(X=x_i)$에 대하여, 다음이 성립한다. (1) $0 \le P(X=x_i) \le 1$, $i=1, 2, \cdots, n$ (2) $\sum_{i=1}^{n} P(X=x_i)=1$ (3) $P(X \le x_k)=\sum_{i=1}^{k} P(X=x_i)=\sum_{i=1}^{k} f(x_i)$, $i \le k$

〈예제 2-1〉

어떤 아이스크림 가게에 진열된 15가지 맛의 아이스크림 중에서 5가지가 신제품이고 진열된 아이스크림 중 3가지 맛의 아이스크림이 팔렸다. 팔린 아이스크림 중에서 신제품의 개수를 확률변수 X라고 할 때, 다음을 구하여라.

(1) 확률변수 X에 대한 확률분포표

(2) 확률변수 X에 대한 확률질량함수

(3) $P(X \le 1)$

풀이

(1) 확률변수 $X=\{0, 1, 2, 3\}$ 이므로, 확률변수 각각에 대한 확률값은

$$P(X=0)=\frac{{}_5C_0 \cdot {}_{10}C_3}{{}_{15}C_3}=\frac{24}{91},\quad P(X=1)=\frac{{}_5C_1 \cdot {}_{10}C_2}{{}_{15}C_3}=\frac{45}{91},$$

$$P(X=2)=\frac{{}_5C_2 \cdot {}_{10}C_1}{{}_{15}C_3}=\frac{20}{91},\quad P(X=3)=\frac{{}_5C_3 \cdot {}_{10}C_0}{{}_{15}C_3}=\frac{2}{91} \text{ 이다.}$$

따라서 이산확률분포표는

X	0	1	2	3	합계
$P(X=x)=f(x)$	$\frac{24}{91}$	$\frac{45}{91}$	$\frac{20}{91}$	$\frac{2}{91}$	1

이다.

(2) 확률변수 X에 대한 확률질량함수는

$$f(x)=P(X=x)=\frac{{}_5C_x \cdot {}_{10}C_{3-x}}{{}_{15}C_3},\quad x=0,\ 1,\ 2,\ 3 \text{ 이다.}$$

(3) 구하는 확률은

$$P(X \le 1)=P(X=0)+P(X=1)=\frac{24}{91}+\frac{45}{91}=\frac{69}{91} \text{ 이다.}$$ //

〈예제 2-2〉

주머니 안에 흰색 공과 검은색 공이 각각 4개, 2개가 들어 있다. 주머니에서 2개의 공을 꺼낼 때, 꺼낸 흰색 공의 수를 확률변수 X라 하고 다음을 구하여라.

(1) 확률변수 X에 대한 확률분포표

(2) 확률변수 X에 대한 확률질량함수

(3) $P(X \ge 1)$

풀이

(1) 이산확률변수 $X=\{0,\ 1,\ 2\}$ 이고 확률변수 각각에 대한 확률값은

$$P(X=0)=\frac{{}_4C_0 \cdot {}_2C_2}{{}_6C_2}=\frac{1}{15},\quad P(X=1)=\frac{{}_4C_1 \cdot {}_2C_1}{{}_6C_2}=\frac{8}{15},$$

$$P(X=2)=\frac{{}_4C_2 \cdot {}_0C_2}{{}_6C_2}=\frac{6}{15}$$ 이다. 따라서 구하는 이산확률분포표는

X	0	1	2	합계
$P(X=x)=f(x)$	$\frac{1}{15}$	$\frac{8}{15}$	$\frac{6}{15}$	1

이다.

(2) 확률변수 X에 대한 확률질량함수는

$$f(x) = P(X = x) = \frac{{}_4C_x \cdot {}_2C_{2-x}}{{}_6C_2}, \quad x = 0,\ 1,\ 2 \text{ 이다.}$$

(3) 구하는 확률은

$$P(X \ge 1) = P(X = 1) + P(X = 2) = \frac{8}{15} + \frac{6}{15} = \frac{14}{15} \text{ 이다.}$$

//

〈예제 2-3〉

확률변수 X의 확률질량함수가 $f(x) = P(X = x) = kx$, $x = 1, 2, 3, 4, 5$ 일 때, 상수 k의 값을 구하여라.

풀이 이산확률변수 X의 확률질량함수로부터 확률분포표는

X	1	2	3	4	5	합계
$P(X = x) = f(x)$	k	$2k$	$3k$	$4k$	$5k$	$15k = 1$

이다.

따라서 $k = \frac{1}{15}$ 이다.

//

§ 3 확률밀도함수

연속확률변수 X는 어떤 구간의 모든 실수값을 취하기 때문에 이산확률분포와는 달리 변수값 x 하나하나에 확률을 일일이 대응시킬 수가 없다. 이런 경우에 각 x 값에 확률을 대응시키는 대신에 다음과 같이 연속확률변수에 대한 확률분포를 정의한다.

확률밀도함수 (p.d.f.)	연속확률변수 X와 임의의 실수들의 부분집합 B대하여, $P(X \in B) = \int_B f(x)\,dx$ 를 만족하는 음이 아닌 함수 $f(x)$를 X의 **확률밀도함수**(probability density function)라고 한다.

연속확률변수 X의 확률밀도함수 $f(x)$의 그래프를 **연속확률분포 그래프**라고 한다. X에 관한 확률식 $P(a \le X \le b)$는 X의 확률밀도함수 f를 사용하여 다음과 같이 구할 수 있다.

$$\begin{aligned} P(a \le X \le b) &= P(X \le b) - P(X \le a) \\ &= \int_{-\infty}^{b} f(x)dx - \int_{-\infty}^{a} f(x)dx \\ &= \int_{a}^{b} f(x)dx \end{aligned}$$

확률밀도함수의 성질	연속확률변수 X 대하여 확률밀도함수는 다음 성질을 만족한다. (1) $\int_{-\infty}^{\infty} f(x)\,dx = 1$ (2) $P(a \le X \le b) = P(X \le b) - P(X \le a) = \int_{a}^{b} f(x)\,dx$

참고 연속확률변수 X가 어느 한 값 x를 취할 확률은 $P(X=x)=0$이므로
$P(a < X < b) = P(a \le X < b) = P(a < X \le b) = P(a \le X \le b)$이다.

또한 $P(a \le X \le b) = \int_{a}^{b} f(x)\,dx$는 오른쪽 그림에서와 같이 구간 $[a,\ b]$에서 함수 $f(x)$의 그래프와 x축으로 둘러싸인 부분의 넓이를 나타낸다.

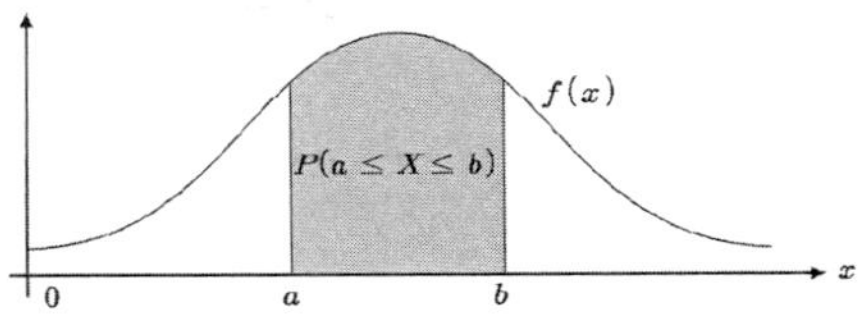

§4 누적분포함수

도수분포표에서 누적도수와 마찬가지로 확률분포에서도 누적분포를 생각할 수 있다. 확률변수 X가 어떤 특정한 값 x보다 작거나 같을 확률을 **누적분포함수**(cumulative distribution function)라 하고, 이것을 $F(x)$로 나타낸다. 즉,

$$F(x) = P(X \le x) = \begin{cases} \sum_{t=-\infty}^{x} P(X=t), & X\text{가 이산인 경우} \\ \int_{-\infty}^{x} f(t)dt, & X\text{가 연속인 경우} \end{cases}$$

이산확률변수 X의 확률질량함수와 연속확률변수 X의 확률밀도함수에 대응되는 누적분포함수의 그래프는 각각 다음과 같다.

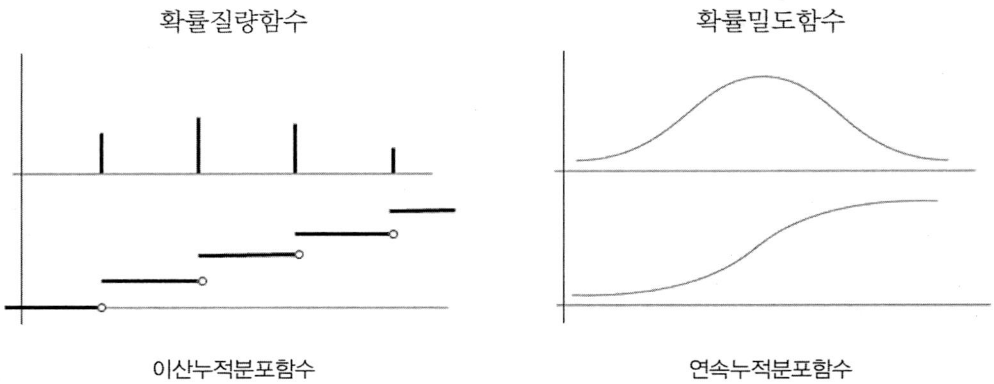

위의 그래프에서 알 수 있듯이 이산확률변수의 누적분포함수의 그래프는 우측연속인 계단함수이고, 연속확률변수의 누적분포함수의 그래프는 증가하는 연속함수가 된다. 또 확률밀도함수 $f(x)$는 누적분포함수 $F(x)=\int_{-\infty}^{x} f(t)\,dt$를 미분하여 구할 수 있다. 즉, $\frac{d}{dx}F(x)=f(x)$이다.

누적분포함수 $F(x)$는 다음과 같은 성질을 만족한다.

누적분포함수의 성질	(1) $0 \le F(x) \le 1$ (2) $F(x)$는 증가함수이다. (3) $F(-\infty)=0$, $F(\infty)=1$ (4) X가 이산확률변수일 때, $i=1, 2, \cdots, n$에 대하여 $f(x_i)=F(x_i)-F(x_i^{-})$이다. (단, $F(x_i^{-})=\lim_{x \to x_i^{-}} F(x)$)

확률변수 X에 대한 확률분포가 주어지면 누적분포함수 $F(x)$는 그 정의로부터 구할 수 있고, 역으로 확률변수 X에 대한 누적분포함수 $F(x)$가 주어지면 X의 확률분포를 구할 수 있다.

확률계산	(1) X가 이산확률변수인 경우, ① $P(a<X\le b)=F(b)-F(a)$ ② $P(a\le X\le b)=F(b)-F(a)+f(a)$ ③ $P(a<X<b)=F(b)-F(a)-f(b)$ ④ $P(a\le X<b)=F(b)-F(a)+f(a)-f(b)$

(2) X가 연속확률변수인 경우,

$$P(a < X < b) = P(a \le X < b) = P(a < X \le b) = P(a \le X \le b)$$
$$= F(b) - F(a)$$

누적분포함수의 성질을 이용하여 확률변수 X에 대한 확률값을 구할 수 있다.

〈예제 2-4〉

서로 다른 두 개의 동전을 던지는 시행에서 앞면이 나온 개수를 확률변수 X라 할 때, 이 확률변수에 대한 누적분포함수를 구하여라.

풀이 확률변수 X의 확률분포표는 <보기 3>으로부터 다음과 같다.

X	0	1	2	합계
$P(X=x)=f(x)$	$\frac{1}{4}$	$\frac{1}{2}$	$\frac{1}{4}$	1

따라서 $P(x \le 0) = P(x=0) = \frac{1}{4}$, $P(x \le 1) = P(x=0) + P(X=1) = \frac{3}{4}$ 이고 $P(x \le 2) = P(x=0) + P(X=1) + P(X=2) = 1$ 이다. 따라서 이산확률변수 X의 누적분포함수는 $F(X) = \begin{cases} 0, & x < 0 \\ \frac{1}{4}, & 0 \le x < 1 \\ \frac{3}{4}, & 1 \le x < 2 \\ 1, & x \ge 2 \end{cases}$ 이다. //

〈예제 2-5〉

이산확률변수 X의 누적분포함수가

$$F(X) = \begin{cases} 0, & x < -1 \\ \frac{1}{4}, & -1 \le x < 1 \\ \frac{1}{2}, & 1 \le x < 2 \\ \frac{5}{6}, & 2 \le x < 3 \\ 1, & x \ge 3 \end{cases}$$

으로 주어졌을 때,

각각의 확률을 구하여라.

(1) $P(-1 < X \le 2)$　　(2) $P(-1 \le X \le 2)$

(3) $P(-1 < X < 2)$　　(4) $P(-1 \le X < 2)$

풀이 (1) $P(-1 < X \le 2) = F(2) - F(-1) = \frac{7}{12}$

(2) $P(-1 \le X \le 2) = F(2) - F(-1) + f(-1) = \frac{5}{6} - F(-1) + (F(-1) - F(-1^-))$

$$= \frac{5}{6} - 0 = \frac{5}{6}$$

(3) $P(-1 < X < 2) = F(2) - F(-1) - f(2) = \frac{5}{6} - F(-1) + (F(2) - F(2^-)) = \frac{11}{12}$

(4) $P(-1 \le X < 2) = F(2) - F(-1) + f(0) - f(2) = \frac{5}{6} - F(-1) + (F(2) - F(2^-))$

$$= \frac{11}{12}$$ //

〈예제 2-6〉

확률변수 X의 확률밀도 함수 $f(x) = \begin{cases} \frac{1}{b-a}, & a < x < b \\ 0, & \text{otherwise} \end{cases}$ 의 누적분포함수를 구하여라.

풀이 누적분포함수의 정의로부터 $F(x) = P(X \le x) = \int_{-\infty}^{x} f(t)\ dt$ 이고

$a < x < b$인 x에 대하여 $\int_a^x f(t)\,dt = \int_a^x \frac{1}{b-a}\ dt = \left[\frac{1}{b-a}t\right]_a^x = \frac{x-a}{b-a}$ 이므로,

연속확률변수 X의 누적분포함수는 $F(x) = \begin{cases} 0, & x \le a \\ \frac{x-a}{b-a}, & a < x < b \\ 1, & x \ge b \end{cases}$ 이다. //

〈예제 2-7〉

연속확률변수 X의 확률밀도 함수가 $f(x) = \begin{cases} \frac{1}{k}x, & 0 \le x \le 3 \\ 0\ , & \text{otherwise} \end{cases}$ 일 때,

(1) 누적분포함수를 구하고, (2) $P(1 < X \le 2)$을 구하여라. (단, k는 상수)

풀이 (1) 정의로부터 누적분포함수는 $F(x) = P(X \le x) = \int_{-\infty}^{x} f(t)\ dt$ 이고 $0 \le x \le 3$ 인 x에 대하여 $\int_0^x f(t)\,dt = \int_0^x \frac{1}{k}t\ dt = \frac{1}{2k}x^2$ 이므로, 구하는 X의 누적분포함수는

$$F(x) = \begin{cases} 0, & x < 0 \\ \frac{1}{2k}x^2, & 0 \le x \le 3 \\ 1, & x > 3 \end{cases}$$ 이다.

(2) 구하는 확률은 $P(1 < X \le 2) = \int_1^2 \frac{1}{k}x\ dx = \frac{3}{2k}$ 이다. //

〈예제 2-8〉

연속확률변수 X의 확률밀도 함수가 $f(x) = \begin{cases} \lambda e^{-\lambda x}, & x \ge 0 \\ 0\ , & x < 0 \end{cases}$ 일 때, 다음을 구하여라.

(단, λ는 상수)

(1) 누적분포함수 (2) $P(1 \le X \le 2)$ (3) $P\{(X-1)(X-2) \ge 0\}$

풀이 (1) 누적분포함수의 정의로부터 $F(x) = P(X \le x) = \int_{-\infty}^{x} f(t)\ dt$ 이다. 따라서 $x \ge 0$ 인 x에 대하여 $F(x) = \int_{-\infty}^{x} f(t)\,dt = \int_{-\infty}^{0} f(t)\,dt + \int_0^x f(t)\,dt = \int_0^x \lambda e^{-\lambda t}\,dt$ $= 1 - e^{-\lambda x}$ 이므로, 구하는 누적분포함수는 $F(x) = \begin{cases} 0\ , & x < 0 \\ 1 - e^{-\lambda x}, & x \ge 0 \end{cases}$ 이다.

(2) $P(1 \le X \le 2) = \int_1^2 \lambda e^{-\lambda t}\,dt = e^{-\lambda} - e^{-2\lambda}$ 이다.

(3) $P\{(X-1)(X-2) \ge 0\} = P(X \le 1 \text{ or } X \ge 2) = P(X \le 1) + P(X \ge 2)$

$$= \int_0^1 \lambda e^{-\lambda x}\,dx + \int_2^{\infty} \lambda e^{-\lambda x}\,dx = 1 - e^{-\lambda} + e^{-2\lambda}$$ 이다. //

§5 확률변수의 기댓값과 분산

자료의 중심위치와 산포도는 각각 그 평균과 분산을 구하여 알 수 있는 것과 마찬가지로 확률분포의 중심위치와 산포도도 각각 확률변수의 기댓값(평균)과 분산을 구하여 알 수 있다.

이산확률변수와 연속확률변수의 기댓값은 각각 다음과 같다.

확률변수의 기댓값

(1) X가 이산확률변수인 경우,

X가 취할 수 있는 값이 x_1, x_2, x_3, $\cdots$, x_n이고 X확률질량함수가 $f(x)$이면, $E(X)$를 X의 **기댓값**(expectation) 또는 **평균**이라 하고 다음과 같이 정의한다.

$$E(X) = \sum_{i=1}^{\infty} x_i P(X = x_i) = \sum_{i=1}^{\infty} x_i f(x_i)$$

(2) X가 연속확률변수인 경우,

X가 구간 $(-\infty, \infty)$의 모든 실수값을 취하고 X의 확률밀도 함수가 $f(x)$이면, $E(X)$를 X의 **기댓값**(expectation) 또는 **평균**이라 하고 다음과 같이 정의한다.

$$E(X) = \int_{-\infty}^{\infty} x f(x) dx$$

* 기댓값 $E(X)$은 μ를 이용하여 표기하기도 한다.

이산확률변수와 연속확률변수의 기댓값은 각각 이산확률분포와 연속확률분포의 중심위치를 나타낸다.

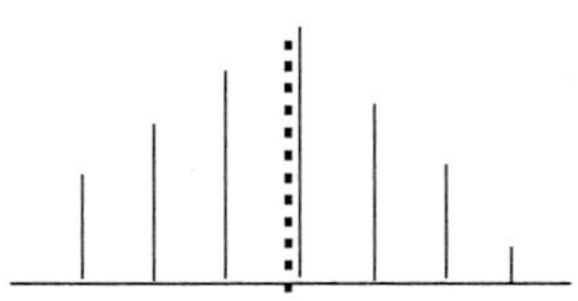

$\mu = E(X)$

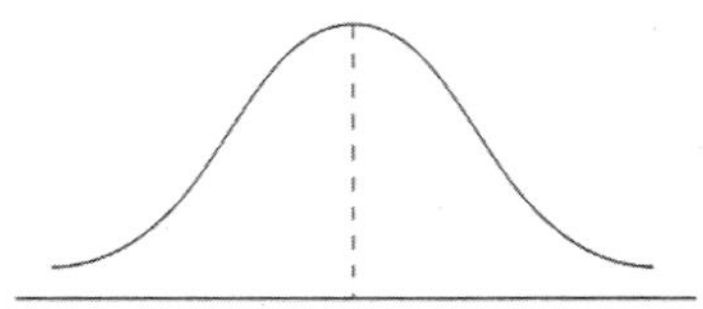

$\mu = E(X)$

〈예제 2-9〉

확률변수 X의 확률분포 함수가 다음과 같을 때, 기댓값 $E(X)$를 구하여라.

(1) $P(X = x) = \dfrac{1}{5}$, $x = 1, 2, 3, 4, 5$

(2) $f(x) = \begin{cases} \dfrac{1}{2}x, & 0 < x \le 2 \\ 0, & \text{otherwise} \end{cases}$

풀이 (1) X가 이산확률변수이므로,

기댓값은 $E(X) = \sum_{i=1}^{5} x_i P(X = x_i) = \dfrac{1}{5} + \dfrac{2}{5} + \dfrac{3}{5} + \dfrac{4}{5} + \dfrac{5}{5} = 3$ 이다.

(2) 주어진 확률밀도함수로부터 확률변수 X의 기댓값은

$$E(X) = \int_0^2 x \frac{x}{2} dx = \left[\frac{1}{6}x^3\right]_0^2 = \frac{4}{3} \text{ 이다.}$$ //

〈예제 2-10〉

확률밀도함수가 다음과 같을 때, 이 확률변수 X에 대한 기댓값을 구하여라.

$$f(x) = \begin{cases} 1 - |1-x|, & 0 < x < 2 \\ 0, & \text{otherwise} \end{cases}$$

풀이 확률변수 X의 기댓값은 정의로부터

$$\begin{aligned} E(X) &= \int_{-\infty}^{\infty} x f(x)\,dx = \int_{-\infty}^{0} x f(x)\,dx + \int_0^2 x f(x)\,dx + \int_2^{\infty} x f(x)\,dx \\ &= \int_0^2 x f(x) dx = \int_0^1 x\,(1-(1-x))\,dx + \int_1^2 x\,(1+(1-x))\,dx \\ &= \int_0^1 x^2\,dx + \int_1^2 (2x - x^2)\,dx = 1 \text{ 이다.} \end{aligned}$$ //

확률변수의 함수의 기대값	확률변수 X에 의해 생성된 새로운 확률변수 $h(X)$의 기댓값은 다음과 같이 정의한다. $E(h(X)) = \begin{cases} \sum_{i=1}^{\infty} h(x_i)P(X=x_i), & X\text{가 이산인 경우} \\ \int_{-\infty}^{\infty} h(x)f(x)dx, & X\text{ 가 연속인 경우} \end{cases}$

또한 X가 확률변수이면 기댓값은 X뿐만이 아니라 X에 의해 생성된 함수 즉 새로운 확률변수에 관해서도 정의할 수 있다.

〈예제 2-11〉

(1) 확률변수 X의 확률분포표가 다음과 같을 때, 이 확률변수의 함수 $g(X) = X^2$에 대한 기댓값을 구하여라.

X	-1	0	1	2	합계
$P(X=x_i) = f(x_i)$	$\frac{1}{5}$	$\frac{1}{5}$	$\frac{2}{5}$	$\frac{1}{5}$	1

(2) 확률변수 X의 확률밀도함수가 $f(x) = \begin{cases} 1, & 0 < x < 1 \\ 0, & \text{otherwise} \end{cases}$ 일 때, $g(X) = e^X$ 의 기댓값을 구하여라.

풀이 (1) 확률변수 X에 의해 정의된 확률변수를 $Y = X^2$ 라고 하면, $Y = 0,\ 1,\ 4$이다. 그러면 새로운 확률변수 Y에 대하여 $P(Y=0) = P(X=0) = \frac{1}{5}$ 이고

$P(Y=1) = P(X=-1) + P(X=1) = \frac{1}{5} + \frac{2}{5} = \frac{3}{5}$, $P(Y=4) = P(X=2) = \frac{1}{5}$

이므로, 확률변수 Y의 확률분포표는

Y	0	1	4	합계
$P(Y=y_i) = f(y_i)$	$\frac{1}{5}$	$\frac{3}{5}$	$\frac{1}{5}$	1

이다.

따라서 구하는 기댓값은 $E(X^2) = E(Y) = 0(\frac{1}{5}) + 1(\frac{3}{5}) + 4(\frac{1}{5}) = \frac{7}{5}$ 이다. 이것은 확률변수X의 함수 $g(X) = X^2$ 에 대한 기댓값의 정의를 사용하여 바로 구할 수 있다. 즉, $E(g(X)) = E(X^2) = (-1)^2(\frac{1}{5}) + 0^2(\frac{2}{5}) + 1^2(\frac{2}{5}) + 2^2(\frac{1}{5}) = \frac{7}{5}$ 이다. 여기서 $\frac{7}{5} = E(X^2) \neq (E(X))^2 = \frac{9}{25}$ 임을 유의하자.

(2) $Y = e^X$ 라고 하자. 먼저, Y의 누적분포함수 $F_Y(y)$를 구해보자. $1 < y < e$ 에 대하여,

$$F_Y(y) = P(Y \le y) = P(e^X \le y) = P(X \le \ln y) = \int_{-\infty}^{\ln y} f(x)\,dx$$

$$= \int_{-\infty}^{0} f(x)\,dx + \int_{0}^{\ln y} f(x)\,dx = \int_{0}^{\ln y} 1\,dx = \ln y \text{ 이다.}$$

윗식의 양변을 y에 관하여 미분하면, $f_Y(y) = \frac{d}{dy}F_Y(y) = \frac{d}{dy}\ln y = \frac{1}{y}$, $1 < y < e$ 이다.

그러므로 $E(e^X) = E(Y) = \int_{-\infty}^{\infty} y f_Y(y)\,dy = \int_{1}^{e} y\frac{1}{y}\,dy = e - 1$ 이다.

이것은 확률변수X의 함수 $g(X) = e^X$ 에 대한 기댓값의 정의를 사용하여 바로 구할 수 있다.

즉, $E(e^X) = \int_{-\infty}^{\infty} g(x)f(x)\,dx = \int_{0}^{1} e^x(1)\,dx = e - 1$ 이다. //

특히 확률변수 X에 의해 일차함수로 주어진 확률변수에 대한 기대값은 다음 성질을 만족한다.

기댓값의 성질	확률변수 X와 임의의 상수 a, b에 대하여, 다음이 성립한다. $E(aX+b) = aE(X)+b$

〈예제 2-12〉

이산확률변수 X의 확률분포표가 다음과 같이 주어졌을 때, 이 확률변수의 함수 $h(X) = -3X+1$에 대한 기댓값을 구하여라.

X	0	1	2	3	합계
$P(X=x_i) = f(x_i)$	0.1	0.6	0.2	0.1	1

풀이 확률변수 X의 기댓값은 $E(X) = 0(0.1)+1(0.6)+2(0.2)+3(0.1) = 1.3$ 이므로 기댓값의 성질에 의해 구하는 기댓값은

$E(-3X+1) = -3E(X)+1 = (-3)(1.3)+(1) = -2.9$ 임을 알 수 있다. //

〈예제 2-13〉

생쥐 한 마리가 오른쪽 그림과 같은 미로의 입구에서 출구로 나가려고 한다. 경로 A를 택하면 출구로 나가기까지 1분이 걸리고, 경로 B를 택하면 돌아서 입구로 다시 나오기까지 2분이 걸린다. 이때 생쥐는 돌아 나온 길을 기억하지 못하고 다시 경로 B를 택할 수도 있다. 생쥐가 출구로 나갈 때까지 걸리는 평균 시간을 구하여라. (단, 각 경로를 택할 확률은 같다.)

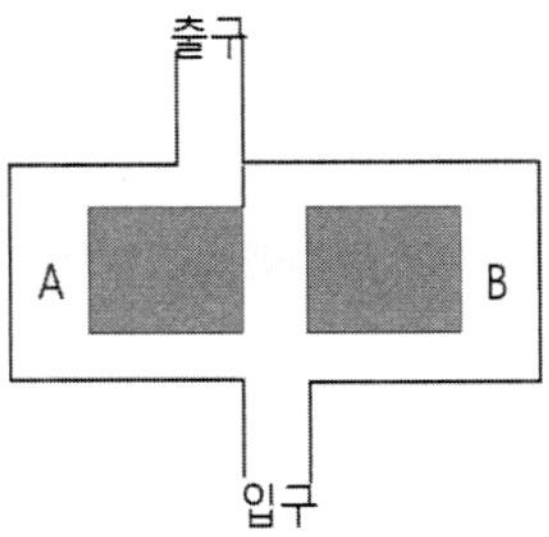

풀이 확률변수 X를 생쥐가 출구로 나갈 때까지 걸린 시간이라고 하면 X가 취하는 값은 1, 3, 5, …(분)이다. 경로 A, B를 택하는 확률은 각각 $\frac{1}{2}$ 이므로 X의 확률분포표는 다음과 같다.

X	1	3	5	7	9	…
$P(X=x) = f(x)$	$\frac{1}{2}$	$(\frac{1}{2})^2$	$(\frac{1}{2})^3$	$(\frac{1}{2})^4$	$(\frac{1}{2})^5$	…

계산의 편의를 위해서 구하는 평균 시간 $E(X)$를 α라고 하면,

$$\alpha = \frac{1}{2} + (\frac{1}{2})^2 \times 3 + (\frac{1}{2})^3 \times 5 + \cdots \qquad \cdots ①식$$

$$2\alpha = (\frac{1}{2})^2 + (\frac{1}{2})^3 \times 3 + (\frac{1}{2})^4 \times 5 + \cdots \qquad \cdots ②식$$

이다. 이제 ①식에서 ②식을 빼면

$$\frac{1}{2}\alpha = \frac{1}{2} + (\frac{1}{2})^2 \times 2 + (\frac{1}{2})^3 \times 2 + \cdots = \frac{1}{2} + 2\{(\frac{1}{2})^2 + (\frac{1}{2})^3 + \cdots\}$$

$$= \frac{1}{2} + 2 \times \frac{(\frac{1}{2})^2}{1 - \frac{1}{2}} = \frac{3}{2} \text{ 이므로,}$$

생쥐가 출구로 나갈 때까지 걸리는 평균 시간 $E(X) = 3$분이다. //

확률변수의 기댓값이 그 확률분포의 중심위치를 나타내는 것처럼 확률변수의 분산은 확률분포의 퍼짐 정도를 나타낸다. 확률변수 X의 분산과 표준편차는 다음과 같이 정의한다.

확률변수의 분산과 표준편차

(1) 확률변수 X의 평균을 μ에 대하여 **분산**(variation)을 다음과 같이 정의고, σ^2 또는 $V(X)$라고 표기한다.

$$\sigma^2 = V(X) = E((X-\mu)^2)$$

$$= \begin{cases} \sum_{i=1}^{\infty} (x_i - \mu)^2 \, P(X = x_i), & X\text{는 이산확률변수} \\ \int_{-\infty}^{\infty} (x-\mu)^2 f(x) \, dx, & X\text{는 연속확률변수} \end{cases}$$

(2) 확률변수 X의 **표준편차**(standard variation)는

$$\sigma = \sqrt{\sigma^2} = \sqrt{V(X)}$$

로 정의한다.

확률변수 X의 분산과 표준편차는 항상 양의 값으로 X의 확률분포가 평균을 중심으로 흩어져 있으면 있을수록 커진다.

분산은 기댓값의 성질을 이용하여 다음과 같이 간단하게 계산할 수 있다.

$$V(X) = E((X-\mu)^2) = E(X^2 - 2X\mu + \mu^2) = E(X^2) - 2\mu E(X) + \mu^2$$

$$= E(X^2) - \mu^2 = E(X^2) - (E(X))^2$$

분산과 표준편차의 성질은 다음과 같다.

분산과 표준편차의 성질	(1) $V(X) = E(X^2) - (E(X))^2$ (2) $V(aX+b) = a^2 V(X)$ (3) $\sigma(aX+b) = \mid a \mid \cdot \sigma(X)$

〈예제 2-14〉

서로 다른 두 개의 주사위를 던지는 시행에서 두 눈의 합을 확률변수 X 라 할 때, 이 확률변수에 대한 분산과 표준편차를 구하여라.

풀이 확률변수 X 의 확률분포표가 다음과 같으므로

X	2	3	4	5	6	7	8	9	10	11	12	합계
$P(X=x_i)$	$\frac{1}{36}$	$\frac{2}{36}$	$\frac{3}{36}$	$\frac{4}{36}$	$\frac{5}{36}$	$\frac{6}{36}$	$\frac{5}{36}$	$\frac{4}{36}$	$\frac{3}{36}$	$\frac{2}{36}$	$\frac{1}{36}$	1

기댓값은 $E(X) = \sum_{i=1}^{11} x_i P(X=x_i) = 2(\frac{1}{36}) + 3(\frac{1}{36}) + \cdots + 12(\frac{1}{36}) = \frac{252}{36} = 7$ 이고,

$E(X^2) = \sum_{i=1}^{11} x_i^{\,2} P(X=x_i) = 2^2(\frac{1}{36}) + 3^2(\frac{1}{36}) + \cdots + 12^2(\frac{1}{36}) = \frac{1974}{36}$ 이다.

따라서 분산은 $V(X) = E(X^2) - (E(X))^2 = \frac{1974}{36} - 7^2 = \frac{35}{6}$ 이고, 표준편차는

$\sigma = \sqrt{V(X)} = \sqrt{\frac{35}{6}}$ 이다. //

〈예제 2-15〉

확률밀도함수가 다음과 같을 때, 이 확률변수 X 에 대한 분산과 표준편차를 구하여라.

$$f(x) = \begin{cases} 1 - \mid 1-x \mid, & 0 < x < 2 \\ 0, & \text{otherwise} \end{cases}$$

풀이 앞의 <예제 2-10>에서 $E(X) = 1$ 이고,

$$E(X^2) = \int_{-\infty}^{\infty} x^2 f(x)dx = \int_0^2 x^2 f(x)dx = \int_0^1 x^2 (1-(1-x))\,dx + \int_1^2 x\,(1+(1-x))\,dx$$

$$= \int_0^1 x^3\,dx + \int_1^2 (2x^2 - x^3)\,dx = \frac{7}{6} \text{ 이다.}$$

따라서 확률변수 X 의 분산은 $V(X) = E(X^2) - (E(X))^2 = \frac{7}{6} - 1^2 = \frac{1}{6}$ 이고, 표준편차는

$\sigma = \sqrt{V(X)} = \sqrt{\frac{1}{6}}$ 이다. //

확률변수의 함수의 분산과 표준편차	(1) 확률변수 X에 의해 생성된 새로운 확률변수 $h(X)$의 분산은 $V(h(X)) = E(\{h(X)\}^2) - \{E(h(X))\}^2$ 이고, (2) 확률변수 X에 의해 생성된 새로운 확률변수 $h(X)$의 표준편차는 $\sigma(h(X)) = \sqrt{V(h(X))}$ 이다.

〈예제 2-16〉

확률변수 X의 확률분포표가 다음과 같을 때, 이 확률변수의 함수 $h(X) = X^2$에 대한 분산과 표준편차를 구하여라.

X	-1	0	1	2	합계
$P(X=x_i)=f(x_i)$	$\frac{1}{5}$	$\frac{1}{5}$	$\frac{2}{5}$	$\frac{1}{5}$	1

풀이 앞의 <예제 2-11>로부터 $E(X^2) = \frac{7}{5}$ 이고

$E((h(X))^2) = E((X^2)^2) = E(X^4) = \sum_{i=1}^{4} x_i{}^4 P(x_i) = \frac{1}{5}(1+0+2+16) = \frac{19}{5}$ 이므로,

구하는 분산은 $V(X^2) = E((X^2)^2) - (E(X^2))^2 = \frac{19}{5} - (\frac{7}{5})^2 = \frac{46}{25}$ 이고, 표준편차는

$\sigma = \sqrt{V(X)} = \frac{\sqrt{46}}{5}$ 이다. //

〈예제 20-17〉

연속확률변수 X의 기댓값을 μ, 분산을 σ^2이라 할 때, 새로운 확률변수 $Z = \frac{X-\mu}{\sigma}$에 대하여 기댓값, 분산, 표준편차를 구하여라.

풀이 기댓값의 성질로부터 확률변수 Z에 대한 기댓값은

$E(Z) = E(\frac{X-\mu}{\sigma}) = \frac{1}{\sigma}E(X) - \frac{\mu}{\sigma} = 0$ 을 얻는다. 또 분산의 성질로부터

$V(Z) = V(\frac{X-\mu}{\sigma}) = (\frac{1}{\sigma})^2 \cdot V(X) = 1$ 이므로 표준편차는 $\sigma = \sqrt{V(Z)} = 1$이다. //

위의 예제에서 본 것처럼 확률변수 X의 평균이 μ이고 표준편차가 σ일 때 $Z=\dfrac{X-\mu}{\sigma}$의 평균은 0 이고, 표준편차는 1 이다. 이와 같은 확률변수 Z를 확률변수 X의 **표준화 변수**라고 한다.

〈예제 2-18〉

대학수학능력시험에서 수리영역의 원점수를 X, 원점수의 평균과 표준편차를 각각 μ, σ 라고 할 때 변환표준점수 Y는 다음과 같이 계산한다.

$$Y = 100 + 15Z \qquad (\text{단, } Z=\frac{X-\mu}{\sigma})$$

다음 표는 어느 학생이 2020년도와 2021년도의 수능결과이다. 원점수의 평균을 보면 2020년도에 비해 2021년도의 수리영역 난이도가 높아졌다고 할 수 있다. 이때 이 학생의 변환표준점수는 어떻게 변했는지를 비교하여라.

년도	원점수	원점수의 평균 μ	원점수의 표준편차 σ
2020	135	105	15
2021	135	101	15

풀이 2020년도의 변환표준점수는 $Y = 100 + 15Z = 100 + 15 \times \dfrac{135-105}{15} = 130$,

2021년도의 변환표준점수는 $Y = 100 + 15Z = 100 + 15 \times \dfrac{135-101}{15} = 134$ 이다.

따라서 2021년도의 수능점수가 2020년도에 비해 4점이 높아졌다고 할 수 있다.
즉, 원점수는 같아도 난이도가 높으면 변환표준점수는 올라간다고 할 수 있다. //

§ 6 적률생성함수

확률변수 X의 평균과 분산을 정의를 이용하여 구하는 것은 매우 번거롭다. 이제 또 다른 방법으로 평균과 분산을 구하여보자.

확률변수 X에 대하여 기댓값 $E(X^k)$를 X의 **원점에 대한 k차 적률**(kth monent about original)이라고 한다. 이때, $E(X^k)$는

$$E(X^k) = \begin{cases} \sum_{i=1}^{\infty} x_i^k P(X=x_i), & X\text{가 이산확률변수} \\ \int_{-\infty}^{\infty} x^k f(x)\,dx, & X\text{가 연속확률변수} \end{cases}$$

이다. 또한 확률변수 X의 편차 k 제곱의 기댓값

$$E((X-\mu)^k) = \begin{cases} \sum_{i=1}^{\infty} (x_i-\mu)^k P(X=x_i), & X\text{가 이산확률변수} \\ \int_{-\infty}^{\infty} (x-\mu)^k f(x)\,dx, & X\text{가 연속확률변수} \end{cases}$$

을 확률변수 X의 **평균 μ에 관한 k차 적률**(k th moment about mean)이라고 한다.

확률변수 X에 대하여 기댓값 $E(e^{tX})$를 X의 **적률생성함수**(moment generating function: m.g.f.)라고 하고, 이것을 기호로 $M_X(t)$와 같이 나타낸다.

적률생성함수	확률변수 X에 대하여 $M_X(t) = E(e^{tX}) = \begin{cases} \sum_{i=1}^{\infty} e^{tx_i} P(X=x_i), & X\text{가 이산확률변수} \\ \int_{-\infty}^{\infty} e^{tx} f(x)\,dx, & X\text{가 연속확률변수} \end{cases}$ 를 X의 **적률생성함수**라고 한다.

평균과 분산은 정의를 이용하여 구하는 것이 번거롭기 때문에 적률생성함수의 도함수를 이용하여 구할 수 있다.

적률생성함수를 이용한 평균과 분산	확률변수 X의 적률생성함수를 $M_X(t)$라 하면 X의 평균과 분산은 다음과 같다. (1) $E(X) = M_X'(0)$, $E(X^2) = M_X''(0)$ (2) $V(X) = E(X^2) - \{E(X)\}^2 = M_X''(0) - \{M_X'(0)\}^2$

또한 확률변수 X에 의해 정의된 확률변수 Y를 $Y = aX + b$ (a, b는 임의의 상수)라고 할 때, Y의 적률생성함수는 $M_Y(t) = E(e^{tY}) = E(e^{t(aX+b)}) = E(e^{bt} \cdot e^{atX}) = e^{bt} \cdot M_X(at)$ 이다. 즉, $M_{aX+b}(t) = e^{bt} \cdot M_X(at)$ 임을 알 수 있다.

〈예제 2-19〉

확률변수 X의 확률질량함수가 $P(X=x)=pq^{x-1}$, $x=1, 2, 3, \cdots$ 일 때, X의 적률생성함수를 구하고, 기댓값 $E(X)$를 구하여라. (단, $q=1-p$)

풀이 (1) X의 적률생성함수는

$$M_X(t) = E(e^{tX}) = \sum_{x=1}^{\infty} e^{tx} f(x) = \sum_{x=1}^{\infty} e^{tx} pq^{x-1} = \frac{p}{q}\sum_{x=1}^{\infty}(e^t q)^x$$

$$= \frac{p}{q}\left(\frac{qe^t}{1-e^t q}\right), \qquad qe^t < 1$$

$$= \frac{pe^t}{1-e^t q}, \qquad qe^t < 1 \text{ 이다.}$$

(2) X의 기댓값을 구하기 위해서 먼저 (1)에서 구한 X의 적률생성함수 $M_X(t)$를 t에 관하여 미분하면, $M_X'(t) = \dfrac{pe^t(1-qe^t) - pe^t(-qe^t)}{(1-qe^t)^2} = \dfrac{pe^t(1-qe^t)+pq(e^t)^2}{(1-qe^t)^2}$ 이다. 따라서 기댓값 $E(X) = M_X'(0) = \dfrac{p(1-q)+pq}{(1-q)^2} = \dfrac{p}{p^2} = \dfrac{1}{p}$ 이다. //

〈예제 2-20〉

확률변수 X의 확률밀도함수가 $f(x)=e^{-x}$, $x>0$ 일 때, X의 적률생성함수를 구하고, 평균과 분산을 모두 구하여라.

풀이 (1) X의 적률생성함수는

$$M_X(t) = E(e^{tX}) = \int_{-\infty}^{\infty} e^{tx} f(x)\,dx = \int_0^{\infty} e^{tx}e^{-x}\,dx = \lim_{s\to\infty}\int_0^s e^{(t-1)x}\,dx$$

$$= \lim_{s\to\infty}\left[\frac{1}{t-1}e^{(t-1)x}\right]_0^s = \frac{1}{1-t}, \qquad t<1 \text{ 이다.}$$

(2) X의 기댓값을 구하기 위해서 먼저 (1)에서 구한 X의 적률생성함수 $M_X(t)$를 t에 관하여 미분하면, $M_X'(t) = -\dfrac{1}{(1-t)^2}$ 이고 $M_X''(t) = \dfrac{2}{(1-t)^3}$ 이다. 따라서 기댓값 $E(X) = M_X'(0) = 1$ 이다.

(3) $E(X^2) = M_X''(0) = 2$ 이므로, X의 분산 $V(X) = E(X^2) - (E(X))^2 = 1$ 이다. //

2 이산확률분포

이산확률변수의 확률질량함수는 무수히 많은데, 그중 일반적인 통계적 추론에서 자주 사용되고 실제현상에서도 많이 나타나는 대표적인 이산확률분포에는 베르누이분포, 이항분포, 음의 이항분포(음이항분포), 기하분포, 초기하분포, 포아송분포 등이 있다.

여기서는 이와 같은 분포들의 성질과 활용에 대하여 살펴본다.

§1 베르누이분포와 이항분포

베르누이시행(Bernoulli trial)은 시행의 결과 두 가지로만 구분되는 시행을 말한다. 예를 들어, 동전을 던지는 시행은 앞면 또는 뒷면만 나오므로 베르누이시행이다. 자유투를 던지는 시행 또한 성공 또는 실패만 일어나기 때문에 베르누이시행이다. 그러나 주사위를 던지는 시행은 그 결과가 6가지가 나타나므로 베르누이시행이 아니지만, 1의 눈이 나오느냐 안 나오느냐로 구분한다면 베르누이시행이 된다.

일반적으로, 베르누이시행에서의 두 단순사건을 성공 s와 실패 f로 생각하면 베르누이시행의 표본공간은 $\Omega = \{s,\ f\}$로 나타낼 수 있다. 이때, 확률변수 X를 한 번의 베르누이시행에서 성공 횟수라고 하면

$$s \rightarrow X = 1 \ \ (X(s) = 1), \qquad\qquad f \rightarrow X = 0 \ \ (X(f) = 0)$$

과 같이 대응된다. 따라서 성공 확률이 p인 베르누이시행에서 성공 횟수에 대한 확률변수 X의 확률분포는 다음과 같다.

X	0	1
$P(X=x)$	$1-p=q$	p

베르누이분포표

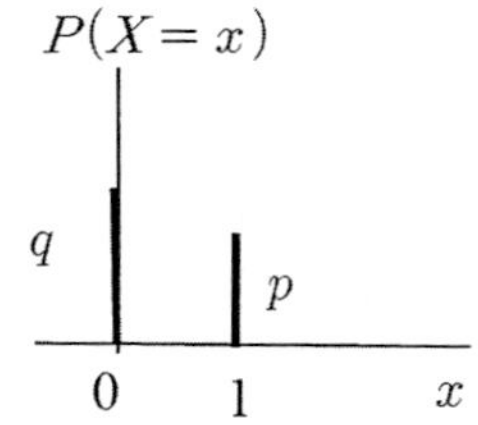

위의 관계는

$$P(X=x)=\begin{cases} p\ , & x=1 \\ 1-p, & x=0 \end{cases}$$

$= p^x q^{1-x}\ ,\quad x=0,\ 1$ 과 같이 하나의 식으로 나타낼 수 있다.

베르누이 분포	확률변수 X의 확률질량함수가 $$P(X=x) = p^x q^{1-x} \quad (\text{단}, q=1-p,\quad x=0,\ 1)$$ 일 때, 확률변수 X는 **베르누이분포**(Bernoulli distribution)를 **따른다**고 하고, 이것을 기호로 $X \sim B(1,\ p)$ 와 같이 나타낸다.

베르누이 분포의 평균과 분산을 구해보면 다음과 같다.

(1) $E(X) = 1\cdot p + 0\cdot q = p$

(2) $V(X) = E(X^2) - (E(X))^2$ 이고 $E(X^2) = 1^2\cdot p\ + 0^2\cdot(1-p) = p$ 이므로,

$V(X) = p - p^2 = p(1-p) = pq$ 이다.

이제 베르누이시행을 여러 번 독립적으로 반복했을 때의 성공 횟수의 분포에 대하여 알아보자. 여기서 독립적이란 매 시행이 서로 독립적으로 행하여 졌다는 것을 의미하며 반복이란 매 시행에서의 성공확률이 동일함을 뜻한다.

이항시행	성공확률이 p인 베르누이시행을 독립적으로 n회 반복한 시행을 **이항시행**(binomial trial)이라 한다.

〈예제 2-21〉

흰 공 6개, 검은 공 4개가 들어 있는 주머니에서 한 개의 공을 복원추출로 3번 반복하여 꺼내는 시행을 생각해 보자.

이 시행은 매회 추출마다 사건이 일어날 확률이 이전 시행에 영향을 받지 않고 동일하기 때문에 독립적인 시행이므로 이항시행이다. 이때, 흰색 공의 개수(성공 횟수)를 확률변수 X라고 하면 확률변수 X가 취하는 값은 $0,\ 1,\ 2,\ 3$이고, 각 시행에서 흰색 공이 나오는 사건을 W, 노란 공이 나오는 사건을 Y라고 하면 $X=0,\ 1,\ 2,\ 3$에 대한 각각의 확률은

$$P(X=0)=P(\{YYY\})=P(Y)P(Y)P(Y)=\frac{6}{10}\times\frac{6}{10}\times\frac{6}{10}$$

$$\begin{aligned}P(X=1)&=P(\{WYY\})+P(\{YWY\})+P(\{YYW\})\\&=(\frac{6}{10}\times\frac{4}{10}\times\frac{4}{10})+(\frac{4}{10}\times\frac{6}{10}\times\frac{4}{10})+(\frac{4}{10}\times\frac{4}{10}\times\frac{6}{10})\\&=3\times(\frac{6}{10}\times\frac{4}{10}\times\frac{4}{10})={}_3C_1\left(\frac{6}{10}\right)^1\left(\frac{4}{10}\right)^2\end{aligned}$$

$P(X=2)={}_3C_2\left(\frac{6}{10}\right)^2\left(\frac{4}{10}\right)^1$ 이고 $P(X=3)={}_3C_0\left(\frac{6}{10}\right)^3\left(\frac{4}{10}\right)^0$ 이다.

위의 확률을 하나의 식으로 나타내면 확률변수 X의 확률질량함수는 다음과 같다.

$$P(X=x)={}_3C_x\left(\frac{6}{10}\right)^3\left(\frac{4}{10}\right)^{3-x},\quad x=0,\ 1,\ 2,\ 3$$ //

일반적으로 성공 확률이 p 인 베르누이시행을 n 번 독립적으로 반복 시행했을 때, 성공 횟수를 확률변수 X라고 하면, X가 취하는 값은 $0,\ 1,\ 2,\ \cdots,\ n$이고 각 값을 취할 확률은 $P(X=x)={}_nC_x\ p^x q^{n-x},\ x=0,\ 1,\ 2,\ \cdots,\ n$이다.

이항분포	성공확률이 p 인 이항시행에서 성공 횟수를 나타내는 확률변수 X의 확률질량함수가 $P(X=x)={}_nC_x\,p^x\,q^{n-x}$ (단, $q=1-p,\ x=0,\ 1,\ 2,\ \cdots,\ n$) 일 때, 확률변수 X는 **이항분포**(binomial distribution)**를 따른다**고 하고, 이것을 기호로 $X\sim B(n,\ p)$ 와 같이 나타낸다.

이항분포의 그래프는 $n,\ p$의 값에 따라 그 모양이 달라진다.

다음은 $n=10$이고, $p=0.1,\ 0.5,\ 0.9$일 때의 이항분포의 그래프이다. 이 그래프에서 알 수 있듯이 $p=0.5$이면 대칭이다. 그리고 p의 값이 0에 가까울수록 우비대칭이고, 1에 가까울수록 좌비대칭이다.

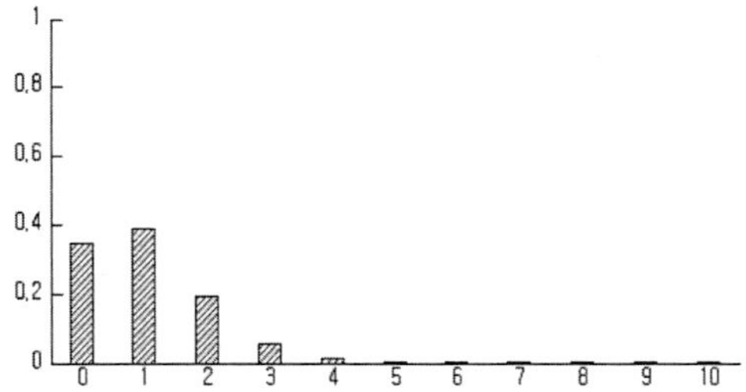

$B(n=10,\ p=0.1)$

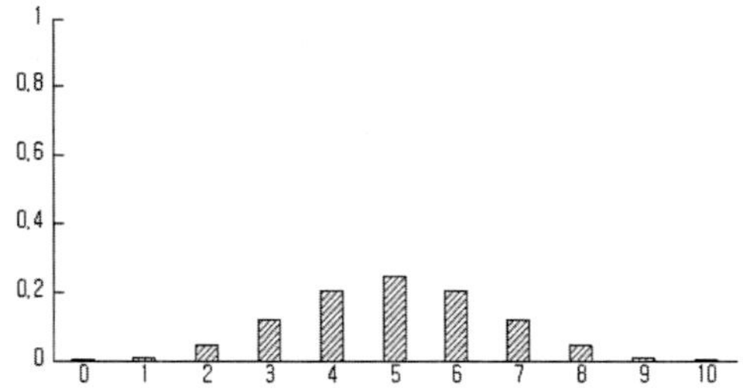

$B(n=10,\ p=0.5)$

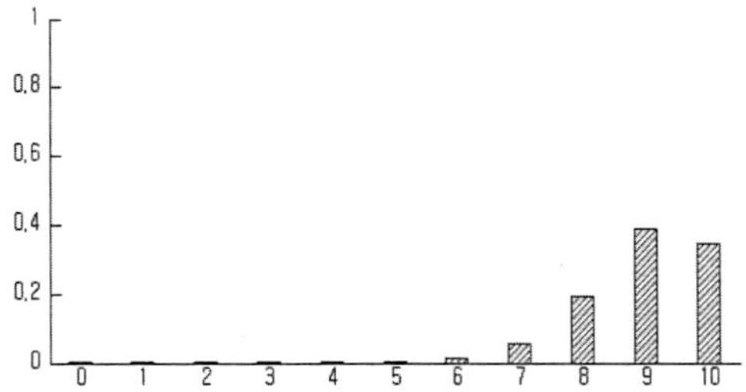

$B(n=10,\ p=0.9)$

〈예제 2-22〉

1개의 동전을 4 회 던져서 앞면이 나오는 횟수를 확률변수 X로 나타낼 때, X의 확률질량함수를 구하여라.

풀이 확률변수 X가 독립적인 베르누이시행 4 번 시행(즉 이항시행)할 때의 성공(앞면이 나오는) 확률이 $\frac{1}{2}$ 이므로, $X \sim B(n=4,\ p=\frac{1}{2})$이다. 따라서 X의 확률질량함수는

$$P(X=x) = {}_4C_x\left(\frac{1}{2}\right)^x\left(\frac{1}{2}\right)^{4-x} = {}_4C_x \cdot \frac{1}{16}, \quad x = 0,\ 1,\ 2,\ 3,\ 4 \text{ 이다.}$$ //

〈예제 2-23〉

어떤 통신 시스템은 n개의 회로로 구성되어 있다. 그 시스템에 있는 n개의 회로는 독립적으로 작동되며 각 회로가 작동할 확률은 p로 동일하다. 이 통신 시스템을 구성하는 회로 중 50% 이상이 작동되면 이 통신시스템이 효과적으로 작동된다. 5 개의 회로로 구성된 시스템이 3 개의 회로로 구성된 시스템보다 더 효과적으로 작동할 확률 p를 구하여라.

풀이 시스템에 있는 n개의 회로는 독립적으로 작동되며 각 회로가 작동될 확률은 p이므로,

작동되는 회로의 개수를 확률변수 X라 하면 $X \sim B(n,\ p)$이다.

ⅰ) 5개의 회로로 구성된 시스템이 작동할 확률은

$$\begin{aligned} P(\text{시스템작동}) &= P(X=3)+P(X=4)+P(X=5) \\ &= {}_5C_3\, p^3\,(1-p)^{5-3} + {}_5C_4\, p^4\,(1-p)^{5-4} + {}_5C_5\, p^5\,(1-p)^{5-5} \\ &= {}_5C_3\, p^3\,(1-p)^2 + {}_5C_4\, p^4\,(1-p) + {}_5C_5\, p^5 \\ &= 10p^3\,(1-p)^2 + 5p^4\,(1-p) + p^5 \text{ 이고,} \end{aligned}$$

ⅱ) 3개의 회로로 구성된 시스템이 작동할 확률은

$$\begin{aligned} P(\text{시스템작동}) &= P(X=2)+P(X=3) \\ &= {}_3C_2\, p^2\,(1-p)^{3-2} + {}_3C_3\, p^3\,(1-p)^{3-3} \\ &= {}_3C_2\, p^2\,(1-p) + p^3 = 3p^2\,(1-p) + p^3 \text{ 이다.} \end{aligned}$$

따라서 5개의 회로로 구성된 시스템이 3개의 회로로 구성된 시스템보다 더 효과적으로 작동하기 위한 확률은 $10p^3\,(1-p)^2 + 5p^4\,(1-p) + p^5 > p^2\,(1-p) + p^3$ 를 만족하는 확률 p이므로 부등식을 정리하면 $3\,(p-1)^2\,(2p-1) > 0$ 이다. 따라서 $p > \dfrac{1}{2}$ 이다. //

〈예제 2-24〉

어떤 시험이 사지선다형 10문항으로 이루어져 있다. 이 시험에서 문항 당 점수는 10점이고, 40점 미만이면 과락이라고 한다. 모든 문항의 답을 임의로 고른다고 할 때, 과락할 확률을 구하여라.

풀이 10개의 문항에서 정답을 고르는 시행은 정답률이 $\dfrac{1}{4}$이고, 독립적인 반복시행을 10번 하는 것이다. 따라서 정답 개수를 확률변수 X라고 하면, $X \sim B(n=10,\ p=\dfrac{1}{4})$이다. 그런데 40점 미만이 되려면 $X<4$ 이어야 하므로 구하는 확률은

$$P(X<4) = \sum_{x=0}^{3} P(X=x) = \sum_{x=0}^{3} {}_{10}C_x \left(\frac{1}{4}\right)^x \left(\frac{3}{4}\right)^{10-x} = 0.7759 \text{ 이다.}$$ //

〈예제 2-25〉

새롭게 개발된 신약이 불치병으로 알려진 어떤 병을 치유할 확률이 30%라고 한다. 10명의 환자에게 이 신약을 투여했을 때 다음 확률을 구하여라. (단, 각 환자들치 치유되는 개인차는 무

시한다. 또한 확률값은 이항누적분포표를 사용하여라.)

(1) 2명 이하 치유　　(2) 4명 이상 7명 이하 치유　　(3) 6명 이상 치유

풀이 확률변수 X를 10명 중 병이 치유된 사람 수라고 하자. 그러면 $X \sim B(n=10,\ p=0.3)$ 이므로, 구하는 확률은 다음과 같다.

(1) $P(X \le 2) = P(X=0) + P(X=1) + P(X=2)$

$$= \sum_{x=0}^{2} {}_{10}C_x (0.3)^x (0.7)^{10-x} = 0.3828$$

(2) $P(4 \le X \le 7) = P(X \le 7) - P(X \le 3) = 0.9984 - 0.6496 = 0.3488$

(3) $P(X \ge 6) = 1 - P(X \le 5) = 1 - 0.9527 = 0.0473$ //

이항분포의 성질	$X \sim B(n,\ p)$ 를 만족하는 확률변수 X에 대하여, 다음이 성립한다. (단, $q = 1-p$) (1) $M_X(t) = (pe^t + q)^n$ (2) $E(X) = np$ (3) $V(X) = npq$

〈예제 2-26〉

강호가 다니고 있는 학교의 농구동아리는 한 학기에 15번의 경기를 갖는다. 농구게임에서 강호의 자유투 성공률은 70%이다. 강호가 이번 학기에 참여하는 농구게임에서 모두 10번의 자유투를 시도한다고 할 때, 강호의 자유투가 성공할 기대 횟수를 구하여라.

풀이 확률변수 X를 10번의 자유투를 시도할 때 성공하는 횟수라고 하자. 그러면 $X \sim B(n=10,\ p=0.7)$ 이다. 따라서 확률변수 X의 기댓값은 $E(X) = np$이므로,
이번 학기에 강호의 자유투 성공 기대 횟수는 7(회)이다. //

〈예제 2-27〉

어떤 시험이 오지선다형 20문항으로 이루어져 있다. 이 시험에서 감점제도를 도입하여 임의로 답을 고른 학생의 기대점수가 0이 되도록 채점을 하려고 한다면, 틀린 문항에 대해 몇 점을 감점해야 하는가? (단, 문항당 5점)

풀이 확률변수 X를 이 시험에서 맞춘 개수라 하자. 그러면 $X \sim B(20,\ \frac{1}{5})$이므로 $E(X) = np = 20 \cdot \frac{1}{5} = 4$이다. 또 확률변수 Y를 맞춘 점수라고 하고 틀린 문항에 대한 감점을 k라고 하면, $Y = 5X - k(20 - X)$, $X = 0, 1, 2, \cdots, 20$ 이다. 따라서

시험에 대한 기대점수 $E(Y) = E[5X - k(20 - X)] = 5E(X) - 20k + kE(X)$

$= 5 \cdot 4 - 20k + k \cdot 4 = 0$이 되어야 하므로

감점은 $k = 1.25$ (점)이다. //

§2 음이항분포

성공 확률이 p인 베르누이시행을 계속할 때, k번 성공할 때까지의 시행횟수를 확률변수 X라고 하고, X의 확률분포를 구해보자.

확률변수 X가 취하는 값은 $k,\ k+1,\ k+2,\ \cdots$ 이다. x번째 시행에서 k번째 성공이 일어났다면, $(x-1)$번째 시행까지는 $(k-1)$번의 성공이 일어난 것이다. k번째 성공이 일어날 확률은 p이고, $(x-1)$번 시행에서 $(k-1)$번의 성공이 일어날 확률은 이항분포에 따르므로 ${}_{x-1}C_{k-1}\, p^{k-1} q^{x-k}$ 이다. 따라서 X의 확률질량함수는 다음과 같다.

$$\begin{aligned} P(X = x) &= {}_{x-1}C_{k-1}\, p^{k-1} q^{x-k} \cdot p \\ &= {}_{x-1}C_{k-1}\, p^{k} q^{x-k}, \quad x = k,\ k+1,\ k+2,\ \cdots \end{aligned}$$

이와 같은 확률질량함수를 갖는 확률분포를 **음이항분포**(negative binomial distribution)라고 한다.

음이항분포	성공 확률이 p인 베르누이시행을 계속할 때, k번 성공할 때까지의 시행 횟수를 나타내는 확률변수 X의 확률질량함수가 $P(X=x) = {}_{x-1}C_{k-1}\, p^{k} q^{x-k}, \quad x = k,\ k+1,\ k+2,\ \cdots$ 일 때, 확률변수 X는 **음이항분포를 따른다**고 하고, 이것을 기호로 $X \sim NB(k,\ p)$와 같이 나타낸다. (단, $q = 1 - p$)

〈예제 2-28〉

어떤 학교의 체육대회 줄다리기 경기의 결승전에서 A, B 두 반이 맞붙게 되었다. 결승전은 5전 3선승제이고, 그동안의 전적은 A 반 승률이 0.6이다. 이 결승전에서도 승률이 그대로 유지된다고 할 때, 다음을 구하여라. (단, 비기는 경우는 없다.)

(1) A 반이 우승하기까지의 경기 횟수 X에 대한 확률질량함수

(2) 5번째 경기에서 우승이 결정될 확률을 구하여라.

풀이 (1) X는 A 반이 우승할(3번 이길) 때까지의 경기의 수이므로, X가 취하는 값은 3, 4, 5 이고 음이항분포 $X \sim NB(3,\ 0.6)$를 따른다. 따라서 X의 확률질량함수는 $P(X=x) = {}_{x-1}C_2\ (0.6)^3\ (0.4)^{x-3},\ \ x = 3,\ 4,\ 5$ 이다.

(2) 5번째 경기에서 우승이 결정되는 경우는 A 반이 5번째 경기에서 우승하거나 B반이 5번째 경기에서 우승하는 경우이다.

A 반이 5번째 경기에서 우승할 확률은 $P(X=5) = {}_4C_2\ (0.6)^3\ (0.4)^2 = 15(\frac{24}{100})^3$ 이다.

B반이 5번째 경기에서 우승할 확률은 B반이 우승하기까지의 경기의 수를 Y라고 하면, $Y \sim NB(3,\ 0.4)$ 이므로 $P(Y=y) = {}_{y-1}C_2\ (0.4)^2\ (0.6)^{y-3},\ y = 3,\ 4,\ 5$ 이다. 따라서 $P(Y=5) = {}_4C_2\ (0.4)^3\ (0.6)^2 = 10(\frac{24}{100})^3$ 이다. 그러므로 5번째 경기에서 우승이 결정될 확률은 $15(\frac{24}{100})^3 + 10(\frac{24}{100})^3 = 25(\frac{24}{100})^3$ 이다. //

음이항분포의 성질	$X \sim NB(k,\ p)$를 만족하는 확률변수 X에 대하여, 다음이 성립한다. (단, $q = 1-p$) (1) $M_X(t) = \left(\frac{pe^t}{1-qe^t}\right)^k,\quad t < -\ln q$ (2) $\mu = E(X) = \frac{k}{p}$ (3) $\sigma^2 = V(X) = \frac{kq}{p^2}$

적률생성함수를 이용하여 $X \sim NB(k,\ p)$를 만족하는 확률변수 X의 평균과 분산을 구해보

자. 먼저 X의 적률생성함수를 구해보면,

$$M_X(t) = E(e^{tX}) = \sum_{x=k}^{\infty} e^{tx} f(x) = \sum_{x=k}^{\infty} e^{tx} {}_{x-1}C_{k-1}\, p^k q^{x-k}$$

$$= (pe^t)^k \sum_{x=k}^{\infty} {}_{x-1}C_{k-1} (qe^t)^{x-k} \qquad \text{여기서 } y = x-k \text{ 라고 하면}$$

$$= (pe^t)^k \sum_{y=0}^{\infty} {}_{y+k-1}C_{k-1} (qe^t)^y$$

$$= \left(\frac{pe^t}{1-qe^t}\right)^k, \qquad t < -\ln q \text{ 이다.}$$

따라서 $X \sim NB(k,\ p)$를 만족하는 확률변수 X에 대하여,

평균은 $E(X) = M_X'(0) = \left.\dfrac{k(pe^t)^k}{(1-qe^t)^{k+1}}\right]_{t=0} = \dfrac{k}{p}$ 이고,

분산은 $V(X) = M_X''(0) - \{M_X'(0)\}^2 = \left.\dfrac{k(pe^t)^k(k+qe^t)}{(1-qe^t)^{k+2}}\right]_{t=0} - \left(\dfrac{k}{p}\right)^2 = \dfrac{kq}{p^2}$ 이다.

§3 기하분포

성공 확률이 p인 베르누이시행을 독립적으로 반복할 때, 처음으로 성공할 때까지의 시행 횟수를 확률변수 X라하고, X의 분포를 구해보자.

확률변수 X가 취하는 값은 $X = 1,\ 2,\ 3,\ \cdots$ 이고, 각각의 값을 취할 확률은 다음과 같다. (단, $q = 1-p$)

첫 번째 성공이 1 번째 시행에서 나타남	$P(X=1) = p$
첫 번째 성공이 2 번째 시행에서 나타남	$P(X=2) = qp$
⋮	⋮
첫 번째 성공이 x 번째 시행에서 나타남	$P(X=x) = q^{x-1}p$

이와 같은 확률질량함수를 갖는 확률분포를 **기하분포**(geometric distribution)라고 한다.

기하분포	성공 확률이 p 인 베르누이시행을 독립적으로 반복할 때, 처음으로 성공할 때까지의 시행 횟수를 나타내는 확률변수 X 의 확률질량함수가 $$P(X=x) = q^{x-1}p\,, \qquad x = 1,\ 2,\ 3,\ \cdots$$ 일 때, X 는 **기하분포를 따른다**고 하고, 이것을 기호로 $X \sim\ GEO(p)$ 와 같이 나타낸다. (단, $q = 1-p$)

〈예제 2-29〉

상자 안에 흰색 공이 5 개, 검은색 공이 7 개 들어 있다. 검은색 공이 나올 때까지 복원추출로 1 개씩 뽑는 시행을 할 때, 다음을 구하여라.

(1) 5 번째 시행에서 검은색 공이 나올 확률

(2) 적어도 9 번째 시행을 해야 검은색 공이 나올 확률

풀이 처음으로 검은색 공이 나올 때까지의 시행 횟수를 확률변수 X라고 하면,

$X \sim\ GEO(\frac{7}{12})$이다. 따라서 구하는 확률은

(1) $P(X=5) = \frac{7}{12}\left(\frac{5}{12}\right)^{5-1} = \frac{7}{12}\left(\frac{5}{12}\right)^{4}$ 이고,

(2) $P(X \geq 9) = \frac{7}{12}\sum_{n=9}^{\infty}\left(\frac{5}{12}\right)^{n-1} = \frac{7}{12}\cdot\frac{\left(\frac{5}{12}\right)^{9-1}}{1-\left(\frac{5}{12}\right)} = \left(\frac{5}{12}\right)^{8}$ 이다. //

〈예제 2-30〉

강희와 강호가 청소 당번을 정하기 위해서 가위바위보를 하기로 했다. 처음부터 시작하여 5번째에 청소 당번이 정해질 확률을 구하여라.

풀이 강희와 강호가 가위바위보를 할 때 표본공간은 9개의 단순사건을 갖는 $\Omega = \{$(가위, 가위), (가위, 바위), (가위, 보),⋯, (보, 보)$\}$ 이고 두 사람이 비기는 경우는 (가위, 가위), (바위, 바위), (보, 보) 인 경우이므로, 비길 확률은 $\frac{1}{3}$ 이다. 처음부터 시작하여 승부가 날 때까지의 횟수를 확률변수 X라고 하면, 구하는 확률은 4 번째까지 비기고 5 번째에서 승부가 날 확률이므로 $P(X=5) = \frac{2}{3}\left(\frac{1}{3}\right)^{4} = \frac{2}{243}$ 이다. //

기하분포의 성질	$X \sim GEO(p)$를 만족하는 확률변수 X에 대하여, 다음이 성립한다. (단, $q = 1-p$) (1) $M_X(t) = \dfrac{pe^t}{1-qe^t}$, $t < -\ln q$ (2) $E(X) = \dfrac{1}{p}$ (3) $V(X) = \dfrac{q}{p^2}$

적률생성함수를 이용하여 $X \sim GEO(p)$를 만족하는 확률변수 X의 평균과 분산을 구해보자. 먼저 X의 적률생성함수를 구해보면,

$M_X(t) = E(e^{tX}) = \sum_{x=1}^{\infty} e^{tx} f(x) = \sum_{x=1}^{\infty} e^{tx} pq^{x-1} = pq^{-1} \sum_{x=1}^{\infty} (qe^t)^x = \dfrac{pe^t}{1-qe^t}$, $t < -\ln q$이다. 따라서 $X \sim GEO(p)$를 만족하는 확률변수 X에 대하여,

평균은 $E(X) = M_X{}'(0) = \left.\dfrac{pe^t}{(1-qe^t)^2}\right]_{t=0} = \dfrac{1}{p}$ 이고,

분산은 $V(X) = M_X{}''(0) - \{M_X{}'(0)\}^2 = \left.\dfrac{pe^t(1+qe^t)}{(1-qe^t)^3}\right]_{t=0} - \left(\dfrac{1}{p}\right)^2 = \dfrac{q}{p^2}$ 이다.

〈예제 2-31〉

강호의 농구 자유투 성공률은 70%라고 한다. 강호가 여러 번의 자유투를 시도할 때, 앞의 모든 자유투는 실패하고 마지막 자유투에서 성공을 기대할 수 있다면 총 몇 회의 자유투를 시도해야 하는지 기대 횟수를 구하여라.

풀이 확률변수 X를 자유투가 성공할 때까지의 총 시행 횟수라고 하면,

$X \sim GEO(0.7)$이다. 따라서 기하분포의 성질에 의하여, $E(X) = \dfrac{1}{0.7}$ (회) 이다. //

〈예제 2-32〉

운전면허시험 1회 응시료가 10만원이다. 어떤 사람이 운전면허시험에서 합격할 확률은 40%이다. 이 사람이 여러 번 시험에 응시할 때, 마지막 시험에서 합격한다면 이 사람이 운전면허를 획득하기 위해 드는 총응시료는 평균 얼마인가? (단, 각각의 운전면허시험은 서로 독립적이다.)

풀이 확률변수 X를 운전면허 시험에서 합격할 때까지의 총 시행 횟수라고 하면, $X \sim GEO(0.4)$ 이다. 따라서 기하분포의 성질에 의하여, $E(X) = \frac{1}{0.4}$ 이다. 또 확률변수 Y를 합격할 때까지 운전면허시험을 보기 위해 지출하는 총응시료라고 하면, $Y = 10X$이므로 이 사람이 운전면허를 획득하기 위해 지출해야 하는 총응시료는 평균적으로

$E(Y) = E(10X) = 10E(X) = 10 \cdot \frac{10}{4} = 25$ (만원)이다. //

기하분포는 n 번을 시행할 때까지 한 번도 성공하지 못했다는 조건 아래에서 다음 k 번을 더 시행하여 $(n+k)$번째 시행에서 처음으로 성공할 확률이 1회부터 시도하여 k 번째 시행에서 처음으로 성공할 확률과 같게 되는 성질을 가지고 있다. 즉 이전에 n 번 시행한 결과가 미래의 결과에 영향을 주지 않는다는 것이다. 이러한 성질을 **무기억성**(no memory) 이라고 한다.

기하분포의 무기억성	$X \sim GEO(p)$ 일 때, 다음이 성립한다. (n, k는 자연수) $$P(X = n+k \mid X > n) = P(X = k)$$

〈예제 2-33〉

어떤 마트에서는 매주 토요일에 주사위를 던져서 1의 눈이 나오는 고객에게 경품을 주는 행사를 한다고 한다. 어떤 사람이 처음 4번은 실패하고 7번째의 행사 참여에서 처음으로 경품을 받을 확률을 구하여라.

풀이 확률변수 X를 경품을 받을 때까지 행사에 참여한 총횟수 즉, 주사위를 던져서 1의 눈이 나올 때까지의 총 시행 횟수라고 하면, $X \sim GEO(\frac{1}{6})$ 이다. 따라서 기하분포의 무기억성 성질에 의하여, 어떤 사람이 처음 4번은 실패하고 7번째의 행사 참여에서 처음으로 경품을 받을 확률은

$$P(X = 7 = 4+3 \mid X > 4) = P(X = 3) = \frac{1}{6} \cdot \left(\frac{5}{6}\right)^2 \text{ 이다.}$$ //

§4 초기하분포

베르누이시행을 종속적으로 여러 번 반복했을 때 성공 횟수를 확률변수 X라하고, X의 분포에 대하여 알아보자.

〈예제 2-34〉

흰색 공 6개, 검은색 공 4개가 들어 있는 상자에서 한 개의 공을 비복원추출로 3번 꺼낼 때, 흰색 공의 개수를 확률변수 X라고 하고, X의 분포를 구하여보자.

풀이 복원추출은 매 시행마다 흰색 공이 나올 확률이 일정하므로 독립적인 시행인 반면, 비복원추출은 매 시행마다 그 앞의 시행에서 뽑은 공의 색깔에 따라 흰색 공이 나올 확률이 달라지므로 종속적인 시행이다. 이와 같은 종속시행에서 확률변수 X가 취하는 값은 0, 1, 2, 3이고, 흰색 공을 x개 뽑을 확률 $P(X=x)$은 전체 10개의 공 중에서 3개를 뽑는 경우의 수가 ${}_{10}C_3$, 흰색 공 6개 중에 x개를 뽑는 경우의 수가 ${}_6C_x$, 검은색 공 4개 중에 $(3-x)$개를 뽑는 경우의 수가 ${}_4C_{3-x}$이므로

$$P(X=x) = \frac{{}_6C_x \cdot {}_4C_{3-x}}{{}_{10}C_3}, \quad x = 0,\ 1,\ 2,\ 3 \text{이다.}$$ //

일반적으로, M개의 흰색 공과 $(N-M)$개의 검은색 공이 들어 있는 상자에서 n $(n \le M)$개의 공을 비복원추출로 뽑을 때, 확률변수 X를 뽑힌 흰색 공의 개수라고 하면 X의 확률질량함수는 다음과 같다.

$$P(X=x) = \frac{{}_MC_x \cdot {}_{N-M}C_{n-x}}{{}_NC_n}, \quad x = 1,\ 2,\ \cdots,\ \min(M,\ n)$$

확률변수 X의 확률질량함수가 위와 같을 때, X는 **초기하분포**(hypergeometric distribution)를 따른다고 한다.

초기하분포	베르누이시행을 종속적으로 반복했을 때, 성공 횟수를 나타내는 확률변수 X의 확률질량함수가 $P(X=x) = \frac{{}_MC_x \cdot {}_{N-M}C_{n-x}}{{}_NC_n}, \quad x = 0,\ 1,\ 2,\ \cdots,\ \min(M,\ n)$

일 때, X는 **초기하분포를 따른다**고 하고, 이것을 기호로 $X \sim HYP(N,\ M,\ n)$과 같이 나타낸다.

초기하분포의 그래프는 $N,\ M,\ n$의 값에 따라 그 모양이 달라진다.

흰색 공이 나올 확률을 $\dfrac{M}{N} = p$라고 하면 $N = 20$, $n = 10$이고, $p = 0.1,\ 0.5,\ 0.9$일 때의 초기하분포의 그래프는 다음과 같다. 초기하분포의 그래프도 이항분포의 그래 프와 같이 $p = 0.5$이면 대칭이다. 그리고 p의 값이 0에 가까울수록 좌비대칭이고, 1에 가까울수록 우비대칭이다.

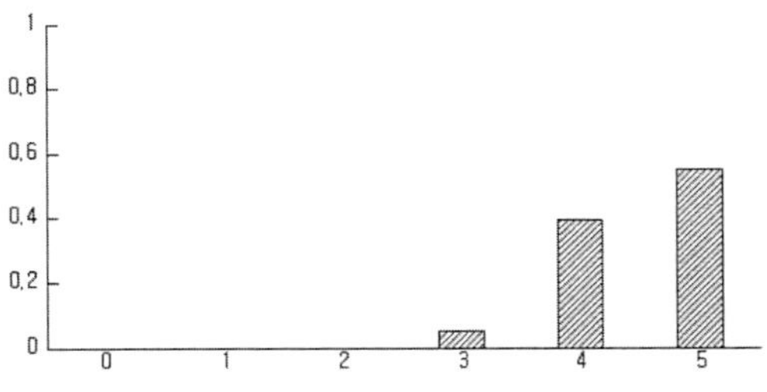

$HYP(N = 20, M = 2, n = 5)$

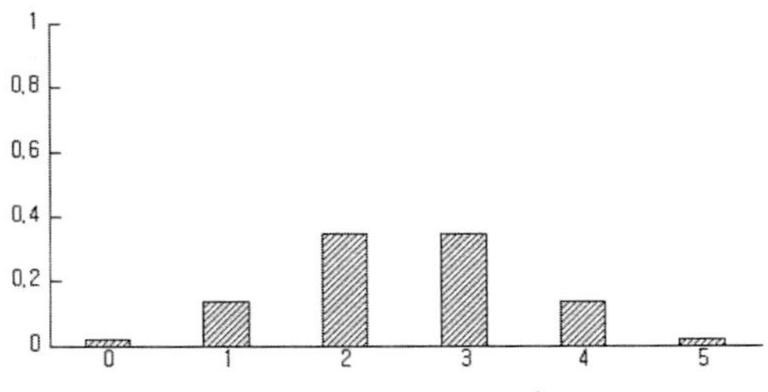

$HYP(N = 20, M = 10, n = 5)$

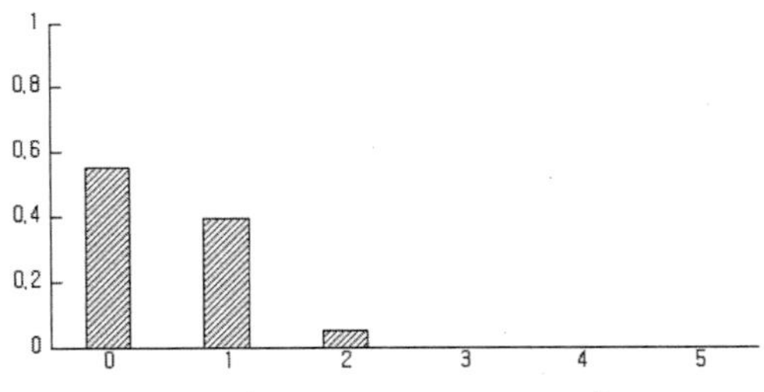

$HYP(N = 20, M = 18, n = 5)$

〈예제 2-35〉

어느 컴퓨터 회사에서 여러 지방의 영업소로 보낸 48대의 컴퓨터 중 12대의 컴퓨터에 불량인 기판이 설치되었다고 한다. 한 영업소가 8대를 인수하였는데 이 중에서 불량기판이 설치된 컴퓨터가 적어도 1대 이상일 확률을 구하여라.

풀이 확률변수 X를 영업소에서 받게 되는 불량기판이 설치된 컴퓨터의 댓수라고 하면,

$X \sim HYP(48,\ 12,\ 8)$ 이고 $P(X=x) = \dfrac{{}_{12}C_x \cdot {}_{36}C_{8-x}}{{}_{48}C_8}$, $x = 0,\ 1,\ 2,\ \cdots,\ \min(12,\ 8)$ 이다. 따라서 구하는 확률은 $1 - P(X=0) = 1 - \dfrac{{}_{12}C_0 \cdot {}_{36}C_8}{{}_{48}C_8} = 1 - 0.0802 = 0.9198$ 이다. //

〈예제 2-36〉

한 상자에 분홍색 지우개 9개와 하늘색 지우개 3개가 들어 있다. 이 상자에서 임의로 지우개 3개를 꺼내 판매한다고 할 때, 판매한 지우개 중에서 1개의 지우개가 하늘색일 확률을 구하여라.

풀이 상자에서 임의로 지우개 3개를 꺼내 판매하므로 지우개를 꺼내는 방법은 비복원하여 추출하는 경우이다. 확률변수 X를 판매한 지우개 중 하늘색 지우개의 개수라고 하면, $X \sim HYP(12,\ 3,\ 3)$ 이고 $P(X=x) = \dfrac{{}_3C_x \cdot {}_9C_{3-x}}{{}_{12}C_3}$, $x = 0,\ 1,\ 2,\ 3$ 이다. 따라서 구하는 확률은 $P(X=1) = \dfrac{{}_3C_1 \cdot {}_9C_2}{{}_{12}C_3} = \dfrac{108}{220} = \dfrac{27}{55}$ 이다. //

확률변수 X가 초기하분포를 따를 때 즉, $X \sim HYP(N,\ M,\ n)$에서 성공확률 $p = \dfrac{M}{N}$ 이므로 초기하분포의 기댓값(평균)은 $E(X) = np$ 이고 분산은 $V(X) = \left(\dfrac{N-n}{N-1}\right)npq$ 이다.

초기하분포의 평균과 분산	$X \sim HYP(N,\ M,\ n)$ 일 때, 다음이 성립한다. (단, $q = 1-p$) (1) $E(X) = \dfrac{nM}{N} = np$ (2) $V(X) = \dfrac{nM}{N}(1-\dfrac{M}{N})\dfrac{N-n}{N-1} = (\dfrac{N-n}{N-1})npq$

초기하분포의 분산은 이항분포의 분산 npq에 계수 $\dfrac{N-n}{N-1}$을 곱한 것이다. 복원추출은 무한히 반복해서 추출을 할 수 있지만, 비복원추출은 유한번만 추출이 가능하기 때문에 계수 $\dfrac{N-n}{N-1}$을 **유한수정계수**(finite correction factor)라고 한다. 비복원 추출과 복원추출의 차이가 곧 유한수정계수이다.

〈예제 2-37〉

어느 단과대학의 전체 50명 교수 중에서 5명을 뽑아 위원회를 구성하려고 한다. 선출과정은 무작위이다. 이 단과대학 수학교육과에는 6명의 교수가 있다고 하자.

(1) 위원회에 수학교육과 교수가 한 사람도 없을 확률은?

(2) 적어도 한 명 이상의 수학교육과 교수가 위원회에 포함될 확률은?

(3) 위원회에는 몇 명의 수학교육과 교수가 포함되리라고 예상되는 기댓값은?

풀이 뽑힌 교수가 수학교육과 교수일 확률은 $p = \frac{6}{50}$ 이고 확률변수 X를 위원회 위원으로 선출된 교수 중 수학교육과 교수의 수라고 하면, $X \sim HYP(50,\ 6,\ 5)$ 이고

$P(X=x) = \frac{{}_6C_x \cdot {}_{44}C_{5-x}}{{}_{50}C_5},\quad x = 0,\ 1,\ 2,\ \cdots,\ \min(6,\ 5)$ 이다.

(1) $P(X=0) = \frac{{}_6C_0 \cdot {}_{44}C_5}{{}_{50}C_5} = 0.5126$ 이다.

(2) $P(X \geq 1) = 1 - P(X=0) = 1 - 0.5126 = 0.4874$ 이다.

(3) 초기하분포의 성질로부터 $E(X) = np = 5 \cdot \frac{6}{50} = 0.6$ 이다. //

초기하분포에서 $N \to \infty$ 이면 유한수정계수는 $\frac{N-n}{N-1} \to 1$ 이므로 초기하분포의 분산은 이항분포의 분산으로 근사됨을 알 수 있다. 이것은 $N \to \infty$ 이면 무한히 많은 공이 있는 상자에서 n 개의 공을 꺼낼 때, 비복원추출은 복원추출과 거의 같아지기 때문에 초기하분포도 이항분포와 같아지는 것으로 생각할 수 있다.

실제로 $N \to \infty$ 일 때, 초기하분포 $HYP(N,\ M,\ n)$는 다음과 같이 이항분포 $B(n,\ p = \frac{M}{N})$ 에 수렴한다.

초기하분포의 이항분포로의 근사	$X \sim HYP(N,\ M,\ n)$ 이고 $N \to \infty$ 이면, 다음이 성립된다. $X \sim B(n,\ p),\quad p = \frac{M}{N}$

N이 크다는 것은 보통 $\frac{n}{N} \le \frac{1}{10}$ 이 만족할 때이고, 이 조건이 만족되면 초기하분포의 확률은 이항분포를 이용하여 근사적으로 계산한다.

이항분포 $B(n=20,\ p=0.3)$의 확률과 초기하분포 $HYP(N=300, M=90, n=20)$의 확률을 비교하면 다음 표와 같다. 이 표에서 알 수 있듯이 두 확률은 거의 같다.

X	4	5	6	7	8
$B(n=20,\ p=0.3)$	0.1304	0.1789	0.1916	0.1643	0.1144
$HYP(N=300, M=90, n=20)$	0.1296	0.1829	0.1984	0.1692	0.1152

〈예제 2-38〉

어떤 자동차 대리점에서 판매한 1000대의 자동차 중 판매한 지 한 달이 안 되어 100대의 자동차에 대하여 A/S가 접수되었다고 한다. 어떤 단체가 이 대리점에서 무작위로 3대의 자동차를 구매할 때, 2대의 자동차가 한 달 안에 고장 날 근사확률을 구하여라.

풀이 확률변수 X를 구매한 자동차 중에서 한 달 이내에 고장난 자동차의 수라고하자. 그러면 $X \sim HYP(1000,\ 100,\ 3)$, $x = 0,\ 1,\ 2,\ 3$ 이고 $\frac{n}{N} = \frac{3}{1000} \le \frac{1}{10}$ 이므로, $X \sim B(n=3,\ p=\frac{M}{N}=\frac{100}{1000})$ 이고 $P(X=x) = {}_3C_x\left(\frac{1}{10}\right)^x\left(\frac{9}{10}\right)^{3-x}$ 이다. 따라서 구하는 확률은 $P(X=2) = {}_3C_2\left(\frac{1}{10}\right)^2\left(\frac{9}{10}\right)^{3-2} = 3\left(\frac{1}{10}\right)^2\left(\frac{9}{10}\right) = 0.027$ 이다. //

§5 포아송분포

이항분포 $B(n,\ p)$ 에서 시행횟수 n 이 크고, 성공 확률 p 는 작으나 평균 성공횟수 np 로 일정한 경우의 확률분포를 생각해 보자.

정리

확률변수 $X \sim B(n,\ p)$ 에 대하여, $n \to \infty,\ \ p \to 0,\ \ np = \mu$ 이면 다음이 성립한다.

$$\lim_{n \to \infty} {}_nC_x\, p^x\, q^{n-x} = \frac{e^{-\mu}\, \mu^x}{x!}$$

참고 일반적으로 $n > 30$ 이고 $p \le 0.05$ 일 때, 이항분포는 포아송분포에 의하여 근사적으로 계산한다.

위와 같이 이항분포가 근사하는 확률질량함수를 갖는 확률분포를 **포아송분포**(Poisson distribution)라고 한다.

포아송분포

단위시간이나 단위영역 내에 드물게 일어나는 사건의 횟수를 나타내는 확률변수 X 의 확률질량함수가

$$P(X = x) = \frac{e^{-\mu}\, \mu^x}{x!}, \qquad x = 0,\ 1,\ 2,\ \cdots$$

일 때, X 는 **포아송분포를 따른다고** 하고, 이것을 기호로 $X \sim Poi(\mu)$ 와 같이 나타낸다.

포아송분포의 그래프는 μ 가 작을수록 우비대칭이고, 커질수록 대칭분포에 근사한다.

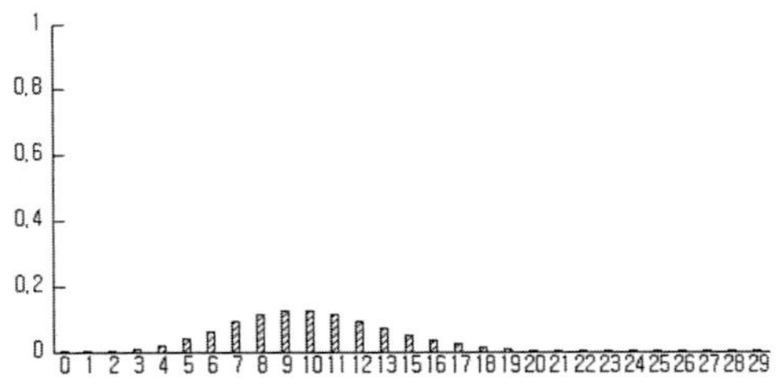

$Poi(\mu = 10)$

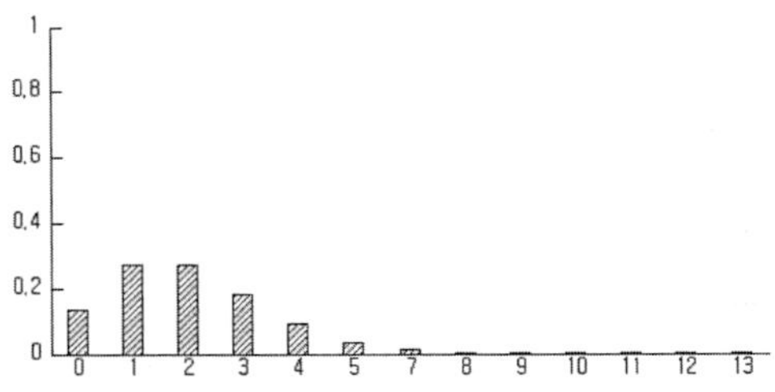

$Poi(\mu = 2)$

포아송분포는 여러 이산확률분포 중에서 이항분포와 함께 실생활에서 자주 사용되는 분포이다. 예를 들면 다음과 같이 단위시간, 단위구간, 단위면적 당 극히 드물게 발생하는 사건에 대한 확률분포는 대부분 포아송분포에 잘 부합된다.

포아송분포를 적용시킬 수 있는 예를 살펴보면, (i) 어떤 공장에서 단위시간 동안 생산되는 불량품의 개수 (ii) 어떤 사전의 페이지 당 오타의 개수 (iii) 작은 부피의 액체 당 박테리아의 수

(iv) 주어진 몇 분 동안에 계산대에 들린 손님의 수 (v) 일정 시간 동안에 어떤 교차로에서 발생하는 사고 건수 등이 있다.

〈예제 2-40〉

어떤 사람이 하루 평균 5회의 전화를 받는다고 할 때, 어느 특정한 날에 이 사람이 5회 이상의 전화를 받을 확률을 구하여라.

풀이 확률변수 X를 하루 동안 받는 전화의 횟수라고 하면, $X \sim Poi(5)$ 이다.

따라서 구하는 확률은 $P(X \geq 5) = 1 - P(X \leq 4) = 1 - \sum_{x=0}^{4} \frac{e^{-5} 5^x}{x!}$ 이다. 이것은 포아송분포표를 이용하여 구해보면 $P(X \geq 5) = 1 - P(X \leq 4) = 1 - 0.4405 = 0.5595$ 이다. //

〈예제 2-41〉

어느 주차장에 들어오는 자동차의 수는 포아송분포에 따르고, 1시간 동안 평균 8대의 자동차가 들어온다고 한다. 다음 확률을 구하여라.

(1) 13시와 13시30분 사이에 이 주차장에 자동차가 한 대도 들어오지 않을 확률

(2) 이 시각에 8대 이상의 차가 들어올 확률

풀이 (1) 확률변수 X를 주어진 30분 동안 이 주차장에 들어오는 자동차의 수라고 하면, 30분당 평균 진입한 차량의 수는 $\mu = 4$ 이므로 X는 $X \sim Poi(4)$ 이다. 따라서 구하는 확률은 $P(X=0) = \frac{e^{-4} 4^0}{0!} = e^{-4}$ 이다.

(2) 여사건의 성질에 의해 $P(X \geq 8) = 1 - P(X \leq 7) = 1 - \sum_{x=0}^{7} \frac{e^{-4} 4^x}{x!}$ 이다. //

포아송분포는 이항분포 $X \sim B(n, p)$ 에서 $n \to \infty$, $p \to 0$, $np \to \mu$ 일때의 극한분포이므로 이항분포의 확률 근삿값은 포아송분포를 이용하여 구할 수 있다.

예를 들어 $X \sim B(100, 0.02)$일 때, $P(X=1)$의 값을 이항분포와 포아송분포로 각각 계산하면

(1) 이항분포 $P(X=1) = {}_{100}C_1\, 0.02^1\, 0.98^{99} = 0.27065$

(2) 포아송분포 $P(X=1) = 2e^{-2} = 0.27067$

이고, 이 두 값의 차는 0.00002 밖에 안 되므로 이항분포의 확률은 계산이 쉬운 포아송분포를 이용하는 것이 편리하다.

〈예제 2-42〉

우리나라 사람들의 왼손잡이 비율은 5 % 라고 한다. 100 명에게 물어본 결과 왼손잡이가 3 명 이상일 확률의 근삿값을 구하여라. (단, 양손잡이인 경우는 없다.)

풀이 확률변수 X를 왼손잡이인 사람의 수라고 하면, $X \sim B(n=100,\ p=0.05)$이다. 그런데 n이 크고 p가 작으므로 근사적으로 $X \sim Poi(\mu = np = 5)$와 같다. 따라서 이항분포의 확률을 포아송분포의 확률로 근사적으로 구하면

$$P(X \ge 3) = 1 - P(X=0) - P(X=1) - P(X=2)$$

$$= 1 - e^{-5}5^0 - e^{-5}5^1 - \frac{e^{-5}5^2}{2!} = 1 - 18.5 \times e^{-5} = 0.875 \text{ 이다.}$$ //

포아송분포의 평균과 분산은 이항분포와 연관하여 생각하면 직관적으로 구할 수 있다. 포아송분포의 평균은 이항분포의 평균 np에서 $n \to \infty$, $p \to 0$, $np \to \mu$ 일 때이므로 μ가 된다. 또, 포아송분포의 분산도 이항분포의 분산 npq에서 $p \to 0$ 이므로 $q = (1-p) \to 1$ 이다. 따라서 $npq \to \mu$가 된다.

포아송분포의 평균과 분산	$X \sim Poi(\mu)$ 일 때, 다음이 성립한다. (1) $M_X(t) = e^{\mu(e^t - 1)}$ (2) $E(X) = \mu$ (3) $V(X) = \mu$

3 연속확률분포

이 절에서는 확률변수가 취하는 값들이 셀 수 있는 이산적인 것이 아니라 시간, 무게, 구간 $[a,\ b]$ 사이의 임의의 실수와 같이 셀 수 없는 연속적인 값을 가지는 연속확률변수에 대한 분포에 대하여 알아보기로 한다.

확률밀도함수는 두 조건 $f(x) \geq 0$, $\int_{-\infty}^{\infty} f(x)dx = 1$ 을 만족한다. 이 두 조건을 만족하는 확률밀도함수는 무수히 많은데 그 중에서도 실제로 자주 활용되는 것으로는 균등분포, 지수분포, 감마분포, 정규분포 등이다.

여기서는 이들 분포의 특성과 활용 예에 대하여 살펴본다.

§1 균등분포

연속확률변수가 어떤 실수 구간에서 일어날 가능성이 동일한 경우의 확률분포를 균등분포라고 한다. 이처럼 어떤 실수 구간 $[a,\ b]$ 에서 일어날 가능성이 동일한 확률변수를 **균등확률변수**(uniform random variable)라고 한다.

일반적으로 균등분포는 다음과 같이 정의된다.

균등분포

임의의 실수 구간 $[a,\ b]$ 에서 일어날 가능성이 동일한 연속확률변수 X 의 확률밀도함수가

$$f(x) = \begin{cases} \dfrac{1}{b-a}, & a \leq x \leq b \\ 0, & \text{otherwise} \end{cases}$$

일 때, X 는 **균등분포를 따른다**고 하고, 이것을 기호로 $X \sim U(a,\ b)$ 와 같이 나타낸다.

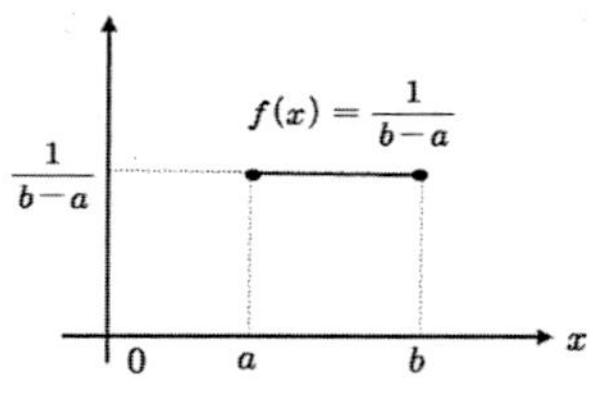

참고 균등분포를 직사각형분포 또는 일양분포라고도 한다.

〈예제 2-43〉

어느 버스 정류장의 버스는 15분 간격으로 출발한다. 이 버스 정류장에 무심코 도착한 사람이 버스가 출발할 때까지 기다리는 시간이 5분 미만일 확률과 5분 이상 10분 이내일 확률을 구하여라. (단, 이 정류장에 버스가 도착할 확률은 15분 사이에서 일정하다.)

풀이 버스가 출발할 때까지 기다리는 시간을 X라고 하면, X는 구간 $[0,\ 15]$ 동안에 일정한 확률을 취하므로 균등분포 $U(0,\ 15)$에 따른다. 따라서 X의 확률밀도함수는

$f(x) = \begin{cases} \frac{1}{15}, & 0 \le x \le 15 \\ 0, & \text{otherwise} \end{cases}$ 이다. 그러므로 구하는 확률은

(1) $P(X \le 5) = \int_{-\infty}^{5} f(x)\,dx = \int_{-\infty}^{0} 0\,dx + \int_{0}^{5} \frac{1}{15}\,dx = \frac{1}{3}$ 이고,

(2) $P(5 \le X \le 10) = \int_{5}^{10} \frac{1}{15}\,dx = \frac{1}{3}$ 이다. //

균등분포는 $x = \frac{a+b}{2}$에 대하여 대칭이므로 그 평균은 직관적으로 $\frac{a+b}{2}$임을 알 수 있다. 균등분포의 평균과 분산을 정의를 사용하여 구하면 각각 다음과 같다.

$$E(X) = \int_{a}^{b} x \cdot \frac{1}{b-a}\,dx = \frac{a+b}{2}$$

$$V(X) = E(X^2) - (E(X))^2 = \int_{a}^{b} x^2 \frac{1}{b-a}\,dx - \left(\frac{a+b}{2}\right)^2 = \frac{(b-a)^2}{12}$$

균등분포의 평균과 분산	$X \sim U(a, b)$ 일 때, 다음이 성립한다. (1) $E(X) = \frac{a+b}{2}$ (2) $V(X) = \frac{(b-a)^2}{12}$

〈예제 2-44〉

15분 간격으로 출발하는 버스 정류장에 무심코 도착한 사람이 버스가 출발할 때까지의 평균 대기시간을 구하여라. (단, 이 정류장에 버스가 도착할 확률은 15분 사이에서 일정하다.)

풀이 <예제 2-43>에서 버스가 출발할 때까지 기다리는 시간을 X라고 하면, X는 구간

$[0,\ 15]$ 동안에 일정한 확률을 취하므로 균등분포 $U(0,\ 15)$ 에 따랐다. 그러므로 균등분포의 성질에 의해서 구하는 평균 대기시간은 $E(X) = \dfrac{15+0}{2} = \dfrac{15}{2}$ (분)이다. //

§2 지수분포

이 절에서는 일정한 시간 $(0,\ t)$ 나 구간 동안에 관심 있는 사건이 처음으로 발생할 때까지 걸리는 시간에 대한 연속확률분포를 생각해보자.

예를 들어, 어느 편의점에 시간당 평균 μ명의 고객이 오는 경우, 첫 번째 고객이 올 때까지 걸리는 시간을 T_1 이라 하고, T_1의 분포를 구해보자.

어떤 사건이 처음으로 t 시간 이전에 발생한다는 것은 $(0,\ t)$ 시간 동안에 적어도 한 번 이상 사건이 발생했다는 것을 뜻하고, 그 발생횟수를 나타내는 확률변수 X_t 는 포아송분포 $Poi(\mu t)$를 따르므로 다음이 성립한다.

$$F(t) = P(T_1 \le t) = P(X_t \ge 1) = 1 - P(X_t = 0) = 1 - \frac{e^{-\mu t}(\mu t)^0}{0!} = 1 - e^{-\mu t}$$

따라서, 어떤 사건이 처음으로 발생할 때까지의 대기시간 T_1의 확률밀도함수는 $f(t) = \dfrac{dF(t)}{dt} = \mu e^{-\mu t}$ 이다. 이와 같은 확률밀도함수를 갖는 확률분포를 **지수분포** (exponential distribution)라고 한다. 실제로 지수분포는 어떤 특정한 사건이 발생할 때까지 걸리는 시간의 분포가 된다.

지수분포	일정한 시간이나 구간 동안에 관심 있는 사건이 처음으로 발생할 때까지 걸리는 (기다리는) 시간을 나타내는 확률변수 X의 확률밀도함수가 $$f(x) = \begin{cases} \mu e^{-\mu x}, & x \ge 0,\ \mu > 0 \\ 0, & \text{otherwise} \end{cases}$$ 일 때, X는 **지수분포를 따른다**고 하고, 이것을 기호로 $X \sim \mathrm{Exp}(\mu)$ 와 같이 나타낸다.

지수분포의 그래프는 μ의 값에 따라 지수적으로 감소한다.

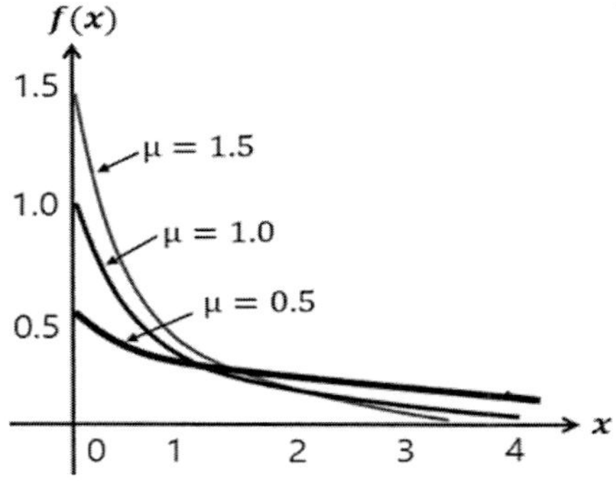

지수분포

〈예제 2-45〉

어떤 영화관 매표소에서 다음 사람이 표를 사기위해 기다리는 시간이 $\mu = \frac{1}{10}$ 인 지수분포를 따른다고 할 때, 어떤 사람이 매표소에 도착한 후 5분이상 기다릴 확률을 구하여라.

풀이 확률변수 X를 표를 사기위해 기다리는 시간이라고 하자. 그러면 $X \sim \text{Exp}(\mu = \frac{1}{10})$

이고 확률밀도함수 $f(x) = \begin{cases} \frac{1}{10}e^{-\frac{1}{10}x}, & x \geq 0 \\ 0, & \text{otherwise} \end{cases}$ 이다. 따라서 구하는 확률은

$P(X \geq 5) = \int_5^{\infty} f(x)\,dx = \lim_{t \to \infty} \int_5^t \frac{1}{10} e^{-\frac{1}{10}x}\,dx = e^{-\frac{1}{2}}$ 이다. //

〈예제 2-46〉

어느 약국에서는 A상품이 시간당 6개꼴로 계산된다고 한다. 오늘 이 약국에서 10시 이후에 처음으로 A상품이 계산될 시각이 10시 10분 이내일 확률을 구하여라.

풀이 A상품은 1분당 평균 $\mu = \frac{6}{60} = \frac{1}{10}$ 개꼴로 계산된다. 10시 이후에 처음으로 A상품이 계산될 때까지의 시간을 X라고 하면, $X \sim \text{Exp}(\mu = \frac{1}{10})$다. 따라서, 구하는 확률은

$$P(0 \le X \le 10) = \int_0^{10} \frac{1}{10} e^{-\frac{1}{10}x} dx = \left[-e^{-\frac{1}{10}x} \right]_0^{10} = 1 - e^{-1} \text{ 이다.}$$ //

이제 $X \sim \text{Exp}(\mu)$ 인 확률변수 X의 지수분포의 적률생성함수를 구해보자.

$$M_X(t) = E(e^{tX}) = \int_0^{\infty} e^{tx} \mu e^{-\mu x} dx = \lim_{s \to \infty} \mu \left[-\frac{1}{\mu - t} e^{-(\mu - t)x} \right]_0^s = \frac{\mu}{\mu - t} \quad (t < \mu) \text{ 이다.}$$

따라서, 평균은 $E(X) = M_X'(0) = \left. \frac{\mu}{(\mu - t)^2} \right|_{t=0} = \frac{1}{\mu}$ 이고

분산은 $V(X) = M_X''(0) - \{M_X'(0)\}^2 = \left. \frac{2\mu}{(\mu - t)^3} \right|_{t=0} - (\frac{1}{\mu})^2 = \frac{1}{\mu^2}$ 이다.

지수분포의 평균과 분산	$X \sim \text{Exp}(\mu)$ 일 때, 다음이 성립한다. (1) $M_X(t) = \frac{\mu}{\mu - t}, \quad t < \mu$ (2) $E(X) = \frac{1}{\mu}$ (3) $V(X) = \frac{1}{\mu^2}$

〈예제 2-47〉

연속확률변수 X의 누적분포함수가 $F(x) = 1 - e^{-5x}, \quad x > 0$ 일 때, 다음을 구하여라.

(1) $P(3 \le X \le 5)$ (2) 확률변수 X의 확률밀도함수 (3) 기댓값

풀이 (1) $P(3 \le X \le 5) = F(5) - F(3) = (1 - e^{-25}) - (1 - e^{-15}) = e^{-15} - e^{-25}$ 이다.

(2) X의 확률밀도함수 $f(x) = \frac{dF(x)}{dx} = -e^{-5x} \cdot (-5) = 5e^{-5x}$ 이다.

(3) 확률밀도함로부터 $\mu = 5$ 이므로, 기댓값 $E(X) = \frac{1}{\mu} = \frac{1}{5}$ 이다. //

$X \sim \text{Exp}(\mu)$ 인 확률변수 X가 어떤 제품의 사용 시간에 대한 잔여 시간일 때, 제품을 a시간 사용한 후에 추가로 t시간만큼 더 사용할 수 있는 확률은 조건부확률을 이용하여 생각해 볼 수 있다. 지수분포는 다음과 같은 무기억성 성질을 만족한다.

지수분포의 무기억성	$X \sim \text{Exp}(\mu)$ 일 때, 다음이 성립한다. (a, t는 실수) $$P(X > a+t \mid X > a) = P(X > t)$$

〈예제 2-48〉

어떤 전기 자동차 배터리의 사용 시간은 평균 100시간의 지수분포에 따른다고 한다. 이 자동차로 50시간 이상이 걸리는 장거리 여행을 하려고 할 때, 배터리를 충전하지 않고 여행을 마칠 확률을 구하여라.

풀이 확률변수 X가 평균이 100 인 지수분포를 따르므로, $X \sim \text{Exp}\left(\mu = \frac{1}{100}\right)$ 이다. 따라서 확률밀도함수는 $f(x) = \begin{cases} \frac{1}{100} e^{-\frac{1}{100}x}, & x \ge 0 \\ 0, & \text{otherwise} \end{cases}$ 이다. 이 자동차로 여행을 떠나기 전까지 사용한 배터리의 시간을 t 라고 하면 지수분포의 무기억성으로부터 여행전에 사용된 시간은 무시하게 되므로 구하는 확률은

$$P(X > t+50 \mid X > t) = P(X > 50) = \int_{50}^{\infty} \frac{1}{100} e^{-\frac{1}{100}x}\, dx = e^{-\frac{1}{2}}$$ 이다. //

§3 감마분포

감마분포는 지수분포를 확장한 것이다. 어떤 사건의 시간당 평균 발생률이 μ 일 때, 두 번째 사건이 발생할 때까지의 걸리는 시간 T_2의 확률밀도함수를 구해보자.

두 번째 사건이 t 시간 이전에 발생한다는 것은 $(0,\ t)$ 시간 동안에 그 사건이 적어도 두 번 이상 발생했다는 뜻이고, 그 발생횟수 X_t 는 포아송분포 $Poi(\mu t)$ 를 따르므로 확률변수 T_2 의 누적분포함수는

$$F(t) = P(T_2 \le t) = P(X_t \ge 2) = 1 - P(X_t \le 1) = 1 - \frac{(\mu t)^0}{0!} e^{-\mu t} - \frac{(\mu t)}{1!} e^{-\mu t}$$
$$= 1 - e^{-\mu t} - \mu t e^{-\mu t}$$ 이다.

따라서, 어떤 사건이 두 번째로 발생할 때까지의 시간 T_2의 확률밀도함수는

$f(t) = \dfrac{dF(t)}{dt} = \mu^2\, t\, e^{-\mu t}$ 이다. 같은 방법으로 n 번째 사건이 발생할 때까지의 걸리는 시간 T_n 에 대한 확률밀도함수를 구하면 $f(t) = \dfrac{1}{(n-1)\,!}\,\mu^n t^{n-1} e^{-\mu t}, \quad t \ge 0$ 이다.

이와 같은 확률밀도함수를 갖는 확률분포를 **감마분포**(Gamma distribution)라고 한다.

즉, 감마분포는 단위시간 동안 어떤 사건이 n 번 발생할 때까지 걸리는 시간에 대한 분포이다.

감마분포	어떤 사건이 n 번 발생할 때까지 걸리는 시간을 나타내는 확률변수 X 의 확률밀도함수가 $$f(x) = \begin{cases} \dfrac{1}{\Gamma(n)}\,\mu^n x^{n-1} e^{-\mu x}, & x \ge 0,\ \mu > 0,\ n > 0 \\ 0, & \text{otherwise} \end{cases}$$ 일 때, X 는 **감마분포를 따른다**고 하고, 이것을 기호로 $X \sim Gam(n,\ \mu)$와 같이 나타낸다.

참고 감마함수는 $\Gamma(n) = \int_0^\infty x^{n-1} e^{-x} dx$ (단, $n > 0$)이고, 다음을 만족한다.

(1) $\Gamma(1) = 1$

(2) $\Gamma(\frac{1}{2}) = \sqrt{\pi}$

(3) $\Gamma(n) = (n-1)!$, n은 자연수

(4) $\Gamma(n+1) = n\Gamma(n)$

확률변수 $X \sim Gam(n,\ \mu)$일 때, $n = 1$이면 $X \sim \mathrm{Exp}(\mu)$ 임을 쉽게 알 수 있다. 따라서 지수분포는 감마분포의 특수한 경우이다. 즉, $X \sim \mathrm{Exp}(\mu)$와 $X \sim Gam(1,\ \mu)$ 는 같은 확률밀도함수를 갖는다.

〈예제 2-49〉

A 사에서 생산하는 선풍기의 연간 고장률이 0.1 이라고 한다. 이 선풍기의 두 번째 고장이 5 년 이후에 일어날 확률을 구하여라.

풀이 두 번째 고장이 일어날 시점을 X(년)이라 하면, $X \sim Gam(n = 2,\ \mu = 0.1)$ 이다. 따라서 X의 확률밀도함수는 $f(x) = \begin{cases} \mu^2 x e^{-\mu x}, & x \ge 0 \\ 0, & x < 0 \end{cases}$ 이므로 구하는 확률은

$P(X \ge 5) = \int_5^\infty (\frac{1}{10})^2 x\, e^{-\frac{1}{10}x} \frac{1}{\Gamma(2)}\, dx = \frac{3}{2} e^{-\frac{1}{2}}$ 이다. //

만일 $X \sim Gam(n,\ \mu)$ 이면, 적률생성함수는 $M_X(t) = E(e^{tX}) = \left(\frac{\mu}{\mu - t}\right)^n,\ \ t < \mu$ 이므로

기댓값은 $E(X) = M_X{}'(0) = \left.\frac{n\mu^n}{(\mu - t)^{n+1}}\right|_{t=0} = \frac{n}{\mu}$ 이고,

분산은 $V(X) = M_X{}''(0) - \{M_X{}'(0)\}^2 = \left.\frac{n(n+1)\mu^n}{(\mu - t)^{n+2}}\right|_{t=0} - (\frac{n}{\mu})^2 = \frac{n}{\mu^2}$ 이다.

감마분포의 평균과 분산	$X \sim Gam(n,\ \mu)$ 일 때, 다음이 성립한다. (1) $M_X(t) = \left(\frac{\mu}{\mu - t}\right)^n, \quad t < \mu$ (2) $E(X) = \frac{n}{\mu}$ (3) $V(X) = \frac{n}{\mu^2}$

§4 정규분포

이항분포의 확률 ${}_nC_x p^x q^{n-x}$ 의 계산은 n과 x가 클 때 매우 복잡하다. 드무아브르(De Moivre : 1667~1754)는 $p = \frac{1}{2}$일 때, 이항분포에서 n이 크면 정규분포에 수렴한다는 것을 보이고 n과 x가 클 때, 이항분포의 확률을 정규분포를 이용하여 근삿값을 계산하였다. 이후에 라플라스(Laplace, Pierre-Simon : 1749~1827)는 "확률의 해석적 이론"(1812)에서 드무아브르의 이항분포의 극한분포로서 정규분포를 0과 1사이의 모든 p의 값으로 확장하였다. 이항분포의 극한분포로서 발견된 드무아브르와 라플라스의 결과는 현재 드무아브르-라플라스의 정리로서 알려져 있는데 이 정리의 내용은 n이 충분히 클 때, ${}_nC_x\, p^x q^{n-x} \approx \frac{1}{\sqrt{2\pi}\,\sqrt{npq}}\, e^{-\frac{(x-np)^2}{2npq}}$ 이 성립한다는 것이다.

이와 같은 확률밀도함수를 일반화하면 다음과 같다.

$$f(x) = \frac{1}{\sigma\sqrt{2\pi}} e^{\frac{-(x-\mu)^2}{2\sigma^2}}, \quad -\infty < x < \infty$$

확률변수 X의 확률밀도함수가 위와 같을 때, X는 **정규분포**(normal distribution)를 따른다고 한다.

정규분포	확률변수 X의 확률밀도함수가 $$f(x) = \frac{1}{\sigma\sqrt{2\pi}} e^{\frac{-(x-\mu)^2}{2\sigma^2}}, \qquad -\infty < x < \infty$$ 일 때, X는 **정규분포를 따른다**고 하고, 이것을 기호로 $X \sim N(\mu, \sigma^2)$과 같이 나타낸다.

확률변수 X가 정규분포 $N(\mu, \sigma^2)$를 따를 때, 그 그래프는 μ, σ^2의 값이 변함에 따라 다음과 같다.

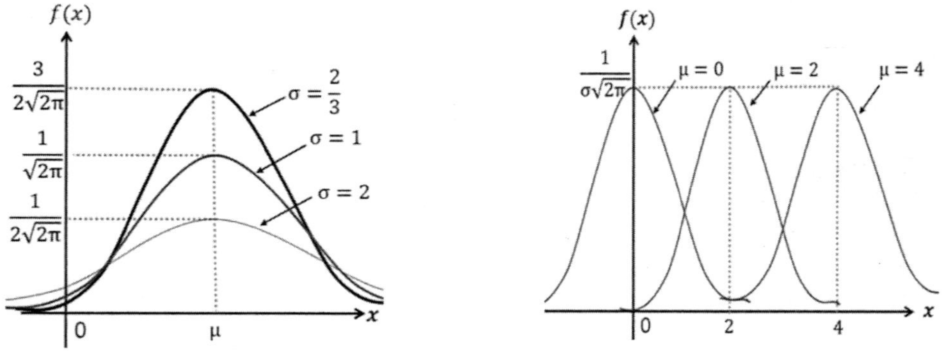

μ가 일정 　　　　 σ가 일정

또 $\int_{-\infty}^{\infty} e^{-\frac{x^2}{2}} dx = \sqrt{2\pi}$ 라는 사실과 확률변수 X의 적률생성함수의 정의로부터

$M_X(t) = E(e^{tX}) = \int_{-\infty}^{\infty} e^{tx} \frac{1}{\sigma\sqrt{2\pi}} e^{-\frac{(x-\mu)^2}{2\sigma^2}} dx = e^{\mu t + \frac{1}{2}\sigma^2 t^2}$ 을 얻을 수 있다. 이를 이용하여 평균과 분산이 각각 μ와 σ^2임을 알 수 있다.

정규분포의 평균과 분산	$X \sim N(\mu, \sigma^2)$ 일 때, 다음이 성립한다. (1) $M_X(t) = e^{\mu t + \frac{1}{2}\sigma^2 t^2}$ 　 (2) $E(X) = \mu$ 　 (3) $V(X) = \sigma^2$

더욱이 $X \sim N(\mu, \sigma^2)$인 경우, $P(X \le x) = \int_{-\infty}^{x} f(t)\,dt = \int_{-\infty}^{x} \frac{1}{\sigma\sqrt{2\pi}} e^{-\frac{(t-\mu)^2}{2\sigma^2}} dt$ 이다. 이때 $Z = \frac{X-\mu}{\sigma}$ 라고 하면, 누적분포함수는 $F_Z(z) = P(Z \le z) = P(\frac{X-\mu}{\sigma} \le z)$

$= P(X \le \sigma z + \mu) = \int_{-\infty}^{z} \frac{1}{\sqrt{2\pi}} e^{-\frac{u^2}{2}} du$, $u = \frac{x-\mu}{\sigma}$ 이다. 따라서 표준화변수 Z에 관한 확률밀도함수는 $f(z) = \frac{d}{dz}F_Z(z) = \frac{d}{dz}\int_{-\infty}^{z} \frac{1}{\sqrt{2\pi}} e^{-\frac{u^2}{2}} du = \frac{1}{\sqrt{2\pi}} e^{-\frac{z^2}{2}}$ 이다. 이것으로부터 표준화확률변수 $Z = \frac{X-\mu}{\sigma}$는 평균이 0 이고 분산이 1 인 정규분포를 따름을 알 수 있다.

표준정규분포	확률변수 X가 $X \sim N(\mu, \sigma^2)$ 일 때, $Z = \frac{X-\mu}{\sigma}$ 이라고 두면 Z의 확률밀도함수는 $f(z) = \frac{1}{\sqrt{2\pi}} e^{-\frac{z^2}{2}}$, $-\infty < z < \infty$ 이다. 이때, Z는 **표준정규분포를 따른다**고 하고, 이것을 기호로 $Z \sim N(0,\ 1)$과 같이 나타낸다.

모든 정규분포는 표준정규분포로 변환이 가능하며 변환 후 표준정규분포표를 이용하여 복잡한 확률을 계산할 수 있다. 즉, 확률변수 X의 확률은 표준화확률변수 Z로 변환하여 확률을 계산한다.

$$P(a \le X \le b) = P(\frac{a-\mu}{\sigma} \le Z \le \frac{b-\mu}{\sigma}) = P(z_a \le Z \le z_b)$$

표준정규분포의 확률 $P(0 < Z < z)$을 구하여 표로 나타낸 것이 표준정규분포표이다. 일반적으로 정규분포의 확률은 표준정규분포로 변환하여 표준정규분포표로부터 구한다.

$X \sim N(\mu, \sigma^2)$인 경우에, 표준화확률변수는 $Z \sim N(0,\ 1)$이므로 표준정규분포표로부터

$$P(\mu - \sigma \le X \le \mu + \sigma) = P(\frac{(\mu-\sigma)-\mu}{\sigma} \le \frac{X-\mu}{\sigma} \le \frac{(\mu+\sigma)-\mu}{\sigma} = P(-1 \le Z \le 1)$$

$$= P(z \le 1) - P(z \le -1) = P(z \le 1) - P(z \ge 1) = 0.8413 - 0.1587 = 0.6826$$

임을 얻을 수 있으며 같은 방법으로 다음과 같은 정규분포의 확률값들을 구할 수 있다. 이것은 전체 자료의 68.26%가 평균 μ를 중심으로 하는 $\mu - \sigma$와 $\mu + \sigma$ 사이 구간에 분포되어 있음을 의미한다.

정규분포의 확률	$X \sim N(\mu, \sigma^2)$일 때, 다음이 성립한다. (1) $P[\mu - \sigma \le X \le \mu + \sigma] = 0.6826$ (2) $P[\mu - 2\sigma \le X \le \mu + 2\sigma] = 0.9544$ (3) $P[\mu - 3\sigma \le X \le \mu + 3\sigma] = 0.9974$ (4) $P[\mu - 1.645\sigma \le X \le \mu + 1.645\sigma] = 0.9$ (5) $P[\mu - 1.96\sigma \le X \le \mu + 1.96\sigma] = 0.95$ (6) $P[\mu - 2.58\sigma \le X \le \mu + 2.58\sigma] = 0.99$

〈예제 2-50〉

(1) $X \sim N(100, 25)$일 때, $P(95 \le X \le 104)$의 확률을 구하여라.

(2) $X \sim N(100, 16)$일 때, X가 k보다 작을 확률이 0.95가 되는 k값을 구하여라.

풀이 (1) 확률변수 X가 정규분포를 따르므로 표준화확률변수 Z로 변형하여 확률을 구해보면 $P(95 \le X \le 104) = P(\frac{95-100}{5} \le \frac{X-100}{5} \le \frac{104-100}{5})$

$$= P(-1 \le Z \le 0.8)$$
$$= P(-1 \le Z < 0) + P(0 \le Z \le 0.8)$$
$$= P(0 \le Z < 1) + P(0 \le Z \le 0.8)$$
$$= 0.3413 + 0.2881 = 0.6294 \text{ 이다.}$$

(2) $P(X < k) = 0.95$에서 $P(\frac{X-100}{4} < \frac{k-100}{4}) = 0.95$이므로 $\frac{k-100}{4} = 1.645$이다. 따라서 $k = 100 + 6.6 = 106.6$ 이다. //

〈예제 2-51〉

지방에 있는 한 대학 수학교육과의 정원은 40명이고 2024년 수시모집에 300명의 학생들이 응시하였다. 전형 방법은 응시자의 내신점수와 면접점수의 합을 총점을 기준으로 모집정원의 300%를 1차 합격자로 선발한다고 한다. 총점의 분포는 100점 만점에 평균 62점, 표준편차 5점인 정규분포를 따른다고 할 때, 다음 물음에 답하여라.

(1) 총점이 52점에서 72점 사이인 응시자는 전체의 몇 %인가?

(2) 1차 합격자의 최저점수를 구하여라.

풀이 (1) 총점을 X라고 하면 $X \sim N(62,\ 25)$이므로 표준화확률변수 Z로 변형하여 확률을 구해보면 $P(52 \le X \le 72) = P(\frac{52-62}{5} \le \frac{X-100}{5} \le \frac{72-62}{5})$

$$= P(-2 \le Z \le 2)$$
$$= P(Z \le 2) - P(Z \ge 2)$$
$$= 0.9772 - 0.0228 = 0.9544 \text{ 이다.}$$

(2) 정원이 40명이므로 1차 합격자는 120명이고 전체 응시자가 300명이므로 1차 합격자의 최저점수를 k라고 하면 $P(X \ge k) = \frac{120}{300} = 0.4$ 이다. 이것으로부터 표준화확률변수로 변형하면 $P(\frac{X-62}{5} \ge \frac{k-62}{5}) = P(z \ge \frac{k-62}{5}) = 0.4$이고 표준정규분포표로부터 $\frac{k-62}{5} \approx 0.25$이다. 따라서 2024년 수시의 최저점수는 $k \approx 62 + 1.25 = 63.45$이다. //

§5 이항분포의 정규분포로의 근사

드무아브르-라플라스의 정리에 의하면 ${}_nC_x\, p^x q^{n-x} \approx \frac{1}{\sqrt{2\pi}\sqrt{npq}} e^{-\frac{(x-np)^2}{2npq}}$ 이므로, 확률변수 X가 이항분포 $B(n,\ p)$를 따를 때, n이 충분히 크면, 확률변수 X는 정규분포 $N(np,\ npq)$를 따른다.

이항분포의 정규분포로의 근사	확률변수 X가 $X \sim B(n,\ p)$이고 $np > 5,\ nq > 5$ 이면, 확률변수 X는 $X \sim N(np,\ npq)$이다. (단, $q = 1-p$)

다음은 이항분포 $B(n,\ p = \frac{1}{6})$가 n이 커짐에 따라 정규분포에 가까워지는 모습을 보여주는 그래프이다.

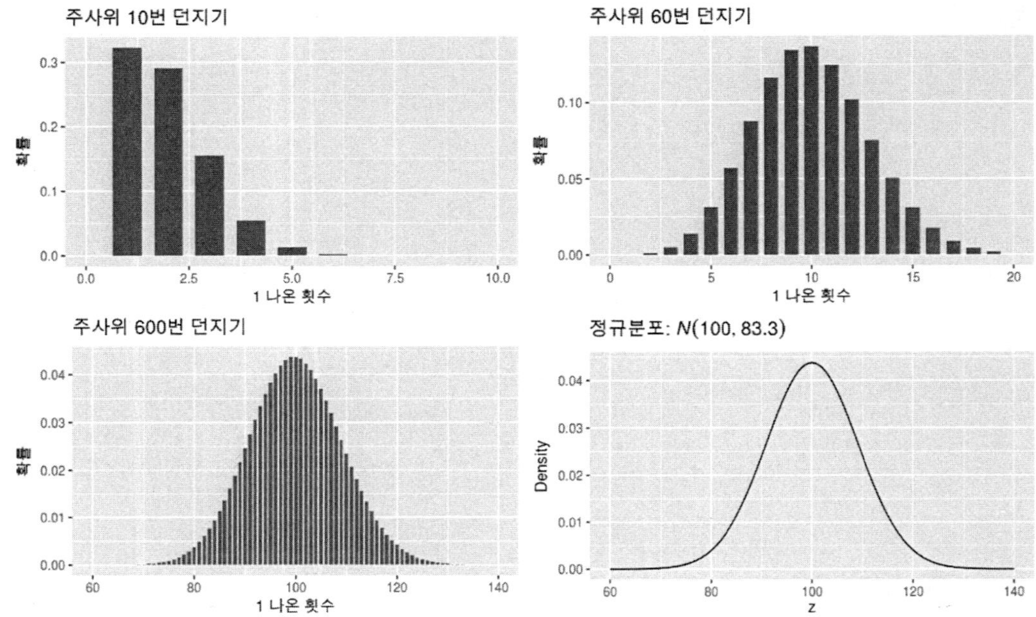

이항분포의 정규분포로의 근사에서 이항분포는 이산확률분포이고 정규분포는 연속확률분포이다. 따라서 확률을 구할 때, 정규분포에서의 확률

$P(a \le X \le b) = \int_a^b f_X(x)\,dx = P(a < X < b)$의 성질은 이산확률분포에서의 일반적인 $P(a \le X \le b) \ne P(a < X < b)$의 성질과는 차이가 있다. 즉, 이항분포의 확률을 정규분포로 근사하여 구할 때 등호가 있거나 없거나 같은 확률로 구하기 때문에 확률의 근삿값 정확도가 낮아진다. 예를 들면, 이항분포의 확률계산에서 $P(2 < X < 3) = 0$이지만 이를 정규분포의 확률로 근삿값을 구하는 경우에 $P(2 \le X \le 3) = 0.9987 - 0.9772 = 0.0215$와 같아지므로 근삿값의 정확도가 떨어진다.

따라서 근삿값을 보정하기 위해 등호가 있는 경우와 없는 경우를 다음과 같이 구분하여 근삿값을 구하는데 이것을 **연속성 수정**(continuity correction)이라고 한다.

이산확률변수의 연속성 수정	확률변수 X가 $X \sim B(n,\ p)$이고 $np > 5$, $nq > 5$일 때, (1) $P_d(X = a) = P_c(a - 0.5 \le X \le a + 0.5)$ (2) $P_d(a \le X \le b) = P_c(a - 0.5 \le X \le b + 0.5)$ (3) $P_d(a < X < b) = P_c(a + 0.5 \le X \le b - 0.5)$

〈예제 2-51〉

확률변수 X가 이항분포 $B(720, \ \frac{1}{6})$을 따를 때, $P(X=100)$와 $P(100 < X < 105)$의 근삿값을 정규분포를 이용하여 구하여보자.

풀이 확률변수가 $X \sim B(720, \ \frac{1}{6})$이므로 $np = 720\,(\frac{1}{6}) = 120 > 5$,

$nq = 720\,(\frac{5}{6}) = 600 > 5$이다. 따라서 이항분포의 정규분포로의 근사 성질에 의하여 X는 $X \sim N(np, \ npq) = N(120, \ 100)$이다. 이제 이산확률변수의 연속성 수정을 하여 확률을 구하면

(1) $$\begin{aligned} P_d(X=100) &= P_c(100-0.5 \le X \le 100+0.5) \\ &= P_c(\frac{99.5-120}{10} \le Z \le \frac{100.5-120}{10}) \\ &= P_c(-2.05 \le Z \le -1.95) \\ &= P_c(1.95 \le Z \le 2.05) \\ &= P_c(Z \le 2.05) - P_c(Z \le 1.95) = 0.9798 - 0.9744 = 0.0054 \end{aligned}$$ 이다.

(2) $$\begin{aligned} P_d(100 < X < 105) &= P_c(100+0.5 \le X \le 100-0.5) \\ &= P_c(\frac{100.5-120}{10} \le Z \le \frac{104.5-120}{10}) \\ &= P_c(-1.95 \le Z \le -1.55) \\ &\doteq P_c(1.55 \le Z \le 1.95) \\ &= P_c(Z \le 1.95) - P_c(Z \le 1.55) = 0.9774 - 0.9394 = 0.035 \end{aligned}$$ 이다. //

〈예제 2-52〉

한 개의 동전을 900번 던지는 시행에서 앞면이 495번 이상 나올 확률을 정규분포를 이용하여 구하여라.

풀이 확률변수 X를 앞면이 나온 횟수라고 하면, $X \sim B(900, \ \frac{1}{2})$이므로

$np = 900\,(\frac{1}{2}) = 450 > 5$, $nq = 900\,(\frac{1}{2}) = 450 > 5$ 이다. 따라서 이항분포의 정규분포로

의 근사 성질에 의하여 X는 $X \sim N(np,\ npq) = N(450,\ 15)$이다. 이제 이산확률변수의 연속성 수정을 하여 확률을 구하면

$$P_d(X \geq 495) = P_c(495 - 0.5 \leq X)$$

$$= P_c(\frac{494.5 - 450}{15} \leq Z) = P_c(\frac{44.5}{15} \leq Z)$$

$$\approx P_c(2.97 \leq Z) = 1 - P_c(Z \leq 2.97) = 1 - 0.9985 = 0.0015$$ 이다. //

〈예제 2-52〉

금요일 15시 제주도행 항공 노선은 항상 매진이지만, 예약한 사람이 사전 통보 없이 탑승하지 않는 경우가 5% 라고 한다. 항공사 측에서는 사전 통보 없이 탑승하지 않을 경우를 대비하여 120석의 좌석에 대하여 122명의 좌석을 예약받는다고 하자. 강호가 급한 일이 생겨 금요일 15시 비행기를 타고 제주도를 가야만 한다. 그런데 좌석 매진이 되어 대기자 명단에 올려놓았다. 대기자 순번이 3번일 때, 강호가 그 비행기를 타고 제주도에 갈 확률을 구하여라. (단, 대기자는 모두 탑승한다)

풀이 확률변수 X를 예약한 122명 중 탑승자의 수라고 하면, $X \sim B(122,\ 0.95)$이므로 $np = 122\,(0.95) = 115.9 > 5$, $nq = 122\,(0.05) = 6.1 > 5$ 이다. 따라서 이항분포의 정규분포로의 근사 성질에 의하여 X는 $X \sim N(np,\ npq) = N(115.9,\ 5.795)$이다. 대기자 순번이 3번인 강호가 그 비행기를 타기 위해서는 122명의 예약자 중에서 적어도 5명이 탑승하지 않아야 하므로 구해야 하는 확률은 $P(X \leq 117)$이다. 이제 이산확률변수의 연속성 수정을 하여 확률을 구하면

$$P_d(X \leq 117) = P_c(X \leq 117 + 0.5)$$

$$= P_c(Z \leq \frac{117.5.5 - 115.9}{\sqrt{5.795}}) \approx P_c(Z \leq 0.66) = 0.7454$$ 이다. //

제2장 연습문제

1. (1990년 임용고사 기출) 어느 학교의 입학 성적이 정규분포 $N(65,\ 10^2)$에 따른다고 한다. 수험생 1600명 중 위에서부터 40등 이내에 들어가려면 몇 점 이상을 받아야 하는지 계산하시오. (단, $Z=\dfrac{X-\mu}{\sigma}$ 일 때, $P(0<Z<1.96)=0.475$ 이고, 점수는 정수로 한다.)

2. (1992년 임용고사 기출) 구간 $[0,\ 1]$에서 독립적으로 세 수 $x_1,\ x_2,\ x_3$를 취하여 이들의 최댓값을 확률변수 X로 할 때 X의 확률밀도함수 $f(x)$를 구하여라.

3. (1992년 임용고사 기출) 확률변수 X의 확률밀도함수가

$$f(x)=\begin{cases} c, & 2<x<4 \\ 0, & x\le 2,\ x\ge 4 \end{cases}$$

일 때, 상수 c의 값을 구하시오.

4. (1992년 임용고사 기출) 개의 동전을 동시에 6회 던졌다. 두 개 모두 앞면이 나온 횟수를 X, 적어도 한 개가 뒷면이 나오는 횟수를 Y라고 할 때, $(X-Y)^2$의 기댓값을 구하시오.

5. (1992년 임용고사 기출) 이항분포 $B(n,\ p)$에서 n이 충분히 크고 p가 충분히 작으면 어떤 분포에 가까워지는지 구하시오.

6. (1994년 임용고사 기출) 확률변수 X가 다음 표와 같은 분포를 따를 때, X의 분산을 최대가 되게 하는 x의 값을 구하시오.

X	1	3	5	합계
$P(X=x)$	y	$\frac{1}{3}$	x	1

7. (1995년 임용고사 기출) 확률변수X의 확률질량함수가

$$f(x)=\begin{cases} (\frac{1}{2})^x, & x=1,\ 2,\ 3,\ \cdots \\ 0, & \text{그 밖에서} \end{cases}$$

일 때, X의 분산을 구하시오.

8. (1996년 임용고사 기출) 정규분포 $N(\mu,\ \sigma^2)$에 따르는 확률변수 X에 대하여 $P(X \le 5) = P(X \ge 7)$, $E(X^2) = 45$일 때, $\dfrac{\mu}{\sigma}$를 구하시오.

9. (1997년 임용고사 기출) 확률변수 X의 확률밀도함수가 $f(x) = \begin{cases} ke^{-3x}, & 0 \le x \\ 0, & x < 0 \end{cases}$ 일 때, k의 값을 결정하고, $E(X)$를 구하시오.

10. (2001년 임용고사 기출) 400명이 모집 정원인 공무원 임용시험에 5000명이 응시하였다. 응시자 전체의 성적분포는 100점 만점에 평균 55점, 표준편차 8점인 정규분포를 이루었다. 이 시험에서 모집정원의 120%를 1차 합격자로 선발하고자 할 때, 1차 합격자의 최저점수를 구하시오.

11. (2005년 임용고사 기출) 확률변수 X가 구간 [1, 5]에서 균등분포에 따를 때 X의 확률밀도함수, 평균, 분산을 각각 구하시오.

12. (2006년 임용고사 기출) 정육면체 모양의 주사위가 있다. 이 주사위의 두 면에는 3, 나머지 네 면에는 1, 2, 4, 5가 하나씩 적혀있다. 이 주사위를 288번 던질 때, 짝수 눈이 나오는 횟수를 확률변수 X라고 하면 X는 이항분포 $B(n,\ p)$를 따른다. 이때 X의 평균 $E(X)$와 분산 $V(X)$를 구하고 짝수 눈이 88번 이상 112번 이하로 나올 확률 $P(88 \le X \le 112)$을 정규근사시켜 구하시오. (단, 연속성 수정은 하지 않는다).

13. (2007년 임용고사 기출) 확률변수 X가 이항분포 $B(n,\ p)$를 따를 때 X의 평균이 np임을 보이시오.

14. (2008년 임용고사 기출) 동전 n개를 동시에 던져서 모두 앞면이 나오면 n점을 얻고 그렇지 않으면 0점을 얻는다고 하자. 이 규칙에 따라 동전 n개를 동시에 던지는 시행에서 얻을 수 있는 점수의 기댓값 E_n을 구하고 E_n이 최대가 되는 n을 모두 구하시오.

15. (2009년 임용고사 기출) 1, 2, 3, 4 의 숫자가 중복되지 않게 한 개씩 각 면에 있는 사각연필이 있다. 이 사각연필을 굴렸을 때, 각 면이 나올 확률은 같다고 한다. 이 사각연필을 80번 굴렸을 때, 윗면에 나온 수의 합이 216 이상일 확률을 X라고 할 때, 표준정규분포함수 $\Phi(z)$를 이용하여 x를 나타내시오. (단,$\Phi(z)$는 Z가 표준정규확률변수일 때, $\Phi(z) = P(Z \le z)$이다.)

16. (2010년 임용고사 기출) 이산형 확률변수 X의 적률생성함수는 다음과 같을 때, 확률변수 $Y=X^2$의 평균과 분산을 구하시오.

$$M_X(t)=E(e^{tX})=\frac{2}{5}+\frac{1}{5}e^{-t}+\frac{2}{5}e^{t} \qquad (\text{단}, t\text{는 실수})$$

17. (2013년 임용고사 기출) 연속확률변수 X의 확률밀도함수 $f(x)$가 $f(x)=\frac{2}{3}x \ (1<x<2)$ 일 때, 확률변수 $Y=\frac{2}{X}$ 에 대하여 Y의 기댓값 $E[Y]$를 구하여라.

18. (2013년 임용고사 기출) 동전 3개를 동시에 던져서 모두 앞면이 나오는 경우를 성공이라고 하자. 동전 3개를 동시에 던지는 시행을 독립적으로 반복할 때, 5번 성공할 때까지의 시행 횟수를 확률변수 X라 하자. 이 때 확률 $P(X\le 4)$와 $P(X=13)$를 구하여라.

19. (2014년 임용고사 기출) 어느 도시의 성인 중 20%가 A 통신사를 이용한다고 한다. 이 도시의 성인 400명을 임의로 조사할 때, A 통신사를 이용하는 성인이 80명 이상 92명 이하가 될 확률을 이항분포의 정규근사를 이용하여 구하면 $P(0\le Z\le k)$이다. k의 값을 구하시오. (단, Z는 표준정규분포를 따르는 확률변수이고 연속성 보정은 하지 않는다.)

20. (2015년 임용고사 기출) 어느 지역 성인 남자들의 키를 확률변수 X라고 하면 $X\sim N(175,\ 25)$이고, 성인 남자들의 몸무게를 Y라고 하면 $Y=\frac{2}{5}X+\alpha$ (단, $\alpha\sim N(0,\ 12)$ 이고, X와 독립)이다. $P(Y>72)=P(Z>k)$를 만족하는 k의 값을 구하여라. (단, $Z\sim N(0,\ 1)$).

21. (2017년 임용고사 기출) 확률변수 X의 확률밀도함수 $f_X(x)$는 $f_X(x)=\frac{2}{9}x-\frac{2}{9}$, $(1<x<4)$이다. X와 같은 분포를 따르고 서로 독립인 2개의 연속확률변수 $X_1,\ X_2$에 대하여 $Y=\min\{X_1,\ X_2\}$ 일 때, 확률 $P(Y<\frac{5}{2})$를 구하시오. (단, $\min\{a,\ b\}$ 는 a와 b 중 크지 않은 수이다.)

제 3 장

결합확률분포

1 결합확률분포

지금까지는 한 개의 확률변수에 대한 확률분포를 생각하였다. 그러나 많은 실험에서 두 개 또는 그 이상의 확률변수들의 성질을 동시에 고려해야 하는 경우가 있다. 예를 들어, 키와 몸무게, 운동과 수명, 학습시간과 시험성적의 관계를 알아보기 위해서 그 두 가지 확률변수에 대한 확률분포를 동시에 생각해야 한다. 두 개 이상의 확률변수를 함께 고려한 확률분포를 결합확률분포라고 한다.

이 장에서는 주로 확률변수가 두 개인 결합확률분포에 대하여 알아본다.

§1 결합확률질량함수

두 개의 확률변수 X, Y의 순서쌍 $(X,\ Y)$를 **이변량 확률변수**(bivariate random variable)라고 한다. 일변량 이산확률변수의 확률분포가 확률질량함수에 의해 나타내어지는 것과 마찬가지로 이변량 확률변수의 확률분포는 다음과 같은 **이변량 결합확률분포**(bivariate joint probability distribution)라고 한다. 여기서는 이변량 결합확률분포만 생각하므로 이것을 간단히 결합확률분포라고 부르겠다.

결합확률질량함수	표본공간 Ω에서 정의된 두 이산확률변수 X, Y에 대하여, (1) 확률함수 $f(x,\ y) = P(X = x,\ Y = y)$를 확률변수 X, Y의 **결합확률질량함수**(joint probability mass function)라고 한다. (2) $F(x,\ y) = P(X \le x,\ Y \le y) = \sum_{s=-\infty}^{x} \sum_{t=-\infty}^{y} f(s,\ t)$를 확률변수 X, Y의 **이산결합누적분포함수**(discrete joint cumulative distribution function)라고 한다.

참고 결합확률분포는 k변량 확률변수에 대한 k변량 결합확률분포까지 확장하여 생각할 수 있다.

이변량 확률변수 (X, Y)의 결합확률질량함수 $f(x, y) = P(X = x, Y = y)$는 다음과 같이 결합확률분포표로 나타낼 수 있다.

| (X, Y)의 결합확률분포표 |

$P(X=x, Y=y) = f(x, y)$		Y			
		y_1	y_2	$\cdots$	y_n
X	x_1	$f(x_1, y_1)$	$f(x_1, y_2)$	$\cdots$	$f(x_1, y_n)$
	x_2	$f(x_2, y_1)$	$f(x_2, y_2)$	$\cdots$	$f(x_2, y_n)$
	$\vdots$	$\vdots$	$\vdots$	$\vdots$	$\vdots$
	x_m	$f(x_m, y_1)$	$f(x_m, y_2)$	$\cdots$	$f(x_m, y_n)$

〈예제 3-1〉

동전과 주사위를 각각 한 개씩 동시에 던졌을 때, 앞면이 나타나는 횟수를 확률변수 X, 5 의 눈이 나타나는 횟수를 확률변수 Y라고 하자. (X, Y)의 결합확률질량함수를 구하고, $A = \{(x, y) \mid x \le 1, y = 0\}$ 일 때, $P((X, Y) \in A)$를 구하여라.

풀이 두 확률변수 X, Y 가 취할 수 있는 값은 둘 다 0, 1이다. 따라서 이변량확률변수 (X, Y)가 취할 수 있는 값은 $(0, 0)$, $(0, 1)$, $(1, 0)$, $(1, 1)$이고, 이에 대응되는 확률은 다음 표와 같다.

$P(X=x, Y=y)$		Y	
		0	1
X	0	$\frac{1}{2}\times\frac{5}{6}$	$\frac{1}{2}\times\frac{1}{6}$
	1	$\frac{1}{2}\times\frac{5}{6}$	$\frac{1}{2}\times\frac{1}{6}$

또 $A = \{(0, 0), (0, 1), (1, 0)\}$ 이므로, 구하는 확률은

$$P((X, Y) \in A) = P(X \le 1, Y = 0) = P(X = 0, Y = 0) + P(X = 1, Y = 0)$$

$$= \frac{5}{12} + \frac{5}{12} = \frac{5}{6}$$ 이다. //

이산확률변수들의 결합확률질량함수는 다음과 같은 성질을 만족한다.

결합확률질량 함수의 성질	이산확률변수 X, Y의 결합확률질량함수 $f(x,\ y)$에 대하여, 다음이 성립한다. (1) $f(x,\ y) \geq 0$ (2) $\sum_{i=1}^{\infty}\sum_{j=1}^{\infty} f(x_i,\ y_j) = 1$ (3) $P(x_1 \leq X \leq x_m,\ y_1 \leq Y \leq y_n) = \sum_{i=1}^{m}\sum_{j=1}^{n} f(x_i,\ y_j)$

〈예제 3-2〉

어떤 상자에 크기가 같은 흰색 공이 3 개, 검은색 공이 2 개, 파란색 공이 3 개가 들어 있다. 이 상자에서 임의로 2 개의 공을 꺼낸다. 꺼낸 공중에서 흰색 공의 수를 X, 검은색 공의 수를 Y라고 할 때, 다음을 구하여라.

(1) 두 확률변수 X 와 Y의 결합확률분포표

(2) $P(0 \leq X < 2,\ Y < 1)$

풀이 (1) 두 확률변수 X, Y 가 취할 수 있는 값은 둘 다 0, 1, 2 이다. 따라서 이변량확률변수 $(X,\ Y)$의 확률은

$$P(X=0,\ Y=0) = \frac{{}_3C_0 \cdot {}_2C_0 \cdot {}_3C_2}{{}_8C_2} = \frac{3}{28},$$

$$P(X=0,\ Y=1) = \frac{{}_3C_0 \cdot {}_2C_1 \cdot {}_3C_1}{{}_8C_2} = \frac{6}{28},$$

$$P(X=0,\ Y=2) = \frac{{}_3C_0 \cdot {}_2C_2 \cdot {}_3C_0}{{}_8C_2} = \frac{1}{28}, \cdots .$$

그러므로 확률변수 X 와 Y의 결합확률분포표는 다음과 같다.

$P(X=x,\ Y=y)$		Y			
		0	1	2	합계
X	0	$\frac{3}{28}$	$\frac{3}{14}$	$\frac{1}{28}$	$\frac{5}{14}$
	1	$\frac{9}{28}$	$\frac{3}{14}$	0	$\frac{15}{28}$
	2	$\frac{3}{28}$	0	0	$\frac{3}{28}$
	합계	$\frac{15}{28}$	$\frac{3}{7}$	$\frac{1}{28}$	1

(2) 구하는 확률은 위의 (1)에서 얻은 결합확률분포표로부터

$P(0 \le X < 2,\ Y < 1) = P(X=0, Y=0) + P(X=1,\ Y=0) = \dfrac{3}{28} + \dfrac{9}{28} = \dfrac{3}{7}$ 이다. //

§2 결합확률밀도함수

결합확률 밀도함수	확률변수 X와 Y는 표본공간 Ω에서 정의된 연속확률변수 이다. 임의의 실수 $x,\ y$ 대하여, $$F(x,\ y) = P(X \le x,\ Y \le y) = \int_{-\infty}^{x}\int_{-\infty}^{y} f(s,\ t)\,dt\,ds$$ 를 만족하는 음이 아닌 함수 $f(x,\ y)$가 존재할 때, 이 함수 f를 확률변수 X, Y의 **결합확률밀도함수**(joint probability density function)라 한다. 이때 $F(x,\ y)$를 **연속결합누적분포함수**(continuous joint cumulative distribution function)라고 한다. $F(x\ ,\ y)$가 주어진 경우에 결합확률밀도함수는 다음과 같이 얻어진다. $$f(x,\ y) = \frac{\partial^2 F(x,\ y)}{\partial x \partial y}$$

연속확률변수들의 결합확률밀도함수는 다음과 같은 성질을 만족한다.

결합확률 밀도함수의 성질	연속확률변수 X, Y의 결합확률밀도함수 $f(x,\ y)$에 대하여, 다음이 성립한다. (1) $f(x,\ y) \ge 0$ (2) $\int_{-\infty}^{\infty}\int_{-\infty}^{\infty} f(x,\ y)\,dx\,dy = 1$ (3) $P(a \le X \le b,\ c \le Y \le d) = \int_{c}^{d}\int_{a}^{b} f(x,\ y)\,dx\,dy$

〈예제 3-3〉

이변량 확률변수 $(X,\ Y)$의 결합확률밀도함수가

$$f(x,\ y) = \begin{cases} 3xy, & 0 < x < 1,\ 0 < y < 1 \\ 0\ , & \text{otherwise} \end{cases}$$ 일 때, 다음을 구하여라.

(1) 두 확률변수 X 와 Y의 결합누적분포함수　　　(2) $P(X < \frac{1}{4},\ -2 < Y < \frac{1}{3})$

풀이 (1) 연속결합누적분포함수의 정의로부터

$$F(x,\ y) = P(X \le x,\ Y \le y) = \int_{-\infty}^{x} \int_{-\infty}^{y} f(s,\ t)\,dt\,ds = \int_{0}^{x} \int_{0}^{y} 3st\,dt\,ds$$

$$= \int_{0}^{x} 3s \left[\frac{t^2}{2} \right]_0^y ds = \int_{0}^{x} \frac{3y^2}{2} s\,ds = \left[\frac{3y^2 s^2}{4} \right]_0^x = \frac{3y^2 x^2}{4} \text{ 이다.}$$

(2) 결합밀도함수의 성질에 의하여 구하는 확률은

$$P(X < \frac{1}{4},\ \frac{1}{3} < Y < 2) = \int_{-\infty}^{\frac{1}{4}} \int_{-2}^{\frac{1}{3}} f(x,\ y)\,dy\,dx = \int_{0}^{\frac{1}{4}} \int_{0}^{\frac{1}{3}} 3xy\,dy\,dx$$

$$= \int_{0}^{\frac{1}{4}} 3x \left[\frac{y^2}{2} \right]_0^{\frac{1}{3}} ds = \int_{0}^{\frac{1}{4}} \frac{x}{6}\,dx = \left[\frac{x^2}{12} \right]_0^{\frac{1}{4}} = \frac{1}{192} \text{ 이다.} \quad //$$

이변량확률변수 $(X,\ Y)$에서 어느 한 변수에 대한 확률함수를 구할 수 있다. 즉, 결합확률분포에서 한 변수에 대한 분포를 생각할 수 있는데 두 변수 중에서 한 변수를 고정하고 다른 한 변수만의 확률분포를 구할 수 있다. 이것은 결합합확률분포에서 각각의 확률변수에 대한 두 개의 확률분포로 분해하는 것이다. 이때, 분해된 각각의 확률분포를 주변확률분포라고 한다.

주변확률질량 함수	이산확률변수 X, Y의 결확확률질량함수 $f(x,\ y)$에 대하여, (1) 확률변수 X에 대한 확률질량함수 $f_X(x) = \sum_{j=1}^{\infty} f(x,\ y_j)$를 확률변수 X의 **주변확률질량함수**(marginal probability mass function)라고 하고, (2) 확률변수 Y에 대한 확률질량함수 $f_Y(y) = \sum_{i=1}^{\infty} f(x_i,\ y)$를 확률변수 Y의 **주변확률질량함수**라고 한다.

〈예제 3-4〉

동전과 주사위를 각각 한 개씩 동시에 던졌을 때, 앞면이 나타나는 횟수를 확률변수 X, 5 의 눈이 나타나는 횟수를 확률변수 Y라고 할 때, 두 확률변수 $X,\ Y$에 대한 각각의 주변확률분포표를 구하여라.

풀이 앞의 <예제 3-1>로부터 X, Y의 결합합확률분포표가 아래와 같음을 알고 있다.

$P(X=x,\ Y=y)$		Y		
		0	1	합계
X	0	$\frac{5}{12}$	$\frac{1}{12}$	$\frac{6}{12}$
	1	$\frac{5}{12}$	$\frac{1}{12}$	$\frac{6}{12}$
	합계	$\frac{10}{12}$	$\frac{2}{12}$	1

따라서 (1) 확률변수 X의 주변확률분포표는

X	0	1	합계
$f_X(x)$	$\frac{6}{12}$	$\frac{6}{12}$	1

(2) 확률변수 Y의 주변확률분포표는

Y	0	1	합계
$f_Y(y)$	$\frac{10}{12}$	$\frac{2}{12}$	1

//

〈예제 3-5〉

어떤 상자에 크기가 같은 흰색 공이 3 개, 검은색 공이 2 개, 파란색 공이 3 개가 들어 있다. 이 상자에서 임의로 2 개의 공을 꺼낸다. 꺼낸 공중에서 흰색 공의 수를 X, 검은색 공의 수를 Y라고 할 때, 두 확률변수 X, Y에 대한 각각의 주변확률분포표를 구하여라.

풀이 앞의 <예제 3-2>로부터 X, Y의 결합합확률분포표가 아래와 같음을 알고 있다.

$P(X=x,\ Y=y)$		Y			
		0	1	2	합계
X	0	$\frac{3}{28}$	$\frac{3}{14}$	$\frac{1}{28}$	$\frac{5}{14}$
	1	$\frac{9}{28}$	$\frac{3}{14}$	0	$\frac{15}{28}$
	2	$\frac{3}{28}$	0	0	$\frac{3}{28}$
	합계	$\frac{15}{28}$	$\frac{3}{7}$	$\frac{1}{28}$	1

따라서 (1) 확률변수 X의 주변확률분포표는

X	0	1	2	합계
$f_X(x)$	$\frac{5}{14}$	$\frac{15}{28}$	$\frac{3}{28}$	1

(2) 확률변수 Y의 주변확률분포표는

Y	0	1	2	합계
$f_Y(y)$	$\frac{15}{28}$	$\frac{3}{7}$	$\frac{1}{28}$	1

//

주변확률밀도 함수	이산확률변수 X, Y의 결합확률질량함수 $f(x, y)$에 대하여, (1) $f_X(x) = \int_{-\infty}^{\infty} f(x, y)dy$ 를 확률변수 X의 **주변확률밀도함수** (marginal probability density function)라고 하고, (2) $f_Y(y) = \int_{-\infty}^{\infty} f(x, y)dx$ 를 확률변수 Y의 **주변확률밀도함수**라고 한다.

〈예제 3-6〉

이변량 확률변수 (X, Y)의 결합확률밀도함수가

$f(x, y) = \begin{cases} 3xy, & 0 < x < 1, \ 0 < y < 1 \\ 0, & \text{otherwise} \end{cases}$ 일 때, 두 확률변수 X, Y에 대한 각각의 주변확률밀도함수를 구하여라.

풀이 주변확률밀도함수의 정의로부터

(1) 확률변수 X의 주변확률밀도함수는

$$f_X(x) = \int_{-\infty}^{\infty} f(x, y)dy = \int_0^1 3xy\,dy = 3x\left[\frac{y^2}{2}\right]_0^1 = \frac{3x}{2}, \quad 0 < x < 1 \text{ 이고}$$

(2) 확률변수 Y의 주변확률밀도함수는

$$f_Y(y) = \int_{-\infty}^{\infty} f(x, y)dx = \int_0^1 3xy\,dx = 3y\left[\frac{x^2}{2}\right]_0^1 = \frac{3y}{2}, \quad 0 < y < 1 \text{ 이다.}$$

//

§3 확률변수의 독립

앞에서 사건 A_1, A_2, $\cdots$, A_n에 대하여,

$$P(A_{i_1} \cap A_{i_2} \cap \cdots \cap A_{i_k}) = P(A_{i_1})P(A_{i_2}) \cdots P(A_{i_k}) \quad (\text{단}, k=2, 3, \cdots, n, P(A_{i_n}) \neq 0)$$

일 때, A_1, A_2, $\cdots$, A_n는 서로 독립이라고 정의하였다.

이제 사건에 대하여 정의된 독립을 확률변수에 대하여 정의해보자.

확률변수의 독립	확률변수 X_1, X_2, $\cdots$, X_k 가 취하는 모든 값의 순서쌍 $(x_1, x_2, \cdots, x_k)$에 대하여, $f(x_1, x_2, \cdots, x_k) = f_{X_1}(x_1) \cdot f_{X_2}(x_2) \cdot \cdots \cdot f_{X_k}(x_k)$ 일 때, 확률변수 X_1, X_2, $\cdots$, X_k는 **독립**이라고 한다. 그렇지 않을 때, **종속**이라고 한다.

〈예제 3-7〉

동전과 주사위를 각각 한 개씩 동시에 던졌을 때, 앞면이 나타나는 횟수를 확률변수 X, 5 의 눈이 나타나는 횟수를 확률변수 Y라고 할 때, 두 확률변수 X, Y가 독립인지 확인하여라.

풀이 두 확률변수 X, Y가 독립임을 보이려면 모든 순서쌍 (x, y)에 대하여 $f(x, y) = f_X(x) \cdot f_Y(y)$ 이 성립하여야 한다. 앞의 <예제 3-1>로부터 X, Y의 결합합확률분포표가 아래와 같음을 알고 있다.

$P(X=x, Y=y)$		Y		
		0	1	합계
X	0	$\frac{5}{12}$	$\frac{1}{12}$	$\frac{6}{12}$
	1	$\frac{5}{12}$	$\frac{1}{12}$	$\frac{6}{12}$
	합계	$\frac{10}{12}$	$\frac{2}{12}$	1

또한 앞의 <예제 3-4>에서 두 확률변수 X, Y 각각의 주변확률분포표는 다음과 같았다.

X	0	1	합계
$f_X(x)$	$\frac{6}{12}$	$\frac{6}{12}$	1

Y	0	1	합계
$f_Y(y)$	$\frac{10}{12}$	$\frac{2}{12}$	1

따라서 $\frac{5}{12} = f(0,\ 0) = f_X(0) \cdot f_Y(0) = \frac{6}{12} \cdot \frac{10}{12} = \frac{5}{12}$ 이고

$\frac{1}{12} = f(0,\ 1) = f_X(0) \cdot f_Y(1) = \frac{6}{12} \cdot \frac{2}{12} = \frac{1}{12}$ 이고

$\frac{5}{12} = f(1,\ 0) = f_X(1) \cdot f_Y(0) = \frac{6}{12} \cdot \frac{10}{12} = \frac{5}{12}$ 이고

$\frac{1}{12} = f(1,\ 1) = f_X(0) \cdot f_Y(0) = \frac{6}{12} \cdot \frac{2}{12} = \frac{1}{12}$ 이므로,

두 확률변수 X, Y는 독립이다.

〈예제 3-8〉

어떤 상자에 크기가 같은 흰색 공이 3 개, 검은색 공이 2 개, 파란색 공이 3 개가 들어 있다. 이 상자에서 임의로 2 개의 공을 꺼낸다. 꺼낸 공중에서 흰색 공의 수를 X, 검은색 공의 수를 Y라고 할 때, 두 확률변수 X, Y 가 독립인지 확인하여라.

풀이 두 확률변수 X, Y가 독립임을 보이려면 모든 순서쌍 $(x,\ y)$에 대하여 $f(x,\ y) = f_X(x) \cdot f_Y(y)$이 성립되어야 한다. 앞의 <예제 3-2>로부터 X, Y의 결합합확률 분포표가 아래와 같음을 알고 있다.

$P(X=x,\ Y=y)$		Y			
		0	1	2	합계
X	0	$\frac{3}{28}$	$\frac{3}{14}$	$\frac{1}{28}$	$\frac{5}{14}$
	1	$\frac{9}{28}$	$\frac{3}{14}$	0	$\frac{15}{28}$
	2	$\frac{3}{28}$	0	0	$\frac{3}{28}$
	합계	$\frac{15}{28}$	$\frac{3}{7}$	$\frac{1}{28}$	1

또한 <예제 3-5>에서 두 확률변수 X, Y 각각의 주변확률분포표는 다음과 같았다.

X	0	1	2	합계
$f_X(x)$	$\frac{5}{14}$	$\frac{15}{28}$	$\frac{3}{28}$	1

Y	0	1	2	합계
$f_Y(y)$	$\frac{15}{28}$	$\frac{3}{7}$	$\frac{1}{28}$	1

따라서 $0 = f(2,\ 1) \neq f_X(2) \cdot f_Y(1) = \frac{3}{28} \cdot \frac{3}{7} = \frac{9}{196}$ 이므로 두 확률변수 X, Y는 독립이 아니다. //

〈예제 3-9〉

두 확률변수 X, Y의 결합확률밀도함수가 $f(x,\ y) = 2e^{-2(x+2y)}$, $x,\ y > 0$ 일 때, X, Y는 서로 독립인지를 확인하여라.

풀이 두 확률변수 X, Y의 주변확률밀도함수는 각각 $x > 0$과 $y > 0$ 에 대하여,

$f_X(x) = \int_0^\infty 2e^{-2(x+2y)}\, dy = \frac{1}{2}e^{-2x}$ 이고 $f_Y(y) = \int_0^\infty 2e^{-2(x+2y)}\, dx = e^{-4y}$ 이다.

따라서 $2e^{-2(x+2y)} = f(x,\ y) \neq f_X(x) \cdot f_Y(y) = \frac{1}{2}e^{-2x} \cdot e^{-4y}$ 이므로 X, Y는 독립이 아니다. //

2 확률변수의 변환

이 절에서는 일변량 확률변수와 이변량 확률변수의 변환에 대하여 살펴보고 변환된 확률변수의 분포에 대하여 살펴본다.

예를 들어, 주어진 확률변수 X를 새로운 확률변수 $g(X)$로 치환하는 것을 확률변수의 변환이라 하는데, 이러한 변환된 확률변수의 분포를 구하는 방법에 대하여 살펴본다.

일변량 확률변수의 변환 (1)	$f_X(x)$가 확률변수 X의 확률분포이고 $Y=g(X)$가 전단사함수인 경우, 확률변수 $Y=g(X)$의 확률분포는 다음과 같다. (1) X: 이산확률변수일 때, $Y=g(X)$의 확률질량함수는 $f_Y(y)=f_X(g^{-1}(y))$ 이다. (2) X: 연속확률변수이고 g가 미분가능일 때, $Y=g(X)$의 확률밀도함수는 $f_Y(y)=f_X(g^{-1}(y))\cdot\left\|\frac{d}{dy}g^{-1}(y)\right\|$ 이다.

〈예제 3-10〉

이산확률변수 X의 확률질량함수가 $f_X(x)=\frac{3}{4}\cdot\left(\frac{1}{4}\right)^{x-1}$, $x=1,\ 2,\ 3,\ \cdots$ 일 때, 확률변수 $Y=g(X)=X^2$의 확률질량함수 $f_Y(y)$를 구하여라.

풀이 새로운 확률변수 $Y=g(X)=X^2$으로부터 $X=g^{-1}(Y)=\sqrt{Y}$이다. 따라서

$f_Y(y)=f_X(g^{-1}(y))=f_X(\sqrt{y})=\frac{3}{4}\cdot\left(\frac{1}{4}\right)^{\sqrt{y}-1}$, $y=1,\ 4,\ 9,\ \cdots$ 이다. //

〈예제 3-11〉

연속확률변수 X의 확률밀도함수가 $f_X(x)=\frac{2}{9}x$, $2<x<3$ 일 때, 확률변수 $Y=g(X)=\frac{1}{X}$의 확률밀도함수 $f_Y(y)$를 구하여라.

풀이 확률변수 $Y=g(X)=\frac{1}{X}$ 는 구간 (2, 3)에서 순감소이고 전단사이며 미분가능하므로, $X=g^{-1}(Y)=\frac{1}{Y}$ 는 순감소한다. 또 $\frac{d}{dy}g^{-1}(y)=-\frac{1}{y^2}$ 이므로

$f_Y(y)=f_X(g^{-1}(y))\cdot\left|\frac{d}{dy}g^{-1}(y)\right|=\frac{2}{9y}\left|-\frac{1}{y^2}\right|=\frac{2}{9y^3}$, $\frac{1}{3}<y<\frac{1}{2}$ 이다. //

일변량 확률변수의 변환 (2)	$f_X(x)$ 가 확률변수 X 의 확률분포이고 $Y=g(X)$ 가 전단사함수가 아닌 경우, 확률변수 $Y=g(X)$ 의 확률분포는 다음과 같다. (1) X: 이산확률변수일 때, $Y=g(X)$ 의 확률질량함수는 $f_Y(y)=\sum_{g(x_j)=y} f_X(g^{-1}(y))$ 이다. (2) X: 연속확률변수이고 g 가 미분가능일 때, $Y=g(X)$ 의 확률밀도함수는 $f_Y(y)=\sum_j f_X(g_j^{-1}(y))\cdot\left|\frac{d}{dy}g_j^{-1}(y)\right|$ 이다.

〈예제 3-12〉

이산확률변수 X 의 확률분포표가 다음과 같을 때, 확률변수 $Y=g(X)=|X-1|$ 의 확률분포표를 구하여라.

X	0	1	2	3	합
$f_X(x)=P(X=x)$	α_0	α_1	α_2	α_3	1

풀이 확률변수가 $Y=g(X)=|X-1|$ 이므로, Y가 취할 수 있는 값은 0, 1, 2 이다. 따라서

$f_Y(0)=P(Y=0)=P(g(X)=0)=P(X=g^{-1}(0))=P(X=1)=\alpha_1$,

$f_Y(1)=P(Y=1)=P(g(X)=1)=P(X=g^{-1}(1))=P(X=0 \text{ or } X=2)$

$=P(X=0)+P(X=2)=f_X(0)+f_X(2)=\alpha_0+\alpha_2$,

$f_Y(2)=P(Y=2)=P(g(X)=2)=P(X=g^{-1}(2))=P(X=3)=\alpha_3$ 이다.

그러므로 구하는 확률변수 Y의 확률분포표는 다음과 같음을 알 수 있다.

Y	0	1	2	합
$f_Y(y)=P(Y=y)$	α_1	$\alpha_0+\alpha_2$	α_3	1

//

〈예제 3-13〉

연속확률변수 X의 확률밀도함수가 다음과 같을 때, 확률변수 $Y=g(X)=X^2$의 확률밀도함수 $f_Y(y)$를 구하여라.

$$f(x)=\begin{cases} \frac{3}{10}x^2, & -1<x<3 \\ 0, & \text{otherwise} \end{cases}$$

풀이 확률변수 Y의 누적분포함수는

$$F_Y(y)=P(Y\le y)=P(X^2\le y)=\begin{cases} P(-\sqrt{y}\le X\le \sqrt{y}), & 0\le y<1 \\ P(X\le \sqrt{y}), & 1\le y<9 \end{cases}$$

$$=\begin{cases} \int_{-\sqrt{y}}^{\sqrt{y}} f_X(x)\,dx \\ \int_{-\infty}^{\sqrt{y}} f_X(x)\,dx \end{cases} = \begin{cases} \frac{3}{10}\left[\frac{1}{3}x^3\right]_{-\sqrt{y}}^{\sqrt{y}} = \frac{1}{5}y^{\frac{3}{2}} \\ \int_{-\infty}^{\sqrt{y}} f_X(x)\,dx \end{cases}$$

이다. 따라서 $\frac{d}{dy}F_Y(y)=\begin{cases} \frac{d}{dy}\left(\frac{1}{5}y^{\frac{3}{2}}\right) \\ \frac{d}{dy}\int_{-\infty}^{\sqrt{y}} f_X(x)\,dx \end{cases}$

$$=\begin{cases} \frac{3}{10}\sqrt{y}, & 0\le y<1 \\ \frac{3}{10}(\sqrt{y})^2\frac{1}{2\sqrt{y}}=\frac{3}{20}\sqrt{y}, & 1\le y<9 \end{cases}$$ 이다. //

〈예제 3-14〉

$X\sim N(\mu,\ \sigma^2)$ 이고 $Y=a+bX$ 이면, $Y\sim N(a+b\mu,\ b^2\sigma^2)$ 임을 보여라.

풀이 $X\sim N(\mu,\ \sigma^2)$이므로 $f_X(x)=\frac{1}{\sigma\sqrt{2\pi}}e^{\frac{-(x-\mu)^2}{2\sigma^2}}$ 이다. 또 확률변수 Y는

$Y=a+bX=g(X)$ 이므로, $X=\frac{Y-a}{b}=g^{-1}(Y)$ 이다. 따라서 Y의 확률밀도함수는

$$f_Y(y)=f_X(g^{-1}(y))\cdot\left|\frac{d}{dy}g^{-1}(y)\right|=\frac{1}{\sigma\sqrt{2\pi}}e^{\frac{-(\frac{y-a}{b}-\mu)^2}{2\sigma^2}}\cdot\left|\frac{1}{b}\right|$$

$$=\frac{1}{\sigma\,|b|\,\sqrt{2\pi}}e^{-\frac{(y-(a+b\mu))^2}{2b^2\sigma^2}}$$ 이다.

그러므로 $Y \sim N(a+b\mu,\ b^2\sigma^2)$ 이다. //

특히, $b = \dfrac{1}{\sigma} > 0$ 이고 $a = -\dfrac{\mu}{\sigma}$ 인 경우에 확률변수 Y는 X의 표준화확률변수 Z가 된다. 즉, 확률변수 $Y = a + bX = \dfrac{X-\mu}{\sigma} = Z$ 이므로 $Z = Y \sim N(0,\ 1)$ 임을 확인할 수 있다.

이제 변수변환된 이변량 확률변수의 결합확률분포에 대하여 알아보자.

변수변환된 이변량 확률변수의 결합확률분포	$f_{X,Y}(x,\ y)$가 이변량확률변수 $X,\ Y$의 결합확률분포이고 새로운 확률변수 $U,\ V$의 변환 관계가 $U = g(X,\ Y)$, $V = h(X,\ Y)$ 일 때, 두 확률변수 $U,\ V$의 결합확률분포 $f_{U,V}(u,\ v)$는 다음과 같다. (1) $X,\ Y$: 이산확률변수일 때, $U,\ V$의 결합확률질량함수는 $f_{U,V}(u,\ v) = f_{X,Y}(x = g^*(u,\ v),\ y = h^*(u,\ v))$ 이다. (2) $X,\ Y$: 연속확률변수일 때, $U,\ V$의 결합확률밀도함수는 $f_{U,V}(u,\ v) = f_{X,Y}(x = g^*(u,\ v),\ y = h^*(u,\ v)) \cdot \lvert J \rvert$ 이다. (단, $J = \begin{vmatrix} \dfrac{\partial x}{\partial u} & \dfrac{\partial x}{\partial v} \\ \dfrac{\partial y}{\partial u} & \dfrac{\partial y}{\partial v} \end{vmatrix}$)

참고

(1) 서로 독립인 이산확률변수 $X,\ Y$에 의해 정의된 확률변수 V가 $V = h(X,\ Y) = X + Y$ 일 때, 다음이 성립한다.

① **(이항재생)** $X \sim B(n,\ p)$ 이고 $Y \sim B(n,\ p)$ 이면, $V \sim B(2n,\ p)$ 이다.

② **(포아송재생)** $X \sim Poi(\lambda)$ 이고 $Y \sim Poi(\lambda)$ 이면, $V \sim Poi(2\lambda)$ 이다.

(2) **(정규재생)** 서로 독립인 연속확률변수 $X,\ Y$에 의해 정의된 확률변수 V가 $V = h(X,\ Y) = X \pm Y$ 일 때, 다음이 성립한다.

① $X \sim N(0,\ 1)$ 이고 $Y \sim N(0,\ 1)$ 이면, $V \sim N(0,\ 2)$ 이다.

② $X \sim N(\mu_1,\ {\sigma_1}^2)$ 이고 $Y \sim N(\mu_2,\ {\sigma_2}^2)$ 이면, $V \sim N(\mu_1 \pm \mu_2,\ {\sigma_1}^2 + {\sigma_2}^2)$ 이다.

3 공분산과 상관계수

§1 이변량확률변수의 기댓값과 분산

이 절에서는 두 확률변수 $X,\ Y$에 대한 결합확률변수의 기댓값과 분산에 대하여 알아본다.

이변량 확률변수의 기댓값	$f_{X,Y}(x,\ y)$가 이변량확률변수 $X,\ Y$의 결합확률분포이고 두 확률변수 $X,\ Y$의 이변수함수가 $g(X,\ Y)$일 때, 이변량확률변수$(X,\ Y)$의 기댓값을 다음과 같이 정의한다. (1) $X,\ Y$: 이산확률변수일 때, $$E(g(X,\ Y)) = \sum_x \sum_y g(x,\ y) \cdot f_{X,Y}(x,\ y)$$ (2) $X,\ Y$: 연속확률변수일 때, $$E(g(X,\ Y)) = \int_{-\infty}^{\infty}\int_{-\infty}^{\infty} g(x,\ y) \cdot f_{X,Y}(x,\ y)\,dx\,dy$$ (3) $E(X) = \sum_x x f_X(x)$, $E(Y) = \sum_y y f_Y(y)$ (4) $E(X) = \int_{-\infty}^{\infty} x f_X(x)\,dx$, $E(Y) = \int_{-\infty}^{\infty} y f_Y(y)\,dy$

〈예제 3-15〉

어떤 상자에 크기가 같은 흰색 공이 3 개, 검은색 공이 2 개, 파란색 공이 3 개가 들어 있다. 이 상자에서 임의로 2 개의 공을 꺼낸다. 꺼낸 공중에서 흰색 공의 수를 X, 검은색 공의 수를 Y라고 할 때, 기댓값 $E(XY)$를 구하여라.

풀이 앞의 <예제 3-2>로부터 $X,\ Y$의 결합합확률분포표는 다음과 같다.

$P(X=x,\ Y=y)$		Y			
		0	1	2	합계
X	0	$\frac{3}{28}$	$\frac{3}{14}$	$\frac{1}{28}$	$\frac{5}{14}$
	1	$\frac{9}{28}$	$\frac{3}{14}$	0	$\frac{15}{28}$
	2	$\frac{3}{28}$	0	0	$\frac{3}{28}$
	합계	$\frac{15}{28}$	$\frac{3}{7}$	$\frac{1}{28}$	1

따라서 구하는 기댓값은

$$E(XY) = \sum_{x=0}^{2}\sum_{y=0}^{2} xy\, f_{X,Y}(x,y) = \sum_{x=0}^{2} x(0\,f(x,0) + 1\,f(x,1) + 2\,f(x,2))$$

$$= \sum_{x=0}^{2} 0f(x,0) + \sum_{x=0}^{2} xf(x,1) + \sum_{x=0}^{2} 2xf(x,2) = \frac{7}{9} \text{ 이다.}$$ //

〈예제 3-16〉

이변량 확률변수 $(X,\ Y)$의 결합확률밀도함수가

$f(x,\ y) = \begin{cases} 2\ , & 0 < x < y < 1 \\ 0\ , & \text{otherwise} \end{cases}$ 일 때, 두 확률변수 X, Y에 대한 기댓값 $E(XY)$, $E(X)$, $E(Y)$를 구하여라.

풀이 이변량 확률변수의 기댓값 정의로부터

(1) $E(XY) = \int_{-\infty}^{\infty}\int_{-\infty}^{\infty} xy\,f(x,\ y)\,dx\,dy = \int_0^1\int_x^1 2xy\,dy\,dx = \frac{1}{4}$ 이다.

또 두 확률변수 X, Y 에 대한 주변확률밀도함수는 각각 다음과 같이 주어진다.

$$f_X(x) = \int_{-\infty}^{\infty} f(x,\ y)\,dy = \int_x^1 2\,dy = 2(1-x),\quad 0 < x < 1$$

$$f_Y(y) = \int_{-\infty}^{\infty} f(x,\ y)\,dx = \int_0^y 2\,dx = 2y\ ,\quad 0 < y < 1$$

따라서 구하는 확률은

(2) $E(X) = \int_{-\infty}^{\infty} xf_X(x)\,dx = \int_0^1 x\,2(1-x)\,dx = \frac{1}{3}$ 이고,

(3) $E(Y) = \int_{-\infty}^{\infty} yf_Y(y)\,dy = \int_0^1 y\,(2y)\,dx = \frac{2}{3}$ 이다. //

일반적으로 두 확률변수 함수의 기댓값은 다음과 같은 성질을 만족한다.

두 확률변수 함수의 기댓값 성질	이변량 확률변수 (X, Y)에 대하여, 두 확률변수 X, Y의 이변수함수가 $G(X, Y) = g(X) + h(Y)$일 때, 다음이 성립한다. (1) $E[G(X, Y)] = E[g(X) + h(Y)] = E[g(X)] + E[(h(Y)]$ (2) X, Y가 서로 독립이면, $E[g(X) \cdot h(Y)] = E[g(X)] \cdot E[h(Y)]$

참고 위 성질로부터 다음 성질을 바로 알 수 있다.

① $E(aX + bY) = aE(X) + bE(Y)$, a, b는 상수

② X, Y가 독립인 경우 $E(XY) = E(X) \cdot E(Y)$

〈예제 3-17〉

N명이 자신의 명함을 한 장씩 꺼내 섞은 다음에 임의로 한 장씩을 다시 뽑았을 때, 자신의 명함을 뽑은 사람의 기댓값을 구하여라.

풀이 확률변수 X_i $(i = 1, 2, \cdots, N)$를

$$X_i = \begin{cases} 1, & i\text{번째 사람이 자신의 명함을 뽑았을 때} \\ 0, & \text{otherwise} \end{cases}$$

라고 하면, $i = 1, 2, \cdots, N$에 대하여 $P(X_i = 1) = \frac{1}{N}$이므로 $X_i \sim B(1, p = \frac{1}{N})$이다.

따라서 $E(X_i) = np = 1 \cdot p = \frac{1}{N}$이고 자신의 명함을 뽑은 사람의 수를 X라고 하면,

$X = \sum_{i=1}^{N} X_i$ 이므로, $E(X) = E(\sum_{i=1}^{N} X_i) = \sum_{i=1}^{N} E(X_i) = N \cdot \frac{1}{N} = 1$ 이다. //

이제 $i = 1, 2, \cdots, N$에 대한, 확률변수 X_i의 기댓값과 마찬가지로 분산을 구해보면 다음과 같다.

$$V(X_i) = E(X_i^2) - \{E(X_i)\}^2,$$

$$E(X_i^2) = \begin{cases} \sum_{x_i} x_i^2 P(X_i = x_i), & \text{이산인 경우} \\ \int_{-\infty}^{\infty} x_i^2 f(x_i)\, dx_i, & \text{연속인 경우} \end{cases}$$

$$= \begin{cases} \displaystyle\sum_{x_1}\sum_{x_2}\cdots\sum_{x_k} x_i^2\, P(X_1 = x_1,\, X_2 = x_2,\, \cdots, X_k = x_k), & \text{이산인 경우} \\ \displaystyle\int_{-\infty}^{\infty}\int_{-\infty}^{\infty}\cdots\int_{-\infty}^{\infty} x_i^2\, f(x_1, x_2, \cdots, x_k)\, dx_1 dx_2 \cdots dx_k, & \text{연속인 경우} \end{cases}$$

일반적으로 이변량 확률변수의 분산은 다음과 같은 성질을 만족한다.

분산의 성질	이변량 확률변수 $(X,\ Y)$ 에 대하여, 다음이 성립한다. (1) 확률변수 $X,\ Y$가 서로 독립이면, $V(aX + bY) = a^2 V(X) + b^2 V(Y)$ (단, a , b 는 상수) (2) $V(X \pm Y) = V(X) + V(Y) \pm 2\, Cov(X,\ Y)$ (단, $Cov(X,\ Y) = E[(X - \mu_1)(Y - \mu_2)]$)

§ 2 공분산과 상관계수

이변량 확률변수 $(X,\ Y)$의 결합확률분포로부터 두 확률변수의 결합 산포의 정도를 나타내는 공분산은 다음과 같이 정의된다.

공분산	두 확률변수 $X,\ Y$에 대하여 각각의 기대값이 μ_1 , μ_2 일 때, $Cov(X,\ Y) = E[(X - \mu_1)(Y - \mu_2)]$ 을 확률변수 $X,\ Y$의 **공분산**(Covariance)이라고 한다.

참고 위 정의로부터 $Cov(X,\ Y) = E[(X - \mu_1)(Y - \mu_2)] = E(XY) - E(X) \cdot E(Y)$ 임을 바로 알 수 있다.

공분산은 다음 그림과 같이 두 확률변수 X와 Y가 취하는 값이 동일한 방향으로 변화하는 경향을 보이면 양수 값이 되고, 반대의 방향으로 변화하는 경향을 보이면 음수의 값이 된다. 그리고 X와 Y가 취하는 값이 아무런 경향을 보이지 않으면 0에 가까운 값이 된다.

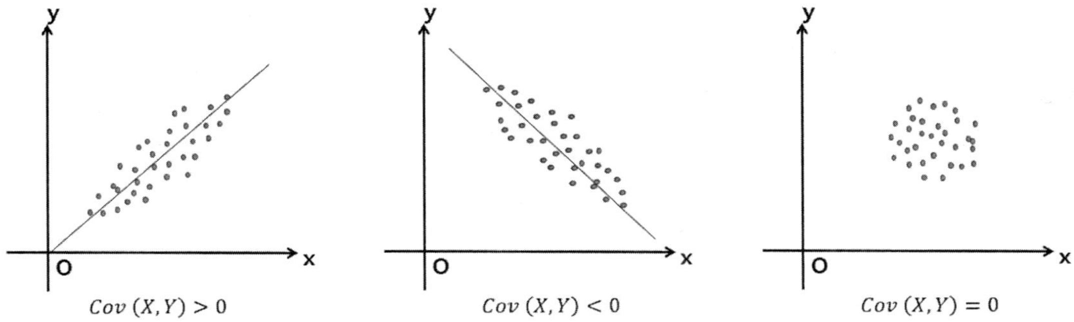

〈예제 3-19〉

두 확률변수 X, Y의 결합확률분포가 다음과 같을 때, X와 Y의 공분산을 구하여라.

X \ Y	2	4
5	0.1	0.2
10	0.1	0.2
15	0.3	0.1

풀이 두 확률변수 X, Y 와 이변량 확률변수에 대한 기댓값은

$$E(X) = \sum_x x f_X(x) = 5 f_X(5) + 10 f_X(10) + 15 f_X(15) = 10.5 ,$$

$$E(Y) = \sum_y y f_Y(y) = 2 f_Y(2) + 4 f_Y(4) = 3 ,$$

$$E(XY) = \sum_x \sum_y xy\, f_{X,\,Y}(x,\,y) = \sum_x x(2\,f(x,\,2) + 4\,f(x,\,4))$$

$$= \sum_x 2xf(x,\,2) + \sum_x 4xf(x,\,4) = 30$$ 이다. 따라서 두 확률변수 X와 Y의 공분산은 $Cov\,(X,\,Y) = E(XY) - E(X) \cdot E(Y) = 30 - (10.5)(3) = -1.5$ 이다. 이것으로부터 두 확률변수 X와 Y 가 취하는 값은 반대방향으로 변화하는 경향이 있음을 알 수 있다. //

〈예제 3-20〉

이변량 확률변수 $(X,\ Y)$의 결합확률밀도함수가

$$f(x,\,y) = \begin{cases} 2\,, & 0 < x < y < 1 \\ 0\,, & \text{otherwise} \end{cases}$$ 일 때, 두 확률변수 X, Y의 공분산을 구하여라.

풀이 앞의 <예제 3-16>으로부터 두 확률변수 X, Y 와 이변량 확률변수에 대한 기댓값은 $E(X) = \frac{1}{3}$, $E(Y) = \frac{2}{3}$, $E(XY) = \frac{1}{4}$ 이다. 따라서 두 확률변수 X와 Y의 공분산은 $Cov(X, Y) = E(XY) - E(X) \cdot E(Y) = \frac{1}{4} - \frac{2}{9} = \frac{1}{36}$ 이다. 이것으로부터 두 확률변수 X와 Y 가 취하는 값은 같은방향으로 변화하는 경향이 있음을 알 수 있다. //

일반적으로 공분산은 다음과 같은 성질을 만족한다.

공분산의 성질	두 확률변수 X, Y에 대하여 각각의 기대값이 μ_1, μ_2 일 때, 다음이 성립한다. (1) $Cov(X, Y) = E[(X-\mu_1)(Y-\mu_2)] = E(XY) - \mu_1\mu_2$ (2) X, Y가 서로 독립이면, $Cov(X, Y) = 0$ (3) $Cov(X, Y) = Cov(Y, X)$ (4) $Cov(X, X) = V(X)$ (5) $Cov(aX+b, cY+d) = ac \cdot Cov(X, Y)$

두 확률변수의 공분산은 그 정의에서 알 수 있듯이 각 확률변수가 취하는 값의 단위에 의존한다. 이러한 단위에 대한 의존도를 없애 주기 위하여 공분산을 두 확률변수의 표준편차의 곱으로 나누어 정의한 것을 두 확률변수의 상관계수라고 한다. 이는 두 확률변수 사이의 선형관계의 정도를 측정하는 척도로써 제안된 것이다.

상관계수	두 확률변수 X, Y의 표준편차가 각각 σ_1, σ_2일 때, $$\rho = \rho(X, Y) = \frac{Cov(X, Y)}{\sigma_1\sigma_2}$$ 를 X, Y의 **상관계수**(Correlation coefficient)라고 한다.

참고 상관계수는 다음 성질을 만족한다.

① $-1 \le \rho \le 1$

② ρ 의 값이 1 에 가까울수록 양의 선형상관관계가 높다고 한다.

③ ρ 의 값이 -1 에 가까울수록 음의 선형상관관계가 높다고 한다.

④ ρ 의 값이 0 에 가까울수록 선형상관관계가 없다고 한다.

상관계수의 성질	두 확률변수 X, Y에 대하여, 다음이 성립한다. (1) 두 확률변수 X, Y가 독립이면, $\rho(X, Y) = 0$ 이다. (2) $Y = aX$, $a \neq 0$ 이면, $\rho(X, Y) = \dfrac{a}{\mid a \mid} = \begin{cases} 1, & a > 0 \\ -1, & a < 0 \end{cases}$ (3) $\rho(aX + b, cY + d) = \rho(X, Y)$ (단, a, $c > 0$)

〈예제 3-21〉

두 확률변수 X, Y의 결합확률분포가 다음과 같을 때, X, Y의 상관계수를 구하여라.

X \ Y	2	4
5	0.1	0.2
10	0.1	0.2
15	0.3	0.1

풀이 앞의 <예제 3-19>로부터 $Cov(X, Y) = -1.5$, $E(X) = 10.5$, $E(Y) = 3$ 임을 알고 있다. 이제 상관계수를 구하는 데 필요한 X^2과 Y^2의 기댓값과 X, Y의 분산을 구해보면,

$$E(X^2) = \sum_x x^2 f_X(x) = 5^2 f_X(5) + 10^2 f_X(10) + 15^2 f_X(15) = \frac{1275}{10} \text{ 이고}$$

$$E(Y^2) = \sum_y y^2 f_Y(y) = 2^2 f_X(2) + 4^2 f_X(4) = 10 \text{ 이므로,}$$

$V(X) = E(X^2) - (E(X))^2 = 17.25$ 이고 $V(Y) = E(Y^2) - (E(Y))^2 = 1$ 이다. 따라서

상관계수 $\rho = \dfrac{Cov(X, Y)}{\sigma_1 \sigma_2} = \dfrac{-1.5}{\sqrt{17.25}} \approx -0.36$ 이다. //

〈예제 3-22〉

이변량 확률변수 (X, Y)의 결합확률밀도함수가

$f(x, y) = \begin{cases} 2, & 0 < x < y < 1 \\ 0, & \text{otherwise} \end{cases}$ 일 때, 두 확률변수 X, Y의 상관계수를 구하여라.

풀이 앞의 <예제 3-20>으로부터 $Cov(X, Y) = \dfrac{1}{36}$, $E(X) = \dfrac{1}{3}$, $E(Y) = \dfrac{2}{3}$ 임을 알고 있다. 이제 상관계수를 구하는 데 필요한 X^2과 Y^2의 기댓값과 X, Y의 분산을 구해보면,

$E(X^2) = \int_0^1 x^2 2(1-x)\,dx = \frac{1}{6}$ 이고 $E(Y^2) = \int_0^1 y^2 2y\,dx = \frac{1}{2}$ 이므로,

$V(X) = E(X^2) - (E(X))^2 = \frac{1}{18}$ 이고 $V(Y) = E(Y^2) - (E(Y))^2 = \frac{1}{18}$ 이다. 따라서

상관계수 $\rho = \frac{Cov(X,\ Y)}{\sigma_1 \sigma_2} = \frac{1/36}{\sqrt{(1/18)^2}} = \frac{1}{2}$ 이다. //

〈예제 3-23〉

확률변수 X가 취할 수 있는 값이 $-1,\ 0,\ 1$ 이고 이 값 각각에 대한 확률이 같다고 한다. 확률변수가 $Y = X^2$ 일 때, 두 확률변수 $X,\ Y$의 상관계수를 구하여라.

풀이 $Y = X^2$ 이므로 $X,\ Y$는 종속관계에 있다. 그러나 $-1,\ 0,\ 1$ 각각에 대한 확률이 같으므로 모든 x 에 대하여 $f_X(x) = p$ 이다. 따라서

$$E(XY) = E(X^3) = E(X) = \sum_x x f_X(x)$$

$$= -f_X(-1) + 0 f_X(0) + f_X(1) = -p + 0 + p = 0 \text{ 이다.}$$

따라서 공분산의 성질에 의하여 $Cov(X,\ Y) = E(XY) - E(X) \cdot E(Y) = 0$ 이므로

$\rho = \frac{Cov(X,\ Y)}{\sigma_1 \sigma_2} = 0$ 이다. 그러므로 $X,\ Y$는 종속관계에 있지만 상관관계가 없음을 알 수 있다. //

이 예제로부터 두 확률변수 $X,\ Y$가 독립이면, $\rho(X,\ Y) = 0$ 의 역은 일반적으로 성립하지 않는다는 사실을 알 수 있다.

4 조건부확률분포

§1 조건부확률분포

조건부확률 $P(B \mid A)$은 어떤 사건 A가 일어났다는 조건 아래에서 사건 B가 일어날 확률이다. 이와 마찬가지로 두 확률변수 X, Y에 대한 조건부확률분포를 생각할 수 있다.

조건부 확률분포	두 확률변수 X, Y에 대하여, (1) $f_{Y \mid X}(y \mid x) = P(Y=y \mid X=x)$ $= \dfrac{P(X=x,\ Y=y)}{P(X=x)} = \dfrac{f_{X,Y}(x, y)}{f_X(x)}$, $f_X(x) \neq 0$ 을 $X=x$**가 주어졌을 때** Y**의 조건부확률분포**(conditional probability distrbution)라고 한다. (2) $f_{X \mid Y}(x \mid y) = P(X=x \mid Y=y)$ $= \dfrac{P(X=x,\ Y=y)}{P(Y=y)} = \dfrac{f_{X,Y}(x, y)}{f_Y(y)}$, $f_Y(y) \neq 0$ 을 $Y=y$**가 주어졌을 때** X**의 조건부확률분포**라고 한다. 이때 조건부확률분포는 $(X,\ Y)$가 이산인 경우 **조건부확률질량함수**, $(X,\ Y)$가 연속인 경우 **조건부확률밀도함수**라고 한다. 또한 위의 조건부확률분포는 간단히 $f(y \mid x)$와 $f(x \mid y)$로 나타내기도 한다.

〈예제 3-24〉

확률변수 X, Y의 결합확률분포표가 다음과 같이 주어졌다. $Y=1$일 때, 조건부 확률분포 $P(X=x \mid Y=1) = P(X \mid Y=1)$을 구하여라.

X \ Y	0	1	2	합계
0	0.2	0.1	0.3	0.6
1	0.1	0.2	0.1	0.4
합계	0.3	0.3	0.1	1

풀이 $P(Y=1)=\sum_{x=0}^{1} P(X=x,\ Y=y)=0.1+0.2=0.3$ 이므로, $Y=1$ 일 때,

조건부확률분포는

$$P(X=x \mid Y=1)=\frac{P(X=x,\ Y=1)}{P(Y=1)}=\begin{cases} \dfrac{0.1}{0.3}=\dfrac{1}{3}, & x=0 \\ \dfrac{0.2}{0.3}=\dfrac{2}{3}, & x=1 \end{cases}$$ 이다. //

〈예제 3-25〉

두 확률변수 $X,\ Y$의 결합확률함수가

$$f(x,\ y)=\begin{cases} 2x+y, & 0 \le x \le 2,\quad 0 \le y \le 3 \\ 0, & \text{otherwise} \end{cases}$$ 일 때, $X=2$가 주어졌을 때

Y의 조건부확률분포를 구하여라. (단, $x,\ y$는 정수)

풀이 두 확률변수 $X,\ Y$가 취할 수 있는 값인 $x,\ y$가 정수이므로 주어진확률변수 $X,\ Y$는 이산확률변수이다. 따라서

$f_X(x)=\sum_{j=1}^{\infty} f(x,\ y_j)=\sum_{y=0}^{3}(2x+y)=4\cdot 2x+6$ 이므로, Y에 대한 X의 조건부확률분포 정의로부터 $f_{Y \mid X}(y \mid x)=\dfrac{f_{X,Y}(x,y)}{f_X(x)}=\dfrac{2x+y}{8x+6}$ 이다. 그러므로 구하는 $X=2$가 주어졌을 때 Y의 조건부확률분포는 $f_{Y \mid X}(y \mid 2)=\dfrac{4+y}{22}$, $y=0,\ 1,\ 2,\ 3$ 이다. //

〈예제 3-26〉

두 확률변수 $X,\ Y$의 결합확률밀도함수가

$$f(x,\ y)=\begin{cases} e^{-y}, & 0 \le x \le y \\ 0, & \text{otherwise} \end{cases}$$ 일 때, X가 주어졌을 때 Y의 조건부확률밀도함수

$f_{Y \mid X}(y \mid x)$와 $P(Y \le y \mid X=x)$를 구하여라.

풀이 확률변수 X의 주변확률밀도함수가

$f_X(x)=\int_{-\infty}^{\infty} f(x,\ y)dy=\int_{x}^{\infty} e^{-y}dy=e^{-x}$ 이므로, $f_{Y \mid X}(y \mid x)=\dfrac{f_{X,Y}(x,y)}{f_X(x)}$

$=\dfrac{e^{-y}}{e^{-x}}=e^{x-y}$ 이다. 따라서 $f_{Y \mid X}(y \mid x)=\begin{cases} e^{x-y}, & 0 \le x \le y \\ 0, & \text{otherwise} \end{cases}$ 이다. 또한

$$P(Y \le y \mid X=x) = \int_{-\infty}^{y} f_{Y \mid X}(y \mid x)\,dy = \int_{0}^{y} f_{Y \mid X}(y \mid x)\,dy = \int_{x}^{y} e^{x-y}\,dy$$

$= 1 - e^{x-y}$ 이다.

그러므로 $P(Y \le y \mid X=x) = \begin{cases} 1-e^{x-y}, & x \le y \\ 0, & \text{otherwise} \end{cases}$ 이다. //

조건부확률분포도 하나의 확률분포이므로 기댓값과 분산이 존재한다.

조건부기댓값	두 확률변수 $X,\ Y$에 대하여 (1) $E(Y \mid X=x) = \begin{cases} \sum_{y=0}^{\infty} y\,f(y \mid x), & (X,\ Y): \text{이산} \\ \int_{-\infty}^{\infty} y\,f(y \mid x)\,dy, & (X,\ Y): \text{연속} \end{cases}$ 을 $X=x$에 대한 Y의 조건부기댓값(conditional expectation)이라고 하고, (2) $E(X \mid Y=y) = \begin{cases} \sum_{x=0}^{\infty} x\,f(x \mid y), & (X,\ Y): \text{이산} \\ \int_{-\infty}^{\infty} x\,f(x \mid y)\,dx, & (X,\ Y): \text{연속} \end{cases}$ 을 $Y=y$에 대한 X의 조건부기댓값이라고 한다.

〈예제 3-27〉

두 확률변수 $X,\ Y$의 결합확률함수가

$f(x,\ y) = \begin{cases} 2x+y, & 0 \le x \le 2,\ 0 \le y \le 3 \\ 0, & \text{otherwise} \end{cases}$ 일 때, 조건부기댓값

$E(Y \mid X=2)$를 구하여라. (단, $x,\ y$는 정수)

풀이 앞의 <예제 3-25>로부터 $f_{Y \mid X}(y \mid 2) = \frac{4+y}{22}$, $y = 0,\ 1,\ 2,\ 3$이므로, 구하는 조건부기댓값은 $E(Y \mid X=2) = \sum_{y=0}^{3} y\,f_{X \mid Y}(y \mid 2) = \sum_{y=0}^{3} \frac{y(4+y)}{22} = \frac{19}{11}$ 이다. //

〈예제 3-28〉

확률변수 X의 확률밀도함수가 $f_X(x) = \begin{cases} xe^{-x}, & x \ge 0 \\ 0, & \text{otherwise} \end{cases}$ 이고, 확률변수 Y는 $X=x$

일 때, $(0,\ x)$에서 균일분포를 따른다. $x > 0$에 대하여 $X = x$가 주어졌을 때, 다음을 구하여라.

(1) Y의 조건부기댓값

(2) e^Y의 조건부기댓값

풀이 문제의 조건으로부터 $X = x$가 주어졌을 때 Y의 조건부확률분포는

$f_{Y \mid X}(y \mid x) = \dfrac{1}{x},\quad 0 < y < x$ 이다. 따라서 구하는 조건부기댓값은

(1) $E(Y \mid X=x) = \displaystyle\int_{-\infty}^{\infty} y f_{Y \mid X}(y \mid x)dy = \int_0^x y \frac{1}{x}dy = \frac{x}{2}$ 이다.

(2) $E(e^Y \mid X=x) = \displaystyle\int_{-\infty}^{\infty} e^y f_{Y \mid X}(y \mid x)dy = \int_0^x e^y \frac{1}{x}dy = \frac{e^y - 1}{x}$ 이다.

〈예제 3-29〉

두 확률변수 $X,\ Y$의 결합분포표가 다음과 같이 주어졌을 때, $E(X \mid Y=1)$을 구하여라.

X \\ Y	0	1	2	합계
0	0.2	0.1	0.3	0.6
1	0.1	0.2	0.1	0.4
합계	0.3	0.3	0.1	1

풀이 앞의 <예제 3-24>로부터 $Y = y$에 대한 X의 조건부확률분포표는 다음과 같다.

X	0	1
$f(x \mid y=0)$	$\dfrac{f(0,\ 0)}{f_Y(0)} = \dfrac{2}{3}$	$\dfrac{f(1,\ 0)}{f_Y(0)} = \dfrac{1}{3}$
$f(x \mid y=1)$	$\dfrac{f(0,\ 1)}{f_Y(1)} = \dfrac{1}{3}$	$\dfrac{f(1,\ 1)}{f_Y(1)} = \dfrac{2}{3}$
$f(x \mid y=2)$	$\dfrac{f(0,\ 2)}{f_Y(2)} = \dfrac{3}{4}$	$\dfrac{f(1,\ 2)}{f_Y(2)} = \dfrac{1}{4}$

따라서 구하는 조건부기댓값은

$E(X \mid Y=1) = \displaystyle\sum_{x=0}^{1} x f(x \mid y=1) = 0 \cdot f(0 \mid y=1) + 1 \cdot f(1 \mid y=1) = \frac{2}{3}$ 이다. //

조건부분산	두 확률변수 X, Y에 대하여 (1) $V(X \mid Y=y) = E(X^2 \mid Y=y) - \{E(X \mid Y=y)\}^2$ 을 $Y=y$**에 대한** X**의 조건부분산**(conditional variance)이라고 하고, (2) $V(Y \mid X=x) = E(Y^2 \mid X=x) - \{E(Y \mid X=x)\}^2$ 을 $X=x$**에 대한** Y**의 조건부분산**이라고 한다.

〈예제 3-30〉

두 확률변수 X, Y의 결합분포표가 다음과 같이 주어졌을 때, $V(X|Y=1)$을 구하여라.

X \ Y	0	1	2	합
0	0.2	0.1	0.3	0.6
1	0.1	0.2	0.1	0.4
합	0.3	0.3	0.1	1

풀이 앞의 <예제 3-29>로부터 $E(X|Y=1) = \frac{2}{3}$ 이다. 또

$E(X^2|Y=1) = \sum_{x=0}^{1} x^2 f(x \mid y=1) = 0^2 \cdot f(0 \mid y=1) + 1^2 \cdot f(1 \mid y=1) = \frac{2}{3}$ 이므로,

$V(X \mid Y=1) = E(X^2 \mid Y=1) - \{E(X \mid Y=1)\}^2 = \frac{2}{9}$ 이다. //

〈예제 3-31〉

확률변수 X의 확률밀도함수가 $f_X(x) = \begin{cases} xe^{-x}, & x \geq 0 \\ 0, & \text{otherwise} \end{cases}$ 이고, 확률변수 Y는 $X=x$ 일 때, $(0, x)$에서 균일분포를 한다. $x > 0$에 대하여 $X=x$가 주어졌을 때, Y의 조건부분산 $V(Y \mid X=x)$를 구하여라.

풀이 앞의 <예제 3-28>로부터 $f_{Y \mid X}(y \mid x) = \frac{1}{x}$, $0 < y < x$ 이고 $E(Y \mid X=x) = \frac{x}{2}$ 이다. 따라서 $E(Y^2 \mid X=x) = \int_{-\infty}^{\infty} y^2 f_{Y \mid X}(y \mid x)dy = \int_0^x y^2 \frac{1}{x}dy = \frac{x^2}{3}$ 이므로, $V(Y \mid X=x) = E(Y^2 \mid X=x) - \{E(Y \mid X=x)\}^2 = \frac{x^2}{3} - \left(\frac{x}{2}\right)^2 = \frac{x^2}{12}$, $0 < y < x$ 이다. //

제3장 연습문제

1. (1993년 임용고사 기출) 확률변수 $(X,\ Y)$의 결합확률밀도함수는 $f(x,\ y)=e^{-(x+y)}$, $x \geq 0,\ y \geq 0$ 이다. $Z=X+Y$ 일 때, $P(Z \leq 1)$을 구하시오.

2. (1994년 임용고사 기출) 확률변수 (X, Y)의 결합확률밀도함수는 $f(x,\ y)=2e^{-(x+2y)}$, $x \geq 0,\ y \geq 0$ 일 때, $P(X<Y)$을 구하시오.

3. (1995년 임용고사 기출) $X_1,\ X_2$는 서로 독립이고, $P(a<X_1<b)=\frac{2}{3}$, $P(c<X_2<d)=\frac{5}{8}$ 이다. 이때, 사건 $a<X_1<b,\ -\infty<X_2<\infty$ 와 $-\infty<X_1<\infty,\ -c<X_2<d$ 의 합사건의 확률을 구하시오.

4. (1999년 임용고사 기출) 인구가 10만인 어떤 도시에서 시정에 대한 여론조사를 하였더니 남자 성인의 80%와 여자 성인의 90%가 시정을 지지하였다. 이 도시에서 남자 성인 400명과 여자 성인 400명을 임의로 뽑았을 때, 다음 확률을 구하시오.

(1) 적어도 700명이 시정에 대해 지지할 확률

(2) 시정에 대한 지지자 중 여자가 남자보다 25명 더 많을 확률

5. (2002년 임용고사 기출) 동전 2개를 던질 때, 앞면이 나오는 개수를 확률변수 X라고 하고 확률변수 Y를 $Y=\begin{cases}0, & X=0,\ 2\\ 1, & X=1\end{cases}$ 으로 정의할 때, 다음 물음에 답하시오.

(1) $X,\ Y$ 각각의 확률분포표와 $(X,\ Y)$의 결합확률분포표를 만드시오.

(2) $X,\ Y$의 공분산을 구하시오.

(3) X와 Y의 독립성 여부를 판단하시오.

6. (2009년 임용고사 기출) 두 확률변수 $X,\ Y$는 독립이고, 각각 다음과 같은 동일한 확률밀도함수를 갖는다.

$f(t)=\begin{cases}2t, & 0 \leq t \leq 1\\ 0, & \text{그 밖에서}\end{cases}$ 이때, Y가 X와 X^2사이에 있을 확률을 구하시오.

7. (2011년 임용고사 기출) 한 개의 주사위를 던져 나온 눈의 수를 X라 하고, 나온 눈의 수와 같은 개수의 동전을 던져 나오는 앞면의 수를 Y라고 하자. $X=m$이 주어질 때, Y의 조건부 확률함수(조건부 확률질량함수)를 $P_{Y|X}(n|m)$, Y의 확률함수를 $P_Y(n)$이라고 하자. $P_{Y|X}(n|m)$, $P_Y(0)$ 를 구하여라.

8. (2012년 임용고사 기출) 두 연속확률변수 X, Y의 결합확률질량함수가 $f(x,\ y)=\dfrac{3x-y}{12}$, $x=1,\ 2,\ \ y=1,\ 2$ 라고 하자. $Y=1$일 때, X의 조건부기댓값 $E(X\ |\ Y=1)$을 구하여라.

9. (2014년 임용고사 기출) 두 연속확률변수 X, Y의 결합확률밀도함수가

$$f(x,\ y)=\frac{1}{5}xy(1-x+y),\quad 0<x<1,\quad 1<y<3$$

이라고 하자. Y의 주변확률밀도함수 $f_Y(y)$를 구하고, 이를 이용하여 $Y=2$가 주어졌다는 가정하에 X의 조건부확률밀도함수 $f_{X\ |\ Y}(x\ |\ 2)$와 X의 조건부 기댓값 $E(X\ |\ Y=2)$를 구하여라.

10. (2015년 임용고사 기출) 두 연속확률변수 X와 Y는 독립이고, X, Y의 확률밀도함수를 각각

$$f_X(x)=2x,\quad 0<x<1,\qquad f_Y(y)=1,\quad 0<y<1$$

라고 하자. $M=\left[\dfrac{X}{Y}\right]$ 라고할 때, $P(M=2)$를 구하여라. 단, $[a]$는 a보다 크지 않은 최대 정수이다.

11. (2016년 임용고사 기출) 두 연속확률변수 X, Y가 서로 독립이고, 확률밀도함수가 각각

$$f_X(x)=\frac{1}{2}e^{-\frac{x}{2}},\quad x>0,\qquad f_Y(y)=e^{-y},\quad y>0$$

일 때, 확률변수 $Z=X+2Y$의 확률밀도함수 $g(z)$를 구하여라.

12. (2016년 임용고사 기출) 앞면이 나올 확률이 $p\,(0<p<1)$인 동전을 학생 A가 n번 던지고, 학생 B가 $2n$번 던진다. 학생 A가 던져서 앞면이 나온 횟수와 학생 B가 던져서 앞면이 나온 횟수의 합이 2일 때, 학생 A가 던져서 앞면이 나온 횟수가 1일 확률이 $\dfrac{6}{13}$ 이다. n의 값을 구하여라.

13. (2017년 임용고사 기출) 두 연속확률변수 X, Y는 서로 독립이고 각각 구간 $(0,\ 2)$에서 균등분포를 따른다고 한다. 확률변수 $Z = X + Y$의 확률밀도함수 $f_Z(z)$와 평균 $E(Z)$를 풀이 과정과 함께 구하여라.

14. (2017년 임용고사 기출) 연속확률변수 X의 확률밀도함수는 $f_X(x) = \frac{2}{9}x - \frac{2}{9}$, $1 < x < 4$ 이다. X와 같은 분포를 따르고 서로 독립인 2개의 연속확률변수 X_1, X_2에 대하여 $Y = \min\{X_1,\ X_2\}$일 때, 확률 $P\left(Y < \frac{5}{2}\right)$를 구하여라.

제 4 장

표본분포

1 통계학의 역사

통계학(statistics)은 영국과 독일에서 수학자가 아닌 상인에 의해서 탄생하였으며 그 시기는 확률이 탄생한 17세기 중엽으로 알려져 있다.

이 절에서는 통계학의 역사에 대하여 간략하게 알아본다.

§1 통계학의 기원

통계학의 기원은 인구 조사로부터 시작되었다고 할 수 있다. 기록상 인류 최초의 인구 조사는 모세가 20세 이상의 남자 유태인 전투 병력에 대한 인구조사와(구약성서 민수기 1장), 그 이후인 B. C.1500경에 수행된 다윗왕의 인구조사이다(구약성서 사무엘하 24장).

그러나 실제적인 인구조사는 이보다 훨씬 이전 시대에 이루어졌다. B. C. 3000년경 이집트에서 피라미드 건설을 위한 조사 기구가 만들어졌고, B. C. 2200년경 최초의 토지조사가 행해졌으며 B. C. 1400년경에는 토지의 재분배를 위한 토지조사가 이루어졌다고 한다. 중국에서도 B. C. 2300년경 종교적인 목적으로 토지 측량과 인구조사가 행하여졌다는 것이 공자(B. C. 550~478)의 저서인 서경에 나타나 있다. 페르시아에서도 군사적인 징병과 세금 징수를 목적으로 인구조사가 실시되었다고 한다. 인구조사는 영어로 census인데 이것은 과세한다는 뜻의 라틴어 censere로부터 유래된 것이라고 알려져 있다. 로마 시대에는 국가 조직이 발달되면서 과세 목적과 징병 목적을 위해 로마의 6대 왕인 투리우스(B.C. 534~378) 시대부터 A. D. 74년까지 5년 주기의 인구조사가 실시되었다. 그러나 로마 제국이 붕괴되면서 서구 세계에서는 17세기 초까지 정기적인 인구조사가 실시된 기록이 없다.

학문으로서의 통계학은 실질적으로 17세기 이후에 독일의 국상학(Staateskunde)과 영국의 정치산술학(Political Arithmetic)에 그 뿌리를 두고 있다. 독일의 국상학과 영국의 정치산술의 관점의 차이는 이들 국가가 추구하는 철학적 인식론에 있다. 영국 철학자 베이컨(Francis Bacon : 1561~1626)의 인식론인 경험론과 프랑스 철학자 데카르트(Rene Descartes : 1596~1650)의 인식론인 합리론은 각각 통계학의 모태가 되는 영국의 정치산술파와 독일의 국상학파의 사상적 밑거름이 되었다.

베이컨의 시대는 삼단논법에 의한 아리스토텔레스의 자연철학, 신학과 과학의 혼합에 의한 허구적인 철학, 이단 종교와 연금술 등 신비적 자연관이 만연한 "과학의 타락 시대"였다. 그는 과학의 타락을 극복하는 새로운 과학적 방법으로 귀납적 방법(inductive method)을 제안하였다. 귀납적 방법이란 많은 경험적 자료로부터 참다운 지식을 얻어내는 방법이다.

프랑스의 철학자이자 수학자인 데카르트는 비합리적인 것과 우연적인 것을 배척하고 이성적, 논리적, 필연적인 것을 중시하는 합리적 인식론을 확립하여 근세철학의 시조로 일컬어진다. 그는 베이컨의 경험론에 대하여 감각적 경험에 의한 지식은 개인에 따라서 다를 수 있다고 비판하였고, 이성에 근거한 보편적인 지식(이성적 진리관)과 수학적 인식을 바탕으로 하는 논증적 지식을 중시하였다. 그는 확실하며 논증적인 인식을 얻기 위해서는 선입감을 버리고 모든 불확실한 것, 때로는 수학적인 진리와 같은 것도 의심하지 않으면 안 된다고 하였다. 그러나 모든 것을 의심하더라도, 의심하고(생각하고) 있는 우리 자신의 존재가 있다는 것만은 의심할 수 없다. 그리고 회의(의심을 품다)한다는 것은 사유(思惟)하는 하나의 방법이라는 데서 '나는 생각한다. 고로 존재한다.'라는 명제를 제 1원리로 삼았다.

§2 국상학

1660년 독일의 콘링(Conring, Hermann : 1606~1681)은 대학 강단에서 "현대에 있어서 가장 현저한 정치적 사항"이란 제목으로 조직적인 국가 기술에 관한 강의를 하였다. 이것은 국법학, 지리학, 역사학을 모두 뭉뚱그린 잡학이었으나, 콘링은 이를 국상학이라 불렀고 기존의 학문과 분리하여 새로운 학문으로 창출하려고 하였다. 국상학은 국가의 조직·조세·군사와 같은 국가 상황에 관한 중요 사실을 각 국가별로 강조하고 그 인과 관계까지도 서술하는 것이었기 때문에 독일의 각 대학에 큰 영향을 주어 17세기 후반부터 18세기 중엽에 걸쳐 거의 모든 대학에서 개설하였다. 콘링은 이른바 국상학의 이론 및 자료를 조직적으로 연구한 최초의 사람이었기에 17세기 독일 국상학의 제 1인자로서 그의 연구는 후학자들에게 큰 영향을 주었다. 콘링에 이어 슈메이첼(Schmeitzel : 1679~1747)은 "정치통계학 강의"라는 제목으로 1723년부터 1747년까지 대학에서 강의를 하였다. 이 강의의 제목인 Statisticum - 국가가 일국을 통치하는데 필요한 정보와 자료의 총체 - 이라는 단어가 현재의 Statistik라는 단어의 기원이 되었다.

그 후 아헨발(Gottfried Achenwall : 1719~1772)은 슈메이첼의 정치 통계학 강의에 크게 자극을 받고 슈메이첼의 계통을 잇는 연구를 수행하기 시작하였으며, 1748년 괴팅겐대학에 초빙되어 "통계학" 강의를 시작으로 일평생 국가의 현저 사항에 관한 강의를 통해 국상학의 보급과 완성에 심혈을 기울였다. 그는 1748년 "유럽 각국의 국상학 서론"이라는 논문을 발표하고, 이듬해인 1749년에 "근세 유럽 중요 국가들의 최신 국상학 개론"을 출판하였다. 이후 이 책은 "오늘의 저명 유럽 제국의 헌법"으로 게재되어 독일 대학파 통계학의 경전으로 불리우게 되었다. "통계학(Statistik)"이란 용어는 이 책의 서문에서 처음으로 사용되었다. 아헨발과 그의 후계자들은 괴팅겐 학파로 불리우며 국상학의 중심이 되었고, 이런 이유로 후세 사람들은 그를 통계학의 아버지라고 불렀다. 아헨발은 통계학에 대하여 다음과 같이 말하고 있다.

「어떤 단일 국가에 대하여 고찰하는 경우에는 수많은 사항을 판단해야 하는데 이 중에서 국가의 안녕과 복지를 크게 좌우하는 것을 국가의 현저 사항이라고 한다. 한 나라의 국가 현저 사항의 총체는 광의의 의미에서 국가의 기본제도이고, 이것을 설명하려는 것이 통계학이다. 따라서, 통계학의 목적은 필수불가결하며 충분히 신뢰할 수 있는 구체적인 사실 자료를 수집하여, 그 자료를 계통적으로 개관할 수 있도록 정리하고, 이를 바탕으로 각 국가의 정치적·군사적·경제적·재정적 상태에 관하여 집대성된 지식을 정치가의 근거 있는 판단을 위해 제공하는 데 있다.」

이와 같이 국상학은 국가의 현저 사항인 기후, 지리적 위치, 생산물, 식민지, 납세, 국방 등을 기술하였지만, 그 기술 방법은 수치 자료를 거의 사용하지 않고 언어로 나타내었다. 독일의 국상학이 수치 자료의 사용을 기피한 이유는 조사결과를 비밀로 하려는 독일의 행정 관청의 전제적 관습과 행정적 필요에 의해서 통계조사가 시행되었기 때문에 대부분의 통계 숫자가 공표 되지 않고 관청의 극비문서로서 창고에 묻어두었기 때문인 것으로 추측된다.

결국, 독일의 국상학은 양적자료의 기록 – 비교 – 표현 – 수량화의 단계를 통해 진화하는 통계학의 발달과정을 충족시키지 못하였다. 이로써 독일 국상학은 아헨발 이후 통계학이란 명칭만을 남기고 내용적으로는 영국의 정치산술학에 흡수되었으며, 19세기 중엽 이후 독일에서는 케틀레의 통계학이 융성하게 되었다.

§3 정치산술학

영국의 학자 페티(Petty William : 1623~1687)경은 정치산술이라는 새로운 학문을 탄생시키고 발전시켰다. 그러나 페티 이전 그란트(John Graunt : 1629~1674)는 1601년부터 1661년에 이르기까지 61년간의 영국 런던시의 사망표 및 출생명부를 관찰하여 1662년에 "런던시의 사망표에 기초한 자연적·정치적 관찰"이란 논문을 발표하였는데, 이 논문을 정치산술학의 기원이라고 할 수 있다.

1346년부터 유럽 전역에서는 흑사병이 만연하였다. 특히 영국 런던에서는 1348년에 흑사병이 발생한 이래로 수년마다 계속적으로 발병하여 많은 사람이 사망하였는데, 1603년에는 런던 인구의 20%, 1661년에는 17%가 흑사병으로 사망하였다고 한다. 이에 런던 시청에서는 1592년부터 런던 시민의 사망자 수, 매장 수, 세례자 수 등을 포함한 "생사표"를 공식적으로 발표하기 시작하였다. 이 사망표는 런던 시민에게 새로 주거지를 이사하는 경우에 발병 지역인지를 안내하는 자료로 사용하는데 불과했을 뿐 거의 활용되지 않았으나 그란트에게는 획기적인 저작의 단초가 되었고, 그 후에도 서스밀츠, 핼리 등에 의한 연구가 발단이 되어 인구통계의 선구적 역할을 했다.

그란트의 연구 동기는 그의 논문 머리말에 쓴 다음과 같은 글에서 찾아볼 수 있다.

「나는 런던 시내에서 태어나고 자라면서 매주의 사망표를 계속 관찰하는 대부분의 사람들이 그 하단에 눈을 돌려 매장 수가 어느 정도 증가 또는 감소하였는지를 알고, 또 사망원인을 한번 훑어보고 그 주에는 어떤 일이 일어났었는지를 알고 그것을 다음 모임에서 화제로 삼으려고 하거나, 또 흑사병이 어떻게 증가 또는 감소하였는지를 보고, 부자들은 이사를 해야 할 필요가 있는지를 판단하고, 상인들은 각자의 상거래 예상을 추측하는 일 이외에는 그 표를 거의 이용하지 않는다는 사실을 늘 눈여겨 봐 왔다. 나는 런던시의 현명한 분들이 이것들을 기록하고 배부하는 본래의 목적은 이런 것보다 훨씬 더 클 것이고, 적어도 그것들을 다른 곳에 활용할 수 있을 것으로 생각하였다. 그래서 나는 최대한 이와 같은 종류의 자료를 입수하려고 노력하고, 거기에서 매장과 세례의 총수 및 각종 질병과 사고에 대한 연도별, 계절별, 교구별, 구획별 비교를 더욱 편리하게 하기 위해서 모든 자료를 한 눈에 볼 수 있도록 표의 형식으로 만들었다. 그리고 그때까지 산산이 흩어진 표를 보고 품고 있던 착상과 견해와 추측을 검토하기 시작했을 뿐만 아니라 다시 그 표로부터 이유와 동기를 발견했을 때, 새로운 사실을 인지하였던 것이다. ……(중략). 뿐만 아니라 이로부터 약간의 진리와 일반적으로는 믿어지지 않는 견해가 생기게 되는 것을 보았기 때문에 나는 한 걸음 더 나아가서 이 사실이 세간에 어떤 이익을 가져다 줄 지를 생각하였다. 왜냐하면 나는 시시하고 쓸데없는 사색에 빠지지 않고 이 환상과 같은 꽃에서부터 얻은 현실의 과실을 세상에 보여주고 싶었기 때문이다.」

그란트는 런던과 그 부근지역에 있는 과거 교회의 기록을 기초로 수리적 연구를 하여 출생 남녀 수의 성비, 영국의 총인구, 흑사병으로 인한 사망자 수, 런던시의 이주자 수 등을 추정하였다. 그의 논문은 당시 설립된 왕립학회(Royal Society)에 제출되었고, 그 후 왕립학회 회원이 되었다. 이 사실을 보더라도 이 연구가 당시 얼마나 높이 평가되었는지를 알 수 있다.

그란트의 통계적 연구결과를 기술하면, 다음의 4가지로 요약될 수 있다.

(i) 개개의 사건으로는 우연으로밖에 생각되지 않는 어떤 일정한 사회현상에 규칙성이 존재하는 것을 처음으로 확인하였다.

(ii) 남녀의 인구는 대략 같으나 남자의 출생자 수가 항상 여자의 출생자 수보다 많으며, 또한 남녀 성비 간에는 대략 일정한 비가 존재한다는 것을 처음으로 밝혔다.

(iii) 유아의 사망률은 항상 높다는 사실을 발견하였다. 런던 전체에서 20년간 모든 질병과 사고로 인하여 229,250명이 사망하였는데, 그중 17%가 흑사병으로 사망하고, 그 나머지 가운데서 71,124명은 6세까지의 유아에게만 발병하는 병으로 사망하였다. 이 사실로부터, 총출생자 100명 가운데 거의 36명이 만 5세도 되기 전에 사망한다는 사실을 밝혔고 "최초의 생존표"를 만들었다.

그란트의 생존표에는 여러 가지 결함이 있으나, 생존표 자체만으로도 과학의 연구에 매우 중요한 새 분야를 개척하였다고 할 수 있다.

(iv) 도시의 사망률이 시골보다 높다는 사실을 인정하였고, 사망원인이 있는 자는 사망자수 중 항상 일정한 비를 유지한다고 하였다.

| Graunt의 생존표 |

연령	사망자 수	연령	생존자 수
0 - 6	36	6	64
7 -16	24	16	40
17-26	15	26	25
27-36	9	36	16
37-46	6	46	10
47-56	4	56	6
57-66	3	66	3
67-76	2	76	1
77-86	1	86	0

그란트의 업적은 자료로부터 어떤 결과를 추출한 것이라기보다는 오히려 그가 사용한 방법론에 있다. 베이컨의 경험 철학에 기초하여 경험과 대량 관찰을 통해 논증하고 진리를 탐구하는 방법은 통계학의 기원을 열 수 있도록 한 토대가 되었고, 자연 및 사회적인 현상에 대한 새로운 연구방법 즉, 관찰 및 수리 응용에 기초를 둔 경험적, 실증적 방법을 탄생하게 하였다. 이와 같은 그란트의 획기적인 연구는 그 후 페티와 핼리에게 큰 영향을 주었으며, 또한 서스밀츠로 하여금 저명한 저술을 남기게 하였다. 그러나 그의 새로운 연구방법이 연구방법으로서 인지되기까지는 많은 세월이 흘렀다.

페티는 그란트의 연구에 깊이 자극받고 후속 연구를 계속 수행하여 그의 사후 1690년에 "정치산술"을 발표하였다. 페티는 정치산술에서 수학적, 실제적 관찰을 내용으로 하는 새로운 방법으로 연구를 시작하였다. 그는 이 책의 서언에서 "내가 이것을 하려고 채택한 방법은 아직 많이 수용되고 있는 것은 아니다. 단지 비교급과 최상급의 언어적 표현과 예지적인 견해만을 사용하는 대신에 나는 수, 무게, 척도 등으로 표현하려고 하였다. 다시 말하면, 도리에 맞는 견해와 사물의 근본에 관한 객관적인 원인만을 생각하기로 하고, 특정인의 변하기 쉬운 정신, 의견, 취향이라든가 감정에 좌우되는 사항은 고찰하지 않았다"라고 기술하고 있다. 이 말에서도 알 수 있듯이 그는 사회현상을 가능한 한 객관적인 척도인 수, 무게 등으로 연구하려고 하였다.

페티의 업적은 그란트의 방법을 단순히 채용한 것이 아니라 자료 선택의 범위를 넓히고, 그란트 방법의 본질과 중요성을 학문적 수준으로까지 높여 확대, 발전시켰다는 데에 있다. 페티는 그의 저서에서 런던, 더블린, 파리, 로마 등의 인구 및 경제의 비교 연구와 영국, 프랑스, 네덜란드 등 여러 나라의 경제적, 정치적 사항을 수치적으로 고찰하였는데, 경제 현상의 수량적 관찰의 선구였다는 점에서 그를 경제통계의 선구자라고 부른다.

페티는 정치산술 학문의 명명자이며, 그란트가 그의 방법을 인구통계학에 한해서 시행하였던 것을 사회과학의 방법으로까지 확대하여 영국의 정치산술학파의 대부라고 불린다.

그란트로 시작하는 인구통계분석은 영국의 천문학자 핼리(Edmund Halley : 1656~1742)에 의하여 한 단계 더 발전하였다. 핼리는 1693년 "인류의 사망률 추산"을 런던왕립협회 회보에 발표하였다. 그는 브레스로우 시의 생사표를 기초로 해서 "사망률의 추산과 그 응용(생명확률, 연금가격)"을 논하였고 부록에는 그란트가 제시한 사망표와는 다른 핼리의 사망표를 실었다. 그가 작성한 최초의 사망표는 영국을 위시하여 여러 나라에서 사망생존표를 작성하는 데 크게 기여했다.

그란트와 페티는 그들의 사상을 수학적으로 정교화하지는 못하였지만 핼리는 상당히 근대의 통계학에 접근하였다고 할 수 있다. 정치산술에 관한 핼리의 업적은 "인류의 사망률을 어떻게 수학적으로 측정할 수 있는가"라는 문제로 요약된다. 그의 논문은 국방 인원의 산출, 연령별 사망률의 산출, 같은 해에 출생한 사람이 반으로 되는 연령의 인구, 보험율의 결정, 생존자가 1인, 2인, 3인의 경우에 연금현가의 결정 등에 활용되었다.

17세기 중반에 탄생한 정치산술은 그 후 더 이상의 새로운 발상은 없었고, 통계적 관찰도 비교적 부족하여 18세기 초기에는 침체되었으나 18세기 중엽 인구통계의 정비, 사망표의 정밀화 등으로 인구통계 분야에 있어서 큰 진보가 있었다. 인구문제가 정치학의 중요한 대상이라 생각되었던 18세기 학문의 집대성은 서스밀츠(Sussmilch : 1707~1767)가 1741년에 저술한 "신의 질서"이다. 그는 대량 관찰에 의하여 인구현상에서 보이는 통계적 규칙성을 실제로 입증하였다.

1767년 영국에서는 산업혁명의 진전, 자본주의적 생산양식의 발전과 함께 정치산술은 인구통계학과 경제학으로 분화되기 시작하였다. 아담스미스의 "국부론"은 1776년, 케틀레의 "인간에 관하여"는 1835년에 출판되었고, 이들 저서 이후 정치산술이란 명칭은 통계학으로 불리게 되었다.

§4 근대통계학

정치산술과 확률론과의 연결은 18세기 초까지는 전무하였다. 확률론의 초기에는 오직 우연게임의 해법에 일관하였지만 1713년 베르누이(Jakob Bernoulli : 1654~1705)의 "추측술" 제 4판에서 확률론이 사회적, 윤리적, 경제적 상황에 응용되어 확률론이 처음으로 통계학에 접목되었다. 그 후 정치산술과 확률론이 의도적으로 연결된 것은 1812년에 라플라스(Laplace : 1749~1827)가 저술한 "확률의 해석적 이론"에서부터 시작되었다. 그는 인구동태의 통계적 규칙성이나 천체관측에 있어서의 오차문제 해결에서 확률론을 적용하였는데 이것이 통계적 연구에 대한 확률론의 첫 번째 응용이라고 할 수 있다.

확률론을 기초로 한 근대통계학이 나타나기 시작한 것은 벨기에의 수학자 케틀레(Quetelet, L. A. J. : 1796~1874)를 중심으로 하는 1830년부터 20년간의 "통계만능시대"라 불리던 시기이다. 19세기 후반에 이르러 고전적 기술통계의 시조라고 불리우는 케틀레는 대수법칙을 과학적으로 분석하는 수단으로서 라플라스의 이론을 도입하였고, 그의 저서 "사회물리학"에서 생물학과 인류학에 대한 자료로부터 정규분포를 작성하고, 교육, 사회과학, 생물학 등에 통계적 방법을 적용하는 등 통계학을 수학적으로 도입하는 데 큰 기여를 하였다. 그는 경험적 사회과학 연구에 크게 영향을 끼친 사회과학 연구 방법론을 창시하였고, 1835년의 논문에서 평균인의 개념을 도입하였다. 평균인의 개념은 "개개인을 많이 관찰하면 할수록 일반적인 사실이 큰 영향을 미치게 되어 개개인의 특성은 신체적으로 또는 도덕적으로 사회에 종속하게 된다"는 것으로 간단한 확률적 방법이 복잡한 사회문제를 해결할 수 있다는 것을 의미한다.

케틀레 이후 통계학의 가장 큰 업적은 최소제곱법이다. 르장드르(Adrien Marie Legendre, 1752~1833)는 1805년에 "혜성의 괘도 결정을 위한 새로운 방법"을 발표하면서 최소제곱법을 처음으로 제시하였다. 그러나 최소제곱법은 르장드르 한 개인에 의해서 제시되고 개발되었다기 보다는 달의 칭동에 관한 분석, 라플라스의 목성과 토성의 비 주기적인 기복현상 등 18세기 과학이 안고 있던 중요한 문제를 해결하는 과정에서 얻은 산물이었다.

근대통계학의 발달에 획기적인 공헌을 한 사람은 갈튼(Galton, F.;1822~1911)과 피어슨(Pearson, K.;1857~1936)이다. 이들은 당시에 각 분야에서 과학적 사고가 확산됨에 따라 통계적 방법을 사회현상뿐만 아니라 자연현상에 적용하여 법칙성을 찾으려고 시도하였다. 갈튼은 그의 사촌형 다윈(Charles Robert Darwin)의 "종의 기원(1859)"의 영향을 받고, 생물학, 인류유전학의 연구에 전념하여 1870년 "유전적 재능과 천재", 1883년 "인류능력의 연구"를 발표하고, 천재는 후천적 능력으로 만들어지는 것이 아니라 선천적으로 유전에 의하여 출생한다는 것을 밝혔다. 이것은 우생학의 탄생을 의미하는 동시에 "새로운 통계학의 개척"을 의미하는 것이었다. 갈튼은 1875년 이래 완두콩 종자를 사용하여 그 지름과 무게에 관한 유전실험을 통하여 최초의 회귀직선을 유도하였다. 또한 그는 1884년에 인체측정학의 연구를 위한 최초의 연구실(런던대학 갈튼연구실)을 조직하고 여기서 400명에 대한 시력, 청력, 색체감각, 반응의 능력과 빠르기, 견인과 타격 시의 체력, 체격, 체중, 완력 등의 자료를 수집·정리하여 1888년에 "인체자료의 상관과 측정"이란 논문을 발표하였는데, 여기서 상관이라는 용어를 처음으로 사용하였다. 1889년에는 "자연적 유전"을 발표하고, 유전과 상관에 대한 논의를 하였는데 이것이 처음으로 발표된 "상관이론"이다. 그는 또 통계자료를 분포표로 작성하고, "중위수(meidian), 사분위수(quartile), 사분위편차(the quartile deviation), 십분위수(deciles), 백분위수(percentiles)"를 사용하여 분포의 특성을 설명하였다.

피어슨은 1884년 런던대학의 응용수학 및 역학과의 교수가 된 이후 갈튼의 요청으로 통계학의 수학적 기초를 확립하는 일에 전념하여 갈튼의 회귀선을 토대로 하여 상관이론을 완성하였다. 1890년 그는 동물학 교수인 웰던과 협력하여 생물측정학을 시작하였고, 1894년 "진화론의 수리이론에 대한 기여", 1895년 "동질 자료의 왜곡 변동", 1896년 "회귀, 유전, 잡혼번식"을 발표하였다. 그는 계속해서 유전법칙의 타당성을 검증하기 위하여 새로운 통계적 방법을 산출하였고, 1893년 표준편차와 평균편차를, 1894년 중앙값(Mode)라는 용어를 소개하였다. 1897년 갈튼의 상관관계를 확장하여 중상관을 완성하였고, 1900년 자료의 타당성을 검증하기 위해 카이제곱 검정을 시도하여 생물통계학에 혁신적 공헌을 하였다. 그는 1892년 "과학의 법칙"을 출간하였고, 1901년 학술잡지 "Biometrika"를 갈튼 등과 함께 창간하였다. 1911년까지 그는 응용수학에 몰두했으며 1925년에는 우생학 학술잡지 "The Annals of Eugenics"를 창간하였고, 1933년 퇴직할 때까지 이항계수표, 삼각함수표, 계승수표, 대수표 등 많은 종류의 통계수치표를 작성 발표하여 통계적 방법의 실용화 보급에 크게 기여하였으며, 1934년 78세에 "불완전한 베타함수 통계표"를 발표하였다. 1933년 퇴직 후 그가 주재하였던 응용통계학 교실은 우생학 교실과 통계학 교실로 분리되고, 전자는 피셔가 후자는 에곤 피어슨이 주임 교수가 되었다.

피어슨의 뒤를 이어 근대 추측 통계학을 확립시킨 사람은 고셋(Gosset,W.S.; 1876~1937)과 피셔(Fisher,R.A. : 1890~1962)이다.

고셋은 1923년 "t-분포"를 발표하여 소표본 추정과 검정을 가능하게 하였고, 피셔는 1925년 "연구자를 위한 통계적 방법", 그리고 1935년 "실험계획법"을 저술하여 추정, 검정, 분산분석법, 실험배치법 등의 이론을 확립하였다. 피셔의 실험계획법은 실험계획 분야에 대한 그 동안의 연구를 집대성한 것으로 그 당시 농사시험장에 혁명적인 변환을 가져오게 하였다. 그는 1943년 캠브리지 대학교 유전학과의 석좌교수를 맡은 이래 수리통계학에서 많은 공헌을 하였다. 그의 주요 업적을 열거하면 다음과 같다.

표본상관계수, 편상관계수의 분포, 충분성, 효율성, 일치성의 정의, 모수 추정론, 최우추정법, 통계량, 카이제곱 분포의 자유도, 정보량, 귀무가설 등의 기본 개념, 주요 통계량의 표본분포, 주요 귀무가설의 검정법, 베이즈 정리의 비판과 신뢰확률의 이론, 확률화 블록계획법, 라틴 방격법, 교락, 요인 실험 등.

피셔는 그의 많은 업적으로 현대통계학의 창시자로 인정받으며 1929년 영국 왕립학회의 회원이 됐으며, 1938년에 왕립학회상, 1948년에 다윈상, 1955년에 코플리상을 수상하였다.

점추정이론은 피셔에 의해 어느 정도 완성된 데 반하여 검정이론은 피어슨의 아들인 피어슨(Pearson, E. S. : 1895~1980)과 네이만(Neyman, J. : 1894~1981)에 의해 완성되었으며 이들의 추측이론을 기초로 왈드(Wald, A. : 1902~1950)는 주관적 효용의 객관화를 위해서 각 행동에 따른 위험 함수의 도입과 기대 위험의 계산으로 기대 위험을 최소로 하는 행동을 선택하는 것이 합리적이라는 결정이론을 연구하였다.

이처럼 근대 통계학은 수많은 통계학자들의 노력에 의해 추정이론, 검정이론, 결정이론 등이 수학적으로 완전히 체계화됨에 따라 경제학, 사회학, 심리학, 공학, 농학, 교육학, 의학, 생물학 등 거의 모든 분야에 있어서 중요한 도구적 역할을 하게 되었고, 더욱이 컴퓨터의 급속한 발달로 현대통계학의 발달은 가속화 되었다.

| 통계학사 연대기 |

년도	학자	내용
1660	Conring	국상학 연구의 시초
1662	Grant	"런던 시의 사망표에 기초한 자연적 · 정치적 관찰", 정치산술학의 효시
1690	Petty	"정치산술", 정치산술학파의 대부
1693	Halley	"인류의 사망률 추산", 인구통계학의 시초
1713	James Bernoulli	"추측술"에서 통계학에의 확률 응용
1741	Sussmilch	"신의 질서", 통계적 규칙성의 입증
1748	Achenwall	"유럽 각국의 국상학 서론", Statistik 명명
1805	Legender	최소제곱법을 처음으로 제시
1809	Gauss	'Theorie Motus Corporum' 오차이론의 정규성 법칙
1812	Laplace	"확률의 해석적 이론"에서 확률론의 통계학에의 응용
1853	Quetelet	생물학에의 통계응용, 국제통계학회(ISI) 창립
1877	Galton	최초의 회귀직선 유도
1888	Galton	상관이란 용어를 처음으로 사용
1900	Pearson	카이제곱분포 ; 통계학의 수학적 기초 확립
1904	Spearman	랭크상관계수(비모수)
1908	Gosset	t-분포
1919	Fisher	실험계획법, 현대통계학의 창시자
1930	Neumann	제2종의 오류, 검정력, 신뢰구간 ; 검정이론 완성

플로렌스 나이팅게일

(Florence Nightingale: 1820 ~ 1910)

'사랑의 천사' 또는 '백의의 천사'로 불리 우는 나이팅게일은 오늘날 간호사의 모범으로 추앙 받고 있다. 매년 간호사의 기념일인 5월 12일은 바로 나이팅게일의 생일이다. 그러나 나이팅게일은 근대 간호학의 창시자로 평가될 뿐만 아니라 사회통계학 활용의 개척자이기도 하였다.

1854년 11월, 나이팅게일은 크림전쟁의 부상병 간호를 위한 자원 봉사대원으로서 급파 되어 전쟁터인 보스포루스 해협 인근의 영국군 야전 병원에서 근무를 시작하였다. 그녀는 사망자수 통계를 조사하던 중 전투에서 죽은 병사의 수보다 비위생적이고 부족한 병원 시설 때문에 죽은 병사의 수가 훨씬 더 많음을 알게 되었고, 이를 통계그래프를 이용하여 영국 정부를 설득함으로써 병원의 시설과 환경을 과감히 개선할 수 있었다. 그의 노력으로 크림전쟁의 사망률은 그녀가 근무한 지 6개월 만에 42%에서 2%로 뚝 떨어졌다.

나이팅게일이 그린 통계그래프를 "장미 그림"이라고 하는데 이 그림은 그녀가 조사한 영국군 야전병원의 현황을 한눈에 쉽게 알아볼 수 있도록 고안한 새로운 방식의 그래프 작성법으로 찬사를 받았고, 이 업적으로 그녀는 1859년에 여성 최초로 왕립 통계학회 회원이 되었다.

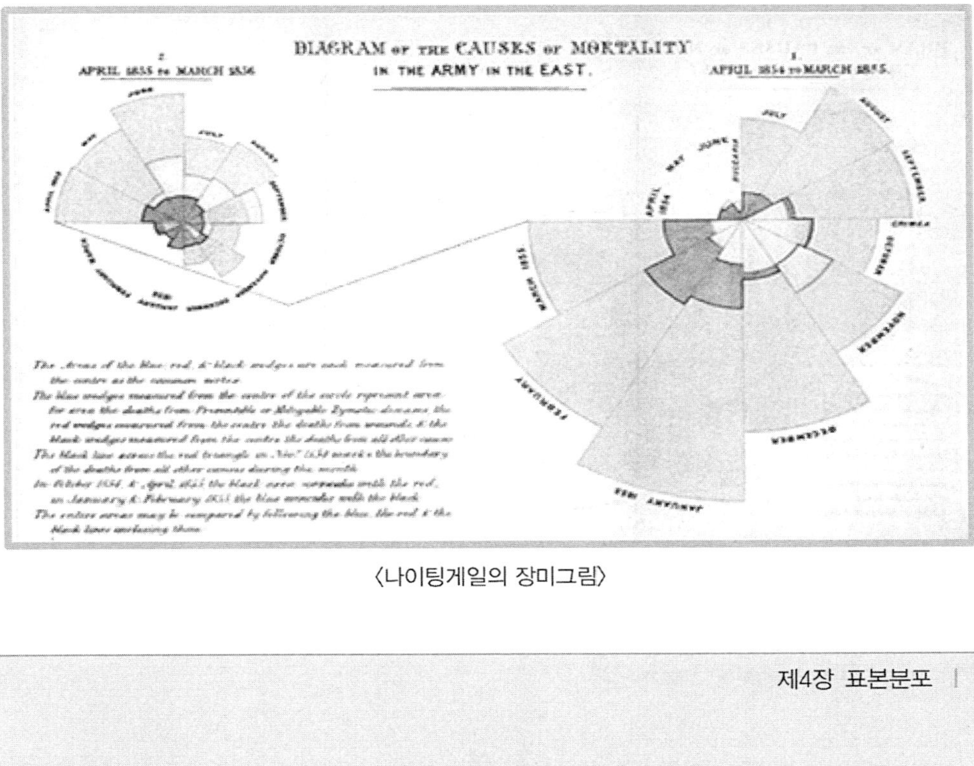

〈나이팅게일의 장미그림〉

2 자료의 정리

통계학은 크게 기술통계학(descriptive statistics)와 추측통계학(inferential statistics)으로 구분한다. 그 중의 기술통계는 17세기 중엽 통계학의 탄생부터 현재까지 300여년 동안 발달해온 자료 정리 방법이다. 기술통계는 관측된 자료를 표와 그래프로 정리하는 방법과 그 자료의 특성을 하나의 값으로 요약하는 방법으로 나누어진다. 기술통계는 현대 통계학의 주축인 추측통계학에서 분석을 위한 첫 단계로서 수학적 이론보다는 경험을 통해 체계화되었다.

이 절에서는 기술통계의 내용과 방법을 알아본다.

§1 도수분포표

자료는 크게 양적자료와 질적자료로 나누어진다. **양적자료**란 키, 몸무게, 수능점수 등과 같이 실수 값을 취하는 자료이고, **질적자료**란 혈액형, 평어성적 등과 같이 어떤 속성을 나타내는 자료이다. 한편, 양적자료에는 수능점수와 같은 이산자료와 키, 몸무게와 같은 연속자료가 있고, 질적자료에는 혈액형과 같은 명목자료와 평어성적과 같은 순서자료가 있다.

| 자료의 형태 |

양적자료(수치자료)	이산형 자료	점수, 교통사고 건수 등
	연속형 자료	키, 몸무게, 나이 등
질적자료(범주형 자료)	명목형 자료	혈액형, 성별, 지역 등
	순서(순위)형 자료	평어점수(평점), 선호도 등

통계학은 양적자료와 질적자료 모두를 분석대상으로 한다. 그러나 이 책에서는 양적자료를 정리하는 방법에 대하여 알아본다.

통계자료는 전수조사와 표본조사에 의해 수집·관측된다. **전수조사**는 분석대상 전체집단인 **모집단**을 모두 조사하는 것이고, **표본조사**는 모집단의 일부인 **표본**을 조사하는 것이다. 모집단을 조사하여 얻은 자료를 **모집단자료**, 표본을 추출하여 얻은 자료를 **표본자료**라고 한다.

모집단 자료나 표본자료는 흔히 정리되어 있지 않은 숫자들의 집합에 불과하다. 그 자료에 대한 기초 정보를 얻거나 자료 속에 내재된 특성을 추론하기 위해서는 먼저 목적에 따라 자료를 정리하여 그래프로 나타내어야 한다. 통계자료를 정리하는 방법에는 도수분포표와 줄기와 잎 그림이 있다.

도수분포표(frequency table)란 관측된 자료를 그들 값의 크기에 따라 적당한 개수의 계급으로 나누고, 각 계급에 속하는 관측값의 개수인 **도수**(frerquency)를 나열하여 표로 작성한 것이다. 어떤 통계자료의 도수분포표를 만들면 그 자료의 전체적인 분포나 개략적 정보를 매우 쉽게 파악할 수 있다.

보기 이메일 사용자 30명을 조사하여 어느 하루 동안의 이메일 사용시간을 측정한 결과가 다음과 같다.

(단위; 분)

28,	12,	26,	7,	35,	38,	22,	47,	10,	27,	16,	24,	37,	26,	44,
13,	5,	33,	11,	39,	8,	56,	42,	26,	23,	44,	35,	31,	45,	52

이 자료에 대한 도수분포표를 다음 절차에 따라 만들어보자.

(1단계) 계급의 수를 정한다.

계급의 수를 결정하는 방법에는 율(Yule)의 법칙과 스터지(Sturge)의 법칙이 있다.

① 율의 법칙은 일반적으로 계급의 수를 $5 \sim 10$ 개 정도로 하되 자료의 수가 많으면 계급의 수도 그에 따라 많이 정하고 자료의 수가 적으면 계급의 수도 적게 잡는 것이다.

② 스터지의 법칙은 자료의 개수를 n, 계급의 크기를 k 라 할 때, $k = 1 + 3.3\log n$ 에 가까운 정수로 계급의 수를 정하는 것이다.

위의 자료의 도수분포표를 만들기 위해 계급의 수를 스터지의 법칙에 의해 $1 + 3.3\log 30 = 5.87$, 즉 6 개로 정하기로 하자.

(2단계) 급간(class interval)을 구한다

급간은 계급의 폭으로써 $\dfrac{(\text{자료의 최대값}) - (\text{자료의 최소값})}{(\text{계급의 수})}$ 의 값에 가까운 수로 정하되 다루기 쉬운 정수로 정하고, 모든 계급의 폭은 가급적 같게 한다. 이때, 각 자료의 값은 하나의 계급에만 포함되도록 계급의 양 끝 값을 이상 ~ 미만, 초과 ~ 이하로 구분하거나 자료의 단위보다 소수점 한자리 더 많게 정하는 것이 일반적이다.

위의 자료에서 최댓값은 56이고 최솟값은 5이므로 급간은 $\frac{(56-5)}{6}=8.5$ 이나 편의상 8.5에 가까운 정수 10으로 정하자.

(3단계) 각 계급에 속한 도수를 세어서 도수분포표로 나타낸다.

급간을 이상 ~ 미만으로 하고 각 계급의 도수를 세어 나타내면 오른쪽 표와 같다.

사용시간(분)	사용자수(명)
0이상 ~ 10미만	3
10 ~ 20	5
20 ~ 30	8
30 ~ 40	7
40 ~ 50	5
50 ~ 60	2
계	30

도수분포표를 만들 때, 계급과 도수뿐만 아니라 각 계급을 대표하는 값으로서 각 계급의 가운데 값을 넣기도 하는데 이 값을 **계급값**이라고 한다. 즉,

$$(\text{계급값})=\frac{(\text{계급의 상한값}+\text{계급의 하한값})}{2}$$

계급값은 도수분포표에서 평균과 표준편차를 구하거나 도수분포다각형을 그릴 때 사용된다.

도수분포표에서 흔히 각 계급별 도수보다는 전체 도수에 대한 각 계급별 도수의 비율을 고려해야 하는 경우가 있다. 예를 들면, 전체 도수가 다른 두 도수분포표를 비교하는 경우에 각 계급의 도수를 그대로 비교하는 것은 의미가 없으므로 각 계급별 도수의 비율을 구하여 비교해야 한다. 이때, 전체 도수 중에 각 계급에 속하는 도수의 비율을 그 계급의 **상대도수**라고 한다. 즉,

사용시간(분)	도수	상대도수	누적도수
0 이상 ~ 1 0미만	3	3/30	3
10 ~ 20	5	5/30	8
20 ~ 30	8	8/30	16
30 ~ 40	7	7/30	23
40 ~ 50	5	5/30	28
50 ~ 60	2	2/30	30
계	30	1	

$$(\text{각 계급의 상대도수})=\frac{(\text{각 계급의 도수})}{(\text{전체 도수})}$$

상대도수의 합은 반드시 1이 된다.

한편, 도수분포표에서 어떤 계급의 미만 또는 이상에 속하는 자료의 도수를 알아보아야 할 경우가 있다. 이때, 도수분포표에서 각 계급의 도수를 차례로 더한 값을 그 계급의 **누적도수**라고 한다. 또, 각 계급의 상대도수를 차례로 더한 값을 그 계급의 **누적상대도수**라고 한다.

§ 2 히스토그램과 도수분포다각형

도수분포표를 만드는 목적은 전체자료의 분포상태를 쉽게 알아보기 위한 것이다. 그러나 자료의 분포상태를 더욱 쉽고 일목요연하게 알아보기 위해서는 표로 나타내는 것보다 시각적인 그래프로 나타내는 것이 훨씬 낫다.

도수분포표에서 각 계급의 크기를 밑변으로 하고, 도수를 높이로 하는 직사각형을 좌표평면에 차례로 연결하여 그린 그래프를 **히스토그램**이라고 한다.

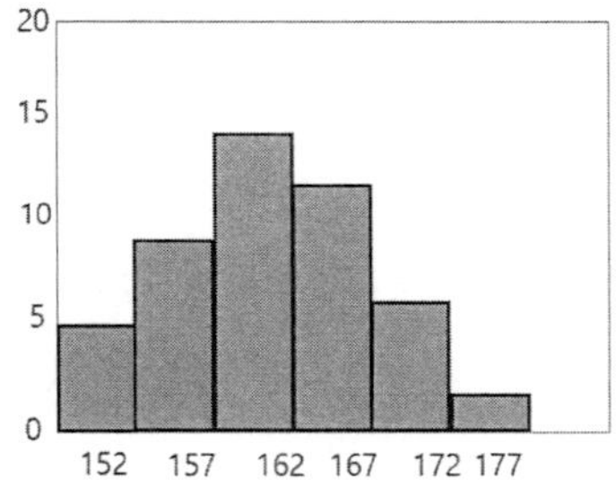

히스토그램

도수분포표를 그래프로 나타내는 또 다른 방법으로 **도수분포다각형**(frequency polygon)이 있다. 도수분포다각형을 그리는 방법은 다음과 같다.

(1) 히스토그램에서 각 직사각형의 윗변의 중점을 차례로 선분으로 연결한다.

(2) 양끝은 도수가 0인 계급이 있는 것으로 생각하여 그 중점과 선분으로 연결한다.

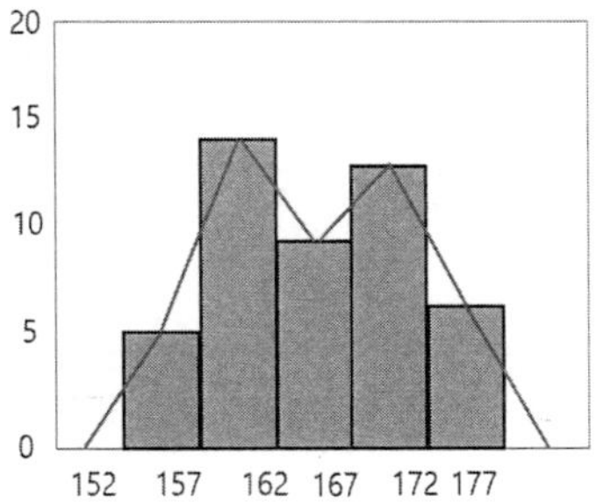

도수분포다각형

도수분포다각형에서 도수대신에 상대도수로 나타내면 상대도수분포다각형이 된다. 상대도수분포다각형은 연속확률밀도함수의 그래프의 개념을 유도할 때 사용된다.

누적상대도수를 그래프로 나타낸 것을 **누적상대도수분포그래프**라고 한다. 이 그래프를 그리는 방법은 다음과 같다.

(1) 도수분포표에서 각 계급의 상한값, 누적상대도수)를 순서쌍으로 하는 점을 좌표평면 위에 나타낸다.

(2) (1)의 각 점을 선분으로 연결한다.

누적상대도수분포그래프에서 y좌표의 값은 1보다 클 수 없다.

§3 줄기와 잎 그림

지금까지의 자료 분석 방법은 주로 관측된 자료를 도수분포표와 히스토그램을 그려서 그 자료의 전체 경향 또는 분포를 파악하는 것으로 이를 확정적 자료 분석(CDA:Confirmatory Data Analysis) 방법이라고 한다.

1977년 미국 프링스턴 대학교의 통계학 교수인 투기(Tukey, J)는 새로운 자료 분석 방법으로서 탐색적 자료분석(EDA: Exploratory Data Analysis) 방법을 제안하였다. EDA 방법은 관찰된 자료가 지닌 정보를 그래프 또는 중앙값에 의해 탐색적으로 찾아내고, 자료를 log 등으로 재표현하여 분석하는 방법으로 그 주된 특징은 다음과 같다.

첫째, 대푯값으로서 중앙값을 사용한다. 따라서 극단값에 의하여 크게 영향받지 않는다.

둘째, 자료들이 중앙값으로부터 얼마나 벗어나는지를 탐색한다.

셋째, log, √, 등으로 자료값을 변환시켜 대칭성, 균일성, 가법성을 만족하도록 한다.

넷째, 자료에 숨겨진 정보를 얻어내기 위해 줄기와 잎 그림 또는 상자 그림을 그린다.

앞의 <보기>에 있는 이메일 자료를 EDA 방법의 한 요소인 줄기와 잎 그림으로 나타내보자. 먼저 자료의 각 값을 10의 자리 숫자와 1의 자리 숫자로 나누고, 다음과 같은 순서로 정리하여 보자.

(1) 10의 자리의 숫자를 줄기로 하여 크기가 작은 줄기부터 순서대로 세로로 나열한다.

(2) 줄기의 오른쪽에 세로줄을 긋는다.

(3) 10의 자리의 숫자에 해당하는 1의 자리의 숫자를 잎으로 하여 세로줄의 오른쪽 각 줄기에서 잎 부분의 값을 작은 숫자가 왼쪽에 오도록 크기 순서를 재배열하여 순서대로 가로로 나열한다.

계급(줄기)	도수(잎)
0	5 7 8
10	0 1 2 3 6
20	2 3 4 6 6 6 7 8
30	0 1 3 5 7 8 9
40	2 4 4 5 7
50	2 6

줄기와 잎 그림

이와 같이 그린 그림을 **줄기와 잎 그림**이라고 한다.

위의 줄기와 잎 그림을 보면 줄기는 도수분포표의 계급에 해당되고 잎은 도수에 해당된다고 할 수 있다. 그러나 도수분포표에서는 각 계급의 도수만 알 뿐 그 도수에 대한 자료의 값을 모르는 반면에 줄기 잎 그림에서는 잎의 개수와 잎에 대한 자료의 값도 알 수 있다.

한편, 줄기와 잎 그림을 시계 반대 방향으로 90°회전하여 보면 히스토그램과 같은 모양임을 알 수 있다. 따라서 줄기 잎 그림은 도수분포표와 히스토그램을 하나로 합쳐 나타낸 것이라고 할 수 있다.

줄기와 잎 그림은 히스토그램보다 그리기가 쉽고 자료의 값을 잃지 않는다는 장점 때문에 흔히 쓰이는 자료 정리 방법이다. 그러나 잎의 개수가 많은 경우에는 줄기를 두 부분으로 나누어 그릴 수도 있지만 너무 많은 경우에는 잎을 일일이 나열하기가 어려워 쉽게 그릴 수 없다는 단점도 있다.

3 자료의 요약

자료의 분포 상태를 알아보기 위해서는 시각적으로 빠르고 쉽게 전달할 수 있는 표와 그래프로 나타내는 것이 필요하지만 이와 같은 분석에는 몇 가지 단점이 있다. 예를 들면, 히스토그램은 급간의 폭이나 시작값 등에 따라 모양이 달라지므로 작성자의 주관적 판단에 따라 그 모양이 달라져 일관성과 객관성이 부족한 측면이 있다. 이러한 단점을 보완하고, 서로 비슷한 그래프를 비교하기 위해서는 분포의 특성을 수치로 나타낼 필요가 있다.

이 절에서는 분포의 특성을 나타내는 요약값에 대하여 알아본다.

§1 대푯값

자료의 분포 상태를 수치로 나타낼 때는 먼저 그 분포의 중심이 어디에 위치하고 있는지를 살펴보아야 한다. 이때, 분포의 중심위치를 나타내 주는 측도(또는 대푯값)에는 평균, 중앙값, 최빈값이 있다.

1. 산술평균(arithmetic mean)

산술평균은 분포의 중심위치를 나타내 주는 측도 가운데 가장 많이 사용되는 것으로 모든 관측값의 합을 자료의 개수로 나눈 것이다. 일반적으로, 관측된 자료를 x_1, x_2, $\cdots$, x_n 이라고 하면 산술평균 $\overline{x}$ 는 다음과 같다.

산술평균	$\overline{x} = \dfrac{1}{n}\sum_{i=1}^{n} x_i$

참고 만일 n 개의 관측값이 표본에서 얻어진 것이면 $\overline{x}$를 **표본평균**이라고 하고, 모집단 전체에서 얻어진 것이면 **모평균**이라 하여 μ로 표시한다.

산술평균은 대체적으로 자료의 중심위치를 매우 잘 나타내어 주고, 또한 계산이 용이하여 가장 많이 사용되지만 극단값이 있는 경우에는 분포의 중심위치를 잘 나타내지 못한다.

〈예제 4-1〉

학생 5명의 수학점수가 90, 85, 10, 80, 85이다. 이때 산술평균은

$$\bar{x}= \frac{1}{5}(90+85+10+85+80)=70$$ (점)이다. //

위의 보기에서 5명의 수학점수 평균은 한 명의 낮은 점수가 다른 4명의 점수를 깎아 내린 것이므로 자료의 중심위치를 제대로 나타내었다고 할 수 없다. 이와 같이 극단적으로 낮거나 높은 값이 있는 자료의 경우에는 산술평균보다 다른 대푯값을 사용하는 것이 좋다.

2. 중앙값(median)

자료의 값 중에 매우 크거나 매우 작은 값, 즉 극단적인 값이 있는 경우에 평균은 그 극단적인 값에 의하여 영향을 많이 받는다. 예를 들어, 어느 프로 농구팀의 주전선수 5명의 연봉이 70, 80, 95, 250, 120 (단위: 백만원)일 때, 이 자료의 값 중 250은 다른 값에 비하여 극단적으로 크므로 평균을 구하면 매우 커진다. 이와 같이 극단값에 영향을 받는 단점을 보완하기 위해 자료를 작은 값에서부터 차례로 크기순으로 나열하여 가운데 위치한 값을 중심위치의 측도로 사용한다. 이 값을 **중앙값**이라고 한다. 이 값은 평균보다 그 자료의 중심위치를 잘 나타낸다.

중앙값	자료를 작은 값에서부터 차례로 크기 순서로 나열하면 중앙값(m_e)은 다음과 같다. (1) 자료의 개수 n이 홀수일 때, $m_e = \frac{n+1}{2}$번째 자료의 값 (2) 자료의 개수 n이 짝수일 때, $m_e = \frac{n}{2}$번째와 $\frac{n}{2}+1$번째 자료의 산술평균

〈예제 4-2〉

다음 각각의 경우에 중앙값을 구하여라.

(1) 학생 5명의 수학 점수가 85, 92, 95, 5, 88이다.

(2) 학생 6명의 자료의 값이 7, 4, 5, 8, 6, 5이다.

풀이 (1) 점수가 가장 작은 값에서부터 차례로 재배열하면 5, 85, 88, 92, 95 이므로, 중앙값은 $\frac{5+1}{2}=3$ 번째 자료의 값 즉, $m_e=88$ (점)이다.

(2) 이 자료를 가장 작은 값에서부터 차례로 재배열하면 4, 5, 5, 6, 7, 8 이므로, 중앙값은 $\frac{6}{2}=3$ 번째와 $\frac{6}{2}+1=4$ 번째 자료의 평균 즉, $m_e=\frac{5+6}{2}=5.5$ 이다. //

3. 최빈값(mode)

대푯값을 구할 때, 자료가 취하는 값 중에서 가장 많이 발생한 값을 구해야 하는 경우가 있다. 예를 들면, 가장 많이 판매된 음악 디스크, 가장 인기 있는 스포츠 종목 등을 구하는 경우이다.

이와 같이 자료의 값 중에서 가장 많이 발생한 값을 **최빈값**(m_o)이라고 한다.

최빈값	$m_o=$ 자료의 값 중에서 빈도가 가장 큰 자료의 값

참고 평균과 중앙값은 하나씩 결정되지만, 최빈값은 자료에 따라 여러 개일 수도 있고 하나도 없을 수도 있다.

〈예제 4-3〉

다음 각각의 경우에 최빈값을 구하여라.

(1) 6명의 여학생이 신고 있는 운동화의 크기가 240, 245, 235, 240, 245, 240 (단위: mm) 이다.

(2) 자료의 값이 5, 8, 6, 7, 5, 6, 4 이다.

(3) 자료의 값이 1, 2, 3, 4, 5 이다.

풀이 (1) 3명이 240을 신고 있으므로 최빈값은 240(mm)이다.

(2) 4, 7, 8의 빈도는 1인 반면에 5와 6의 빈도는 2이므로, 최빈값은 5와 6이다.

(3) 모든 자료의 빈도가 1로 같다. 이런 경우에 최빈값은 없다고 한다. //

일반적으로 산술평균, 중앙값, 최빈값 간의 대소 관계는 다음 그림과 같이 분포의 형태에 따라 다르다.

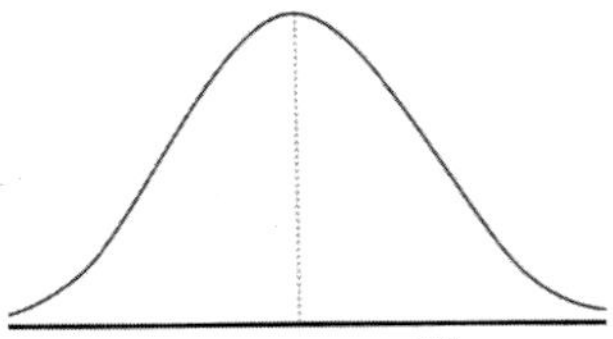

$m_o = m_e = \overline{x}$

대칭 분포

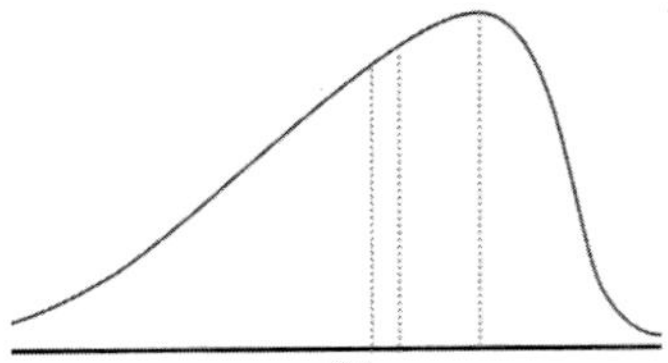

$\overline{x}$ m_e m_o

좌비대칭 분포

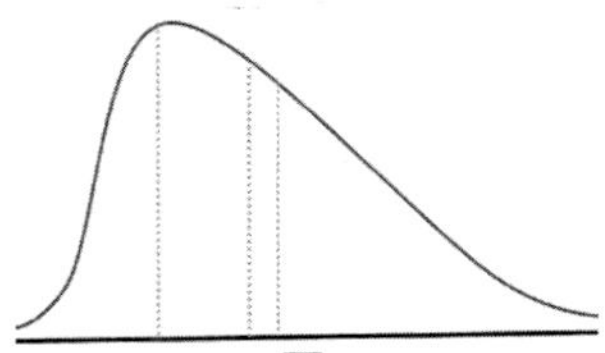

m_o m_e $\overline{x}$

우비대칭 분포

§2 산포도

자료의 분포 상태를 하나의 수로 나타내고자 할 때, 대푯값만으로는 충분하지 않다. 분포의 중심위치인 대푯값이 같아도 분포의 퍼짐 정도는 다를 수 있기 때문이다.

분포의 퍼짐(흩어짐) 정도를 측정하는 척도를 **산포도**(dispersion tendency)라고 한다. 산포도에는 범위, 사분위수 범위, 평균편차 분산 및 표준편차 등이 있다.

1. 범위(range)

산포도의 측도로써 직관적으로 생각할 수 있는 것이 자료의 최댓값과 최솟값과의 차이다. 이 차를 범위(R)라고 한다.

범위	R = 자료값 중에서 최댓값 − 자료값 중에서 최솟값

범위는 계산이 간편하지만 극단적인 값에 영향을 받을 뿐만 아니라 분포의 퍼짐 정도를 정확하게 나타내지 못하는 경우도 있다. 예를 들면, 아래의 두 분포는 범위는 같으나 퍼짐의 정도는 다르다.

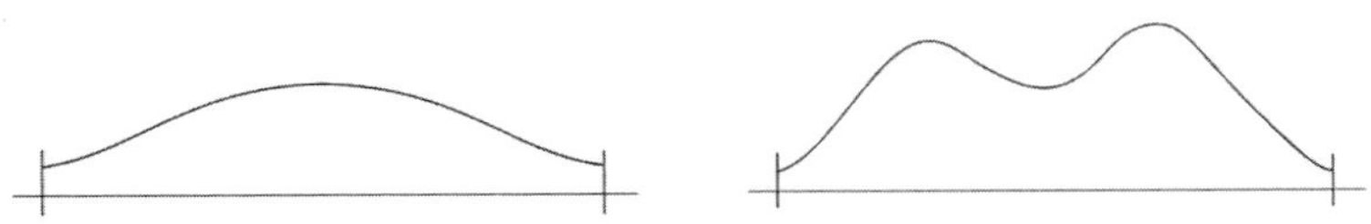

2. 사분위수 범위(interquartile range)

범위는 극단값에 영향을 많이 받는다. 이와 같은 단점을 보완한 것이 사분위수 범위이다.

관측값을 크기 순서로 재배열했을 때, 제 1사분위수 Q_1 은 측정값들의 $\frac{1}{4}$ 위치에 있는 값이고, 제 2사분위수 Q_2 는 측정값들의 $\frac{1}{2}$ 위치에 있는 값 즉, 중앙값이다. 제 3사분위수 Q_3 는 측정값들의 $\frac{3}{4}$ 위치에 있는 값이다.

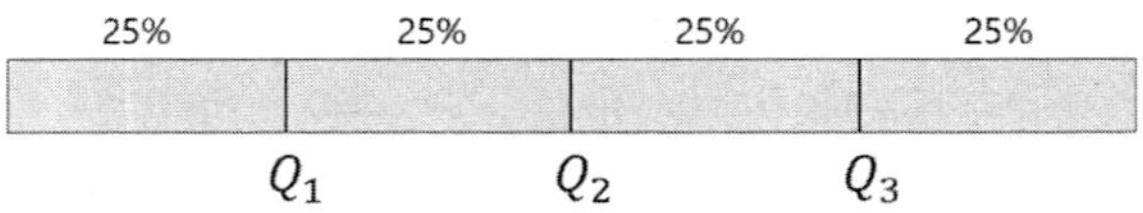

사분위수 범위(IQR)는 다음과 같이 정의한다.

사분위수 범위	$\text{IQR} = Q_3 - Q_1$

〈예제 4-4〉

다음 각 자료에서 사분위수 범위(IQR)를 구하여라.

(1) 16, 25, 4, 18, 11, 13, 20, 8, 11, 9

(2) 16, 4, 18, 11, 13, 20, 8, 11, 9

풀이 (1) 먼저 자료값을 작은 값에서부터 차례로 재배열하고, 5개씩 두 부분으로 나눈다.

4, 8, 9, 11, 11	13, 16, 18, 20, 25

각 부분에서 중앙값이 곧 제 1사분위수 Q_1 , 제 3사분위수 Q_3 가 된다. 따라서 IQR은

$\text{IQR} = Q_3 - Q_1 = 18 - 9 = 9$ 이다.

(2) 먼저 자료값을 작은 값에서부터 차례로 나열한다. 자료의 개수가 모두 9개이므로 중앙값은 5번째 자료값 11이다.

4, 8, 9, 11	11	13, 16, 18, 20,

이때 중앙값을 하나 추가하여 5개씩 두 부분으로 나눈다.

4, 8, 9, 11	11	11	13, 16, 18, 20,

따라서 (1)번과 같은 방법으로 5개씩 두 부분으로 나누어 주면 $Q_1 = 9$ 이고 $Q_3 = 16$ 이므로, IQR = $Q_3 - Q_1 = 16 - 9 = 7$ 이다. //

3. 평균편차(mean deviation)

산포도의 측도로써 생각할 수 있는 또 다른 개념은 편차이다. 편차란 각 자료의 값과 산술평균과의 차이다. 즉, n 개의 관측값을 $x_1, x_2, \cdots, x_n$이라 하면 편차란 $x_i - \overline{x}$, $i = 1, 2, 3, \cdots, n$ 이다. 그런데 편차의 합은 항상 $\sum_{i=1}^{n}(x_i - \overline{x}) = 0$ 이므로 편차로 산포도를 측정할 수는 없다. 편차의 합을 0 이 되지 않게 하는 방법은 편차에 절댓값을 취하거나 제곱을 하는 것이다.

n 개의 관측값을 $x_1, x_2, \cdots, x_n$ 이라 할 때, 편차의 절댓값의 평균을 평균편차(MD)라고 한다.

평균편차	$\mathrm{MD} = \frac{1}{n}\sum_{i=1}^{n} \lvert x_i - \overline{x} \rvert$

평균편차는 일반적으로 산술평균을 중심으로 계산하나 때로는 중앙값을 기준으로 하여 구하기도 한다.

4. 분산(variance)과 표준편차(standard deviation)

편차를 제곱하여 평균을 구한 것을 분산이라고 한다. 분산은 모집단 자료의 분산과 표본 자료의 분산 정의가 다르다.

일반적으로, N개의 모집단 자료 $x_1, x_2, \cdots, x_N$ 의 모평균을 μ라고 할 때, 편차의 제곱 $(x_i - \mu)^2$의 평균을 분산이라 하고, 이것을 기호로 σ^2으로 나타낸다. 또, 분산의 양의 제곱근을 표준편차라고 하고, 기호로 σ로 나타낸다.

모분산과 모표준편차	(1) 모분산: $\sigma^2 = \sum_{i=1}^{N} \frac{(x_i - \mu)^2}{N}$ (2) 모표준편차: $\sigma = \sqrt{\sigma^2}$

n 개의 표본 자료 $x_1,\ x_2,\ \cdots,\ x_n$ 의 산술평균을 $\overline{x}$ 라고 할 때, 편차의 제곱 $(x_i - \overline{x})^2$ 을 $n-1$ 로 나눈 것을 표본분산이라 하고, 이것을 기호로 s^2 으로 나타낸다. 또, 표본분산의 양의 제곱근을 표본표준편차라고 하고, 기호로 s 로 나타낸다.

표본분산과 표본표준편차	(1) 표본분산: $s^2 = \sum_{i=1}^{n} \frac{(x_i - \overline{x})^2}{n-1}$ (2) 표본표준편차: $s = \sqrt{s^2}$

분산은 자료의 값을 제곱하여 얻어졌기 때문에 그 값이 큰 반면에 표준편차는 다시 제곱근을 취한 것이므로 그 값이 그리 크지 않아 다루기가 쉽다. 또 분산의 단위는 자료의 측정 단위의 제곱인 것에 반하여 표준편차는 자료의 측정 단위와 같다. 따라서 산포도를 측정하는 경우에는 분산보다 표준편차를 주로 사용한다. 그러나 분산과 표준편차는 편차의 제곱으로 정의되기 때문에 평균과 마찬가지로 극단값이 있는 재료에 대해서는 적합하지 않다.

일반적으로 표준편차 s 의 값이 크면 클수록 산포도는 커지고, 이는 곧 자료가 크게 흩어져 있음을 뜻한다.

표준편차의 실제적 중요성은 체비셰프(Chebyshev) 정리에 있다.

체비셰프 정리	n 개의 관측값 $x_1,\ x_2,\ \ldots,\ x_n$ 이 주어졌을 때, 적어도 관측값의 $1-\left(\frac{1}{k^2}\right)$개 관측값들은 평균을 중심으로 $k\sigma$ 이내에 들어온다. 즉, $P(\mid x-\mu \mid < k\sigma) \geq 1 - \frac{1}{k^2}$ 이다. 여기서 k 는 1 보다 큰 임의의 수이다.

체비셰프 정리의 뜻은 다음 그림을 통해서 알 수 있듯이 n 개의 관측값 중 적어도 $1-\left(\frac{1}{k^2}\right)$ 만큼이 구간$(\mu - k\sigma,\ \ \mu + k\sigma)$ 안에 있다는 것이다.

체비셰프 정리에서 $k=1$ 일 때, 관측값 중 적어도 $1-\left(\frac{1}{1^2}\right)=0$ 개가 구간 $(\mu-\sigma,\ \mu+\sigma)$ 사이에 있다는 것인데 이것은 당연하다. $k=2$ 일 때, 관측값 중 적어도 $1-\left(\frac{1}{2^2}\right)=\frac{3}{4}$ 만큼이 구간 $(\mu-2\sigma,\ \mu+2\sigma)$ 사이에 있다. $k=3$ 일 때, 관측값 중 적어도 $1-\left(\frac{1}{3^2}\right)=\frac{8}{9}$ 만큼이 구간 $(\mu-3\sigma,\ \mu+3\sigma)$ 사이에 있다. 체비셰프 정리에서 k가 반드시 정수일 필요는 없다. $k=2.5$ 이면, 관측값 중 적어도 $1-\left(\frac{1}{2.5^2}\right)=0.84$ 만큼이 구간$(\mu-2.5\sigma,\ \mu+2.5\sigma)$ 사이에 있게 된다.

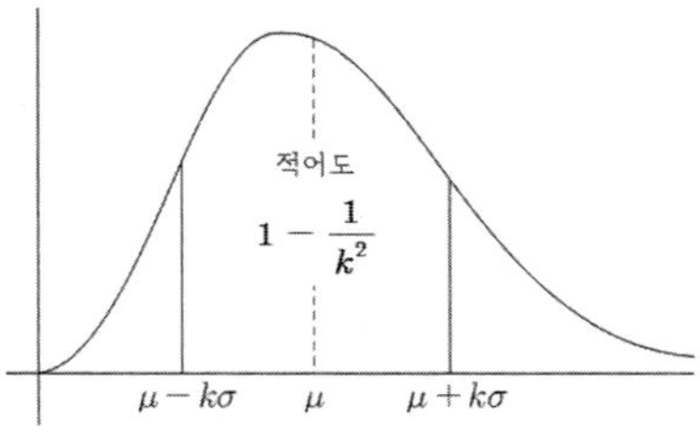

〈예제 4-5〉

크기 $n=25$ 인 표본자료의 평균과 표준편차가 각각 $\bar{x}=75$, $s=10$ 이다. 체비셰프 정리를 이용하여 표본자료 중 $k=2$, 3 일 때, 구간 $(\bar{x}-ks,\ \bar{x}+ks)$ 사이에 있는 개수를 구하여라.

풀이 $\bar{x}=75,\ s^2=100,\ s=\sqrt{100}=10$ 이므로 체비셰프 정리에 의하면

(1) 25 개의 관측값 중 적어도 $25\times\frac{3}{4}=19$개의 표본자료가 구간

$(\bar{x}-2s,\ \bar{x}+2s)=(75-2\times10,\ 75+2\times10)=(55,\ 95)$ 사이에 있다.

(2) 25 개의 관측값 중 적어도 $25\times\frac{8}{9}=23$ 개의 표본자료가 구간

$(\bar{x}-3s,\ \bar{x}+3s)=(75-3\times10,\ 75+3\times10)=(45,\ 105)$ 사이에 있다. //

체비셰프 정리는 어떤 분포에도 적용되기 때문에 $1-\left(\frac{1}{k^2}\right)$은 최소의 범위이다. 자료의 분포가 종형의 좌우 대칭인 분포일 경우에는 평균을 중심으로 $\pm\sigma$ 범위 내에 관측값의 약 68.3%, $\pm2\sigma$ 범위 내에 약 95.4%, $\pm3\sigma$ 범위 내에 약 99.7%가 포함되어 있다.

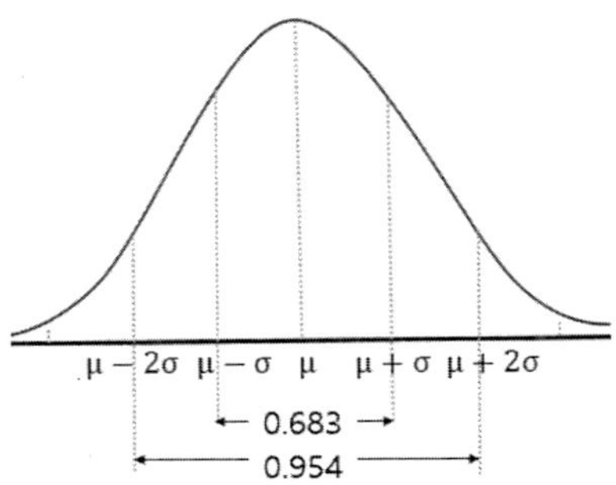

§ 3 왜도(skewness)

왜도란 분포의 비대칭도를 나타내는 척도이다. 왜도의 척도로써 직관적으로 생각 할 수 있는 것은 분포의 비대칭에 따른 평균과 중앙값의 차이다.

(ⅰ) 대칭 분포($\overline{x}=m_e$)　　(ⅱ) 우비대칭 분포($m_e \le \overline{x}$)　　(ⅲ) 좌비대칭 분포($\overline{x} \le m_e$)

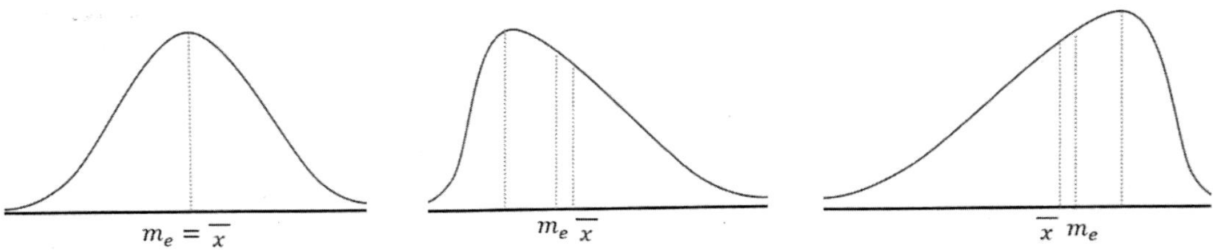

위의 분포에서 알 수 있듯이 비대칭도에 따라 $\overline{x} - m_e$ 의 부호가 달라지는데 이를 이용한 것이 피어슨의 계수(P)이다.

피어슨의 계수	$P = \dfrac{3(\overline{x} - m_e)}{s}$, s는 표준편차

피어슨의 계수에서 $P = 0$이면 대칭, $P > 0$이면 우비대칭, $P < 0$이면 좌비대칭 분포이다.

관측값이 $x_1, x_2, \cdots, x_n$일 때, 왜도를 측정하는 또 다른 개념은 편차의 세제곱 $(x_i - \overline{x})^3$이다. 자료의 분포가 대칭이면 $\sum_{i=1}^{n}(x_i - \overline{x})^3 = 0$, 우비대칭이면 $\sum_{i=1}^{n}(x_i - \overline{x})^3 > 0$, 좌비대칭이면 $\sum_{i=1}^{n}(x_i - \overline{x})^3 < 0$ 을 이용한 것이 왜도(α)이다.

왜도	$\alpha = \dfrac{\sum_{i=1}^{n}(x_i - \overline{x})^3}{ns^3}$, n은 자료의 크기, s는 표준편차

왜도가 $\alpha = 0$ 이면 대칭이고, $\alpha > 0$이면 우비대칭이며, $\alpha < 0$ 이면 좌비대칭이다.

§4 첨도(kurtosis)

첨도란 분포 봉우리의 뾰족한 정도를 나타내는 척도이다. 일반적으로, 관측값이 $x_1,\ x_2,\ \cdots,\ x_n$ 일 때, 첨도(β)는 다음과 같이 정의된다.

첨도	$$\beta = \frac{\sum_{i=1}^{n}(x_i - \overline{x})^4}{n s^4},$$ n은 자료의 크기, s는 표준편차

첨도는 정규분포의 봉우리를 기준으로 하는데 정규분포의 첨도는 3이다. $\beta = 3$ 이면 중첨, $\beta > 3$ 이면 급첨, $\beta < 3$이면 완첨이라고 한다.

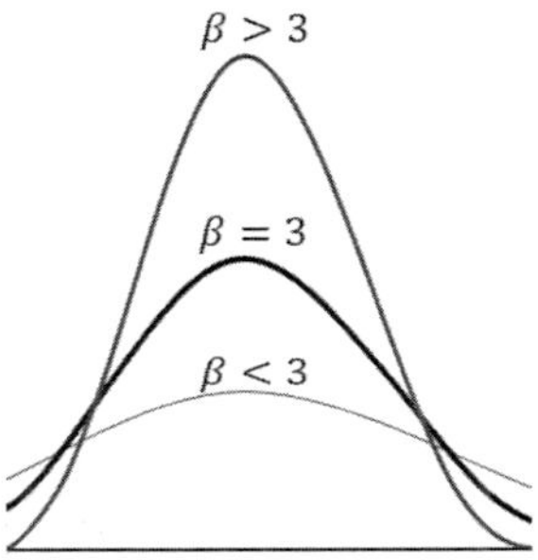

4 표본분포

현대통계학의 일반적인 특징은 분석하고자 하는 전체 집단을 대표할 수 있는 일부분만을 조사하여 그 집단의 특성을 추측한다. 이는 집단 전체를 조사하는 데 사용되는 비용과 시간이 너무 많이 소요되기 때문이다. 이처럼 일부분만으로 집단 전체의 특성을 추측할 때, 그 정밀도는 그 일부분이 전체집단을 얼마나 잘 대표하는지에 달려있다.

이 절에서는 집단 전체의 일부분인 표본의 뜻을 알아보고 표본추출에 대하여 알아본다.

§1 표본과 표본추출

통계조사에서 조사 대상이 되는 집단 전체를 조사하는 것을 **전수조사**(complete survey)라고 한다. 전수조사는 많은 시간과 비용이 필요할 뿐만 아니라 환자에 대한 임상실험, 한 나라 전체 인구에 대한 수명조사 등과 같이 조사 자체가 불가능한 경우도 있다. 이처럼 통계조사 시에 시간과 비용이 제한되어 있거나 전수조사가 불가능한 경우에 집단 전체를 대표하는 일부분만을 택하여 조사하는 것을 **표본조사**(sample survey)라고 한다. 이때, 조사의 대상이 되는 집단 전체를 **모집단**(population)이라고 하고, 그 모집단에서 뽑은 일부분을 **표본**(sample), 뽑은 표본의 개수를 표본의 크기라고 한다.

예를 들면, 통계청에서 실시하는 경제활동인구조사는 우리나라에 상주하는 인구 중에서 만 15세 이상인 자를 모집단으로 하고, 이 중에서 약 30,000가구를 표본으로 뽑아 취업, 실업, 노동력 등과 같은 인구의 경제적 특성을 조사하는 표본조사이다.

표본조사의 목적은 모집단에서 뽑은 표본을 바탕으로 모집단의 특성, 이를테면 모집단의 평균, 분산 등을 추측하는 데 있다. 그러나 표본에 의한 추측값과 모집단의 참값 사이에는 차이가 있기 마련인데 이 차이를 **표본오차**(sampling error)라고 한다.

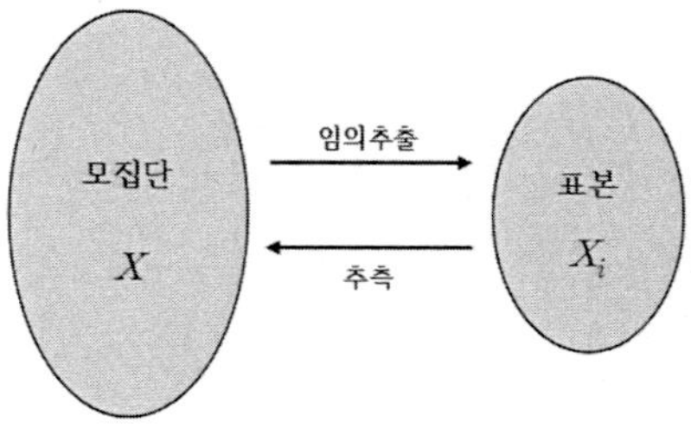

따라서 추측의 정밀도를 높이기 위해서는 표본오차를 줄여야 한다. 표본오차를 줄이기 위해서는 표본의 크기를 크게 해야 하기도 하지만 모집단의 어느 특정

부분이 추출되지 않아야 한다. 즉, 모집단의 각 대상이 같은 확률로 추출되어야 하는데 이와 같은 추출 방법을 **임의추출**(random selection)이라 하고, 임의 추출된 표본을 **임의표본**(ramdom sample)이라고 한다. 모집단의 각 대상을 같은 확률로 추출하려면 복원추출을 해야 한다. 비복원추출은 표본을 추출할 때마다 같은 확률로 추출되지 않기 때문이다.

임의표본	모집단에서 뽑은 크기 n인 확률변수를 $X_1, X_2, \cdots, X_n$이라고 할 때, $X_1, X_2, \cdots, X_n$ 이 서로 독립이고, 모집단의 분포와 동일하면 이들을 **임의표본**이라고 한다.

참고

(1) 임의표본 $X_1,\ X_2,\ \cdots, X_n$ 은 확률변수이므로 확률표본이라고도 한다.

(2) 여론조사에서 추출한 임의표본은 확률변수 $X_1, X_2, \cdots, X_n$ 이 실제로 취한 값 $x_1, x_2, \cdots, x_n$ 이다.

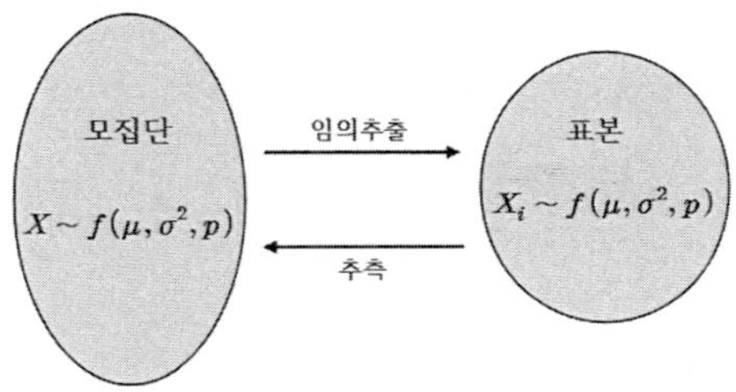

임의표본을 추출하기 위해서는 복원추출을 하여야 하나 모집단이 매우 큰 경우에는 비복원추출을 하여도 각 표본이 뽑힐 확률이 거의 같기 때문에 독립추출과 큰 차이가 없다. 실제 여론조사 시 임의표본을 추출하는 경우 모집단이 매우 크므로 비복원추출로 하는 것이 보통이다.

§ 2 표본추출방법

표본을 추출하는 가장 간단한 방법은 모집단의 각 대상이 뽑힐 확률이 같도록 임의로 표본을 추출하는 것이다. 이것을 **단순임의추출법**(simple random sampling)이라고 한다.

단순임의추출을 하기 위해서는 먼저 모든 조사 대상 리스트를 만든 다음, 난수를 생성하여 그 난수에 해당하는 대상을 표본으로 선정한다. 그러나 단순임의추출법은 모든 조사 대상 리스트를 만들어야 하는 등 모집단의 크기가 매우 큰 경우에 실제적으로 어려운 점이 많다. 이와 같은 이유로 대부분의 여론조사에는 모든 조사 대상을 먼저 층 또는 군집으로 나누고 그 속에서 임의 추출하는 것이 보통이다.

모집단을 여러 개의 층 또는 군집으로 나누어 표본을 추출하는 방법에는 계통추출법(systematic sampling), 군집추출법(cluster sampling), 층화추출법(stratified sampling) 등이 있다.

(1) 계통추출법: 모집단의 표집 목록에서 일정한 간격을 두고 추출하는 방법을 말한다.
예를 들면, 모집단의 1번에서 100번까지 중에서 10개의 표본을 추출할 때, 10개의 계급 1 ~ 10, 11 ~ 20, ⋯ , 91 ~ 100으로 나눈 후, 첫 번째 계급에서 임의추출한 표본이 7번 개체일 때 그다음 표본으로 17, 27, ⋯ , 97번 개체와 같이 일정한 간격을 유지하여 추출하는 방법이다.

(2) 군집추출법: 전체 모집단을 이질성을 띤 여러 개의 군집으로 나눈 다음 각 군집에서 임의추출하는 방법을 말한다.
예를 들면, 우리나라 전체 학생들의 키를 조사할 때, 시·도라는 군집으로 나누어 각 군집에서 임의추출하는 방법이다. 이때 각 군집에는 키가 작은 학생부터 키 큰 학생까지 폭넓게 속해 있으므로 이질적이라고 할 수 있다.

(3) 층화추출법: 전체 모집단을 동질성을 가진 여러 개의 층으로 나눈 다음 각 층에서 임의추출하는 방법을 말한다.

예를 들면, 어느 도시의 월 평균소득조사를 할 때, 고소득층, 중간소득층, 저소득층으로 나눈 다음에 각 층에서 추출하는 방법이다. 이때 각 층에는 평균소득이 거의 비슷한 가구가 속해 있으므로 동질적이라고 할 수 있다.

표본추출방법은 표본조사의 목적과 조사 자료의 특성 등에 따라 적절한 추출방법을 사용하면 되지만 어떤 추출방법을 사용한다 하더라도 표본오차는 발생하기 마련이다. 표본오차에는 표본추출오차와 비표본추출오차가 있다. 표본추출오차는 모집단에 비해서 표본의 크기를 너무 작게 잡은 경우와 표본추출방법이 적절치 못한 경우에 발생한다. 비표본추출오차는 표본추출과는 관련 없이 발생하는 오차로서 측정과정에서의 오차(measurement error), 측정도구(저울, 자 등)의 부정확, 잘못 작성된 질문지, 모호한 질문, 거짓 응답 등으로 발생한다.

참고 전수조사에서는 표본추출오차는 발생하지 않고 비표본추출오차가 큰 반면, 표본조사에서는 표본추출오차와 비표본추출오차가 모두 존재한다. 그러나, 경우에 따라서는 표본조사에서 발생하는 오차가 전수조사에서 발생하는 오차보다 작게 나와 표본조사가 더 정확한 결과를 얻을 수 있는 경우도 흔히 있다.

§3 표본평균의 분포

모집단에서 뽑은 표본으로부터 모집단의 평균, 분산, 비율 등을 추측하는 방법이 추측통계학이다. 추측통계학에서는 추측의 도구인 표본평균, 표본분산, 표본비율 등에 대한 분포를 모르면 오차의 크기를 알 수 없기 때문에 추측의 정밀도를 말할 수 없다.

이 절에서는 표본평균, 표본분산, 표본비율 등의 분포를 알아본다.

통계조사의 목적은 모집단에 대한 정보를 알아내는 것이다. 여기서 모집단에 대한 정보란 주로 모집단의 관심 변수에 대한 분포, 평균 또는 분산 등을 말한다.

모집단에서 조사의 대상이 되는 관심 변수를 확률변수 X라고 할 때, X의 확률분포를 모집단분포라고 한다. 또, X의 평균, 분산, 표준편차를 각각 **모평균**, **모분산**, **모표준편차**라 하고, 이것을 각각 기호로 μ, σ^2, σ 와 같이 나타낸다.

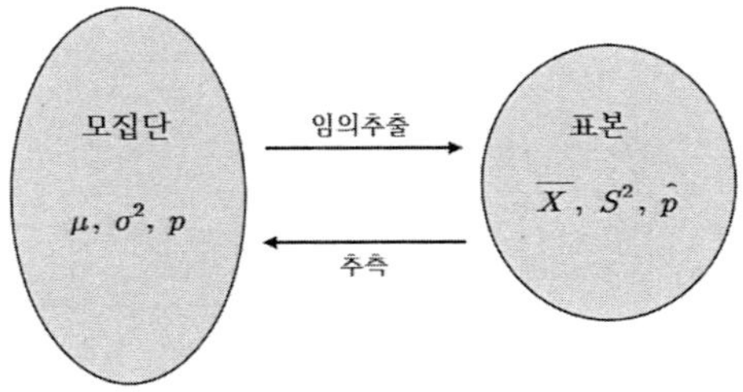

어떤 모집단에서 임의로 추출한 크기 n인 표본을 X_1, X_2, $\cdots$, X_n이라고 하면, 이들의 평균, 분산, 표준편차를 각각 **표본평균**, **표본분산**, **표본표준편차**라 하며 이것을 기호로 $\overline{X}$, S^2, S 로 나타낸다. 즉,

$$\overline{X} = \frac{1}{n}\sum_{i=1}^{n} X_i\,, \quad S^2 = \frac{1}{n-1}\sum_{i=1}^{n}(X_i - \overline{X})^2\,, \quad S = \sqrt{S^2}$$

표본평균, 표본분산, 표본표준편차 등과 같이 표본들만의 함수를 **통계량**(statistic)이라고 한다. 통계량은 표본에 따라 다른 값을 가지므로 하나의 확률변수이다. 통계량의 분포를 통틀어 **표본분포**라고 한다.

〈예제 4-6〉

모집단의 확률변수 X가 1, 2, 3의 값을 취하고 이산균등분포에 따른다고 하자. 이 모집단에서 2개의 숫자를 임의로 복원추출하였을 때, 2개 표본의 평균을 구하고, 그 평균이 취하는 값과 그에 대응되는 확률을 확률분포표로 나타내어보자.

풀이 모집단의 확률변수 X의 분포, 즉 모집단의 분포는 다음과 같다.

X	1	2	3	합계
$P(X=x)$	$\frac{1}{3}$	$\frac{1}{3}$	$\frac{1}{3}$	1

이제 모집단에서 크기가 2인 표본을 X_1, X_2 라고 하면, (X_1, X_2)가 취하는 값과 X_1, X_2의 표본평균 $\overline{X} = \frac{X_1 + X_2}{2}$ 는 다음과 같다.

(X_1, X_2)	(1, 1)	(1, 2)	(1, 3)	(2, 1)	(2, 2)	(2, 3)	(3, 1)	(3, 2)	(3, 3)
표본평균$(\overline{X})$	1	1.5	2	1.5	2	2.5	2	2.5	3

위의 표에서 표본평균 $\overline{X}$ 가 취하는 값은 1, 1.5, 2, 2.5, 3이고, 각 값을 취할 확률은 다음과 같다.

$\overline{X}$	1	1.5	2	2.5	3	합계
$P(\overline{X}=\overline{x})$	$\frac{1}{9}$	$\frac{2}{9}$	$\frac{3}{9}$	$\frac{2}{9}$	$\frac{1}{9}$	1

따라서 확률변수 X 의 분포와 표본평균 $\overline{X}$ 의 분포는 같지 않음을 볼 수 있다.

한편, 모집단 분포의 평균이 μ, 분산이 σ^2 일 때, 표본평균 $\overline{X}$ 의 평균과 분산을 구하면 다음과 같다.

$$E(\overline{X}) = E(\frac{1}{n}\sum_{i=1}^{n} X_i) = \frac{1}{n}(E(X_1) + E(X_2) + \cdots + E(X_n)) = \frac{1}{n}\cdot n\mu = \mu$$

$$V(\overline{X}) = V(\frac{1}{n}\sum_{i=1}^{n} X_i) = \frac{1}{n^2}(V(X_1) + V(X_2) + \cdots + V(X_n)) = \frac{1}{n^2}\cdot n\sigma^2 = \frac{\sigma^2}{n}$$

일반적으로 표본평균의 분포는 다음과 같다.

표본평균의 분포	모집단의 분포가 정규분포 $N(\mu, \sigma^2)$일 때, 이 모집단에서 크기 n인 임의표본 $X_1, X_2, \cdots, X_n$을 추출하여 얻은 표본평균 $\overline{X}$의 분포는 $N(\mu, \frac{\sigma^2}{n})$에 따른다. 즉, $X \sim N(\mu, \sigma^2)$이면 $\overline{X} \sim N(\mu, \frac{\sigma^2}{n})$이다.

〈예제 4-7〉

어떤 은행의 한 지점에서 손님들이 머무르는 시간은 평균이 30분이고, 표준편차가 6분인 정규분포에 따른다고 한다. 어느 날 점심시간 대에 은행에 온 손님 12명이 평균 33분 이상을 머무를 확률을 구하여라.

풀이 손님이 머무르는 시간을 확률변수 X라고 하면 X는 $X \sim N(30,\ 6^2)$이고, 손님 12명이 머무르는 평균시간을 $\overline{X}$ 라고 하면 $\overline{X} \sim N\left(30,\ \frac{6^2}{12}\right)$이다. 따라서, $\overline{X}$ 를 표준화하면

$Z = \frac{\overline{X} - \mu}{\sigma / \sqrt{n}} = \frac{\overline{X} - 30}{6 / \sqrt{12}}$ 이다. 이때, $Z \sim N(0,\ 1)$ 이므로 구하는 확률은

$$P(\overline{X} \geq 33) = P\left(\frac{\overline{X} - \mu}{\sigma / \sqrt{n}} \geq \frac{33 - 30}{6 / \sqrt{12}}\right) = P(Z \geq \sqrt{3}) = P(Z \geq 1.73)$$

$$= 1 - 0.9582 = 0.04218$$ 이다. //

모집단의 분포가 정규분포가 아닌 경우에는 이 모집단에서 크기 n인 표본 $X_1,\ X_2,\ \cdots,\ X_n$을 추출하여 얻은 표본평균 $\overline{X}$ 의 분포가 모집단의 분포에 따라 다르다. 그렇지만 표본의 크기 n이 커지면 표본평균 $\overline{X}$ 의 분포는 정규분포에 근사한다. 이것을 **중심극한정리**(central limit theorem)라고 한다.

중심극한정리	평균이 μ 이고 분산이 σ^2 인 무한 모집단에서 크기 n 인 임의표본을 뽑았을 때, n 이 충분히 크면 모집단의 분포에 관계없이 표본평균 $\overline{X}$ 는 근사적으로 $N(\mu,\ \frac{\sigma^2}{n})$을 따른다. 즉, $X \sim N(\mu,\ \sigma^2)$ 이고 $n \to \infty$ 이면, $\overline{X} \sim N(\mu,\ \frac{\sigma^2}{n})$ 이다.

참고 표본 $X_1,\ X_2,\ \cdots,\ X_n$을 비복원추출했을 경우, 표본평균 $\overline{X}$ 는 근사적으로 $N\left(\mu,\ \frac{N-n}{N-1} \cdot \frac{\sigma^2}{n}\right)$을 따른다. 이때 $\frac{N-n}{N-1}$은 유한수정계수로서 비복원추출과 복원추출의 차이이다.

중심극한정리에서 표본평균 $\overline{X}$ 의 분포가 근사적으로 정규분포로 접근하는 속도는 모집단의 분포 형태와 표본의 크기에 따라 달라진다. 즉 표본의 크기가 클수록 표본분포는 정규분포에 더 가깝게 접근하며, 모집단의 분포가 정규분포에 가까울수록 표본분포가 정규분포에 접근하는 속도가 빨라지게 된다. 그러나 중심극한정리를 실제 문제에 적용하는 경우에는 보통 $n \geq 30$ 이면 모집단의 분포형태와 관계없이 정규분포에의 근사 정도가 만족할 만한 것으로 알려져 있다.

〈예제 4-8〉

어느 대학교 신입생들의 키는 평균이 170cm이고 표준편차가 4cm라고 한다. 임의로 64명의 신입생들을 뽑았을 때, 표본평균이 169cm이상 171cm이하일 확률을 구하여라.

풀이 신입생의 키를 확률변수 X라고 하면 표본의 크기가 $n = 64$ 이므로 중심극한정리에 의해 표본의 평균 키는 $\overline{X} \sim N(\mu, \frac{\sigma^2}{n})$이다. 따라서

$E(\overline{X}) = \mu = 170$, $S_{\overline{X}} = \frac{\sigma}{\sqrt{n}} = \frac{4}{\sqrt{64}} = 0.5$ 이다. 즉, $\overline{X} \sim N(170,\ 0.5)$이므로 구하는 확률은

$$
\begin{aligned}
P(169 \leq \overline{X} \leq 171) &= P\left(\frac{169-170}{0.5} \leq \frac{\overline{X}-170}{0.5} \leq \frac{171-170}{0.5}\right) \\
&\approx P(-2 \leq Z \leq 2) = P(Z \leq 2) - P(Z \geq 2) \\
&= 0.9772 - (1 - 0.9772) = 0.9544 \text{ 이다.}
\end{aligned}
$$

//

§4 표본비율의 분포

베르누이분포는 시행의 결과가 서로 배반인 2가지뿐인 분포이다. 이때, 2가지의 결과를 편의상 성공과 실패라 하고, 성공확률을 p라고 하자. 이 성공비율 p를 **모비율**(population propotion)이라 하고, 베르누이분포에 따르는 모집단을 이항모집단이라고 한다. 분석하려는 모집단에서 어떤 시행의 결과가 서로 배반인 2가지뿐인 경우에는 모집단의 평균보다는 모집단의 비율이 더 의미가 있다.

예를 들어 모집단에서 조사하고자 하는 관심 변수가 시청률일 때, 이 시청률이 모비율 p 이고,

시청 여부를 확률변수를 X라고 하면 X가 취하는 값은 $X=1$(시청하는 경우), $X=0$(시청하지 않는 경우)의 2가지이므로 이항모집단이다.

이제 시청률이 p인 이항모집단에서 추출한 크기 n의 표본을 $X_1, X_2, \cdots, X_n$이라고 하면 이 표본들의 합 $Y = X_1 + X_2 + \cdots + X_n$은 n명 중에서 시청한 사람의 수이다.

따라서 확률변수 Y의 분포는 이항분포 $B(n, p)$를 따르고 표본평균 $\overline{X} = \frac{\sum_i X_i}{n} = \frac{Y}{n}$는 표본에서의 시청률을 나타낸다. 이것을 **표본비율**(sample propotion)이라고 하고 기호로 $\hat{p}$과 같이 나타낸다. 즉, 표본평균 $\overline{X}$와 표본비율 $\hat{p}$은 같은 것이다.

〈예제 4-9〉

어떤 회사의 모든 구성원의 수는 654명이고, 이 중에서 자택을 소유한 구성원의 수는 275명 이라고 한다. 이 회사의 구성원 중 임의로 87명의 표본을 뽑았을 때, 49명이 자택을 소유하고 있을 때, 표본비율 $\hat{p}$을 구하여라.

풀이 이 회사에서 자택을 소유하고 있는 회사원의 비율은 $p = \frac{275}{654} = 0.42$이다.

전체 구성원 중에서 표본으로 뽑힌 사람 수는 87명이므로 표본의 크기는 $n = 87$이고 뽑힌 표본들 중 자택을 소유한 사람이 49명이므로, 표본비율은

$$\hat{p} = \frac{Y}{n} = \frac{(\text{표본에서 자택 소유 가구 수})}{(\text{표본의크기})} = \frac{49}{87} = 0.56 \text{ 이다.}$$ //

모비율이 p인 이항모집단에서 n개의 표본을 $X_1, X_2, \cdots, X_n$ 임의추출하면 이 표본들의 합 $Y = X_1 + X_2 + \cdots + X_n$인 확률변수 Y가 이항분포 $B(n, p)$를 따르므로 $\hat{p}$의 평균과 분산은 $E(\hat{p}) = E(\frac{Y}{n}) = \frac{E(Y)}{n} = \frac{np}{n} = p$이고 $V(\hat{p}) = V(\frac{Y}{n}) = \frac{V(X)}{n^2} = \frac{npq}{n^2} = \frac{pq}{n}$ 이다.

일반적으로, 표본의 크기 n이 충분히 클 때, $\hat{p}$의 분포는 정규분포 $N(p, \frac{pq}{n})$를 따르고 $\hat{p}$의 표준화변수 $Z = \frac{\hat{p} - p}{\sqrt{\frac{pq}{n}}}$는 표준정규분포 $N(0, 1)$를 따른다.

표본비율의 분포	모비율이 p 인 이항모집단에서 임의추출 한 n 개의 표본 $X_1, X_2, \cdots, X_n$ 에 대하여 $Y = X_1 + X_2 + \cdots + X_n$ 이고 n 이 충분히 크면, 다음을 만족한다. (1) $\hat{p} = \frac{Y}{n} = \overline{X} \sim N(p, \frac{pq}{n})$ (2) $Z = \frac{\hat{p} - p}{\sqrt{\frac{pq}{n}}} \sim N(0, 1)$

참고 위에서 말하는 n 이 충분히 크다는 것은 $np \geq 5$ 이고 $nq \geq 5$ 를 모두 만족할 때를 의미한다.

〈예제 4-10〉

최근 대학생들이 강의 시간에 패드를 이용하여 필기하지 않는 비율이 20%라고 한다. 한 사이버 강좌의 수강생이 50명이라고 할 때, 그중에서 강의 시간에 패드를 이용하여 필기하는 학생이 10명 이상 20명 이하일 확률을 구하여라.

풀이 한 강좌의 수강생 50명 중에서 강의 시간에 패드를 이용하여 필기하는 학생의 비율을 $\hat{p}$ 이라고 하자. 그러면 모비율 $p = 0.6$, $np = 30$, $nq = 20$ 이므로,

$$Z = \frac{\hat{p} - p}{\sqrt{\frac{pq}{n}}} = \frac{\hat{p} - 0.6}{\sqrt{\frac{(0.6)(0.4)}{50}}} = \frac{\hat{p} - 0.6}{\sqrt{0.0048}} \sim N(0, 1)$$ 이다. 따라서 구하는 확률은

$$P(\frac{10}{50} \leq \hat{p} \leq \frac{20}{50}) = P(0.2 \leq \hat{p} \leq 0.4) = P(\frac{0.2 - 0.2}{\sqrt{0.0048}} \leq Z \leq \frac{0.4 - 0.2}{\sqrt{0.0048}})$$

$$= P(0 \leq Z \leq 2.89) = 0.9981 - 0.5 = 0.4981$$ 이다. //

§5 t-분포

t-분포는 1908년 영국의 통계학자 고셋(Gosset W.:1876 ~ 1937)에 의해 “Student”라는 익명으로 발표되었는데 t-분포가 발표되고 나서 소표본($n < 30$)에 의한 통계적 추론이 가능해졌다.

확률변수 X 의 확률밀도 함수가

$$f(x) = \frac{\Gamma\{(r+1)/2\}}{\sqrt{\pi r}\,\Gamma(r/2)(1+x^2/r)^{(r+1)/2}} \quad , \quad -\infty < x < \infty$$

일 때, X는 자유도 r 의 t-분포를 따른다고 하고, 이것을 기호로 $X \sim t(r)$과 같이 나타낸다. t-분포의 평균과 분산은 각각 다음과 같다.

(1) $E(X) = 0 \quad (r > 1)$

(2) $V(X) = \dfrac{r}{r-2} \quad (r > 2)$, r 은 자유도

참고 t-분포의 특징을 표준정규분포와 비교하면 다음과 같다.

1) 종 모양을 하고 $t = 0$ 을 중심으로 좌우대칭이지만 정규분포보다 꼬리부분이 더 두텁다.
2) t-분포의 평균은 표준정규분포의 평균과 같이 항상 0 이다.
3) 표준정규분포의 분산은 $Var(Z) = 1$ 로 항상 일정하지만 t-분포의 분산은 자유도에 따라 다르다.
4) 자유도가 증가할수록 t-분포의 모양은 표준 정규 분포 곡선에 가까워진다.

t-분포의 확률은 부록에 있는 t-분포표에서 구할 수 있다. 일반적으로 자유도가 r 인 t-분포에서 왼쪽 꼬리의 확률이 α일 때 해당되는 $t(r)$의 값을 $-t_\alpha(r)$과 같이 나타내고, 오른쪽 꼬리의 확률이 α 일 때 해당되는 $t(r)$의 값을 $t_\alpha(r)$과 같이 나타낸다.

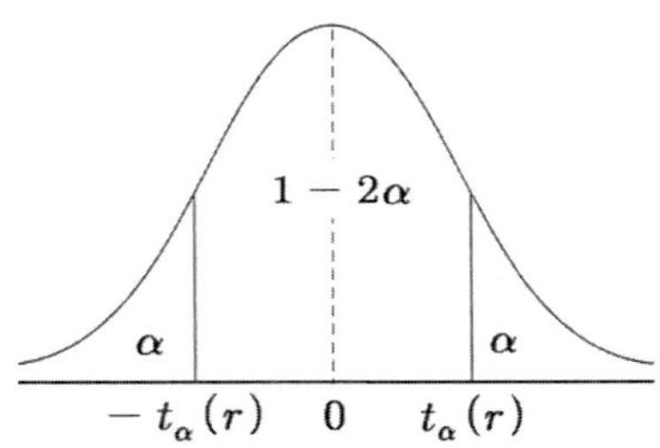

일반적으로 t-분포는 다음과 같은 성질을 만족한다.

t-분포의 성질

모평균 μ, 모분산 σ^2 인 정규모집단에서 추출된 크기 n 인 소표본의 표본평균과 표본표준편차를 각각 $\overline{X}$, S 라고 하면,

$$T = \frac{\dfrac{\overline{X}-\mu}{\sigma/\sqrt{n}}}{\sqrt{\dfrac{(n-1)S^2}{\sigma^2}/(n-1)}} = \frac{\overline{X}-\mu}{S/\sqrt{n}} \sim t_{(n-1)}$$

〈예제 4-11〉

신생아의 몸무게는 평균이 3.3 kg인 정규분포에 따른다고 한다. 어느 종합병원에서 10명의 신생아를 임의로 택했을 때, 표준편차가 1.2 kg이었다. 이들의 평균이 4kg 이상일 확률을 구하여라.

풀이 신생아의 몸무게를 X라고 하면 $X \sim N(3.2,\ \sigma^2)$ 이므로,

구하는 확률은 $P(\overline{X} \geq 4) = P\left(T = \dfrac{\overline{X} - \mu}{S/\sqrt{n}} \geq \dfrac{4 - 3.3}{1.2/\sqrt{10}}\right) = P(T \geq 1.84)$ 이다. 따라서

부록의 t-분포표에서 자유도 9일 때 t-값이 1.84 보다 클 확률은

$P(\overline{X} \geq 4) = P(T \geq 1.84) \fallingdotseq 0.05$ 이다. //

제4장 연습문제

1. (1990년 임용고사 기출) $X_1,\ X_2, X_3,\ \cdots,\ X_n$이 평균 μ, 분산 σ^2 인 동일한 확률분포를 따르고, 서로 독립이다. 이 때, $\overline{X} = \dfrac{\sum_{i=1}^{n} X_i}{n}$이라고 하면 n이 충분히 클 때, $\overline{X}$는 어떤 정규분포에 따르는지 구하시오.

2. (1996년 임용고사 기출) 독립적인 확률변수 $X_1,\ X_2, X_3,\ \cdots,\ X_n$이 각각 모수 λ를 갖는 포아송분포를 따르고 $S_n = X_1 + X_2 + \cdots + X_n$일 때, 중심극한정리를 이용하여 $\lim_{n \to \infty} P\left(\dfrac{S_n - n\lambda}{\sqrt{n\lambda}} \le 1\right)$의 값을 구하여라.

3. (2011년 임용고사 기출) 두 상수 $a,\ b$에 대하여 확률밀도함수가

$$f(x) = \begin{cases} 0 & x < 0 \\ a & 0 \le x < 1 \\ be^{1-x} & 1 \le x \end{cases}$$

인 분포를 따르는 모집단이 있다. 이 모집단에서 크기가 2인 표본을 임의로 추출하였을 때 표본평균 $\overline{X}$의 평균이 $\dfrac{3}{2}$이다. $a^2 + b^2$의 값을 구하여라.

제 5 장

추정과 검정

1. 추정
2. 가설검정
3. 한 모집단에 대한 가설검정
4. 두 모집단에 대한 가설검정

1 추정

우리는 종종 주어진 정보를 토대로 미지의 현상이나 사건에 대해 추측하거나 어떤 사실이나 현상에 대한 기존의 주장이 옳은가를 판별해야 하는 등의 경우에 처하게 된다. 이를 해결하기 위해 추론 대상인 모집단으로부터 임의추출을 한 표본의 정보를 분석하여 모집단의 특성을 추측하거나 결정을 하는 과정을 **통계적 추론**(statistical inference)이라고 한다. 통계적 추론은 다음 두 가지 분야로 구분한다.

(1) **추정**(estimation); 모집단에 대한 미지의 모수를 표본을 이용하여 추측하는 과정

(2) **가설검정**(testing hypothesis); 표본을 이용하여 모집단에 대한 어떤 예상이나 주장 등의 옳고 그름을 판정하거나, 주장 또는 추측의 타당성 여부를 확인하여 채택 또는 기각을 결정하는 과정

여기에서 **모수**(population parameter)는 모집단의 특성을 나타내는 수치적 측도로서 모평균(μ), 모분산(σ^2) 등이 대표적으로 많이 사용된다. 그러나 많은 경우에 이러한 모수의 구체적인 값을 모르고 있어 표본을 이용하여 추정해야 할 필요가 있다.

모평균 μ에 대한 추정은 표본평균 $\overline{X} = \frac{1}{n}\sum_{i=1}^{n} X_i$ 이고, 모분산 σ^2의 추정은 표본분산 $S^2 = \frac{1}{n-1}\sum_{i=1}^{n}(X_i - \overline{X})^2$ 으로 한다. 이와 같이 표본으로부터 구한 확률변수(또는 데이터)의 값으로 모수를 추정하는 과정을 **점추정**(point estimation)이라 한다. 표본평균 $\overline{X} = \frac{1}{n}\sum_{i=1}^{n} X_i$ 또는 표본분산 $S^2 = \frac{1}{n-1}\sum_{i=1}^{n}(X_i - \overline{X})^2$ 과 같이 표본의 확률변수의 함수식으로 모수(모평균 μ, 모분산 σ^2 등)에 대한 추정을 가능하게 하는 함수식(표본통계량)을 **추정량**(estimator)이라 하고, 추정량을 표본의 관측값으로 계산한 값을 **추정값**(estimate)이라고 한다. 즉 크기 n인 표본을 X_1, X_2, $\cdots$, X_n이라고 하면, 추정량은 이들의 함수식이므로 확률변수이고 추정값은 함수값이므로 상수이다.

바람직한 추정량의 성질에 관해서는 이론통계학 또는 수리통계학 영역으로 본 교재의 수준을 벗어나기 때문에 생략한다.

점추정량에 의해서 추정된 하나의 값은 참값에 가깝기는 하지만 참값과 같은 경우는 거의 없

고 크고 작은 오차를 수반한다. 따라서 참값은 추정값을 중심으로 하는 어느 구간에 속해 있을 것이라고 추정하는 것이 보다 합리적이다. 이와 같이 참값이 속해 있을 것이라고 생각되는 구간을 추측하는 것을 **구간추정**(interval estimation)이라고 한다.

이 절에서는 한 모집단의 모수의 구간추정에 대하여 살펴본다.

§1 구간추정

$X_1, X_2, \cdots, X_n$을 미지의 모수 θ에 의해 특징지어지는 모집단으로부터의 확률표본이라 하자. 이때 모수 θ에 대한 구간추정은 주어진 오차 범위 안에서 모수 θ가 그 추정량 $\hat{\theta}$에 따라 정해지는 구간 $(\hat{\theta}_L(X_1, X_2, \cdots, X_n), \hat{\theta}_U(X_1, X_2, \cdots, X_n)) = (\hat{\theta}_L, \hat{\theta}_U)$에 속하도록 하는 $\hat{\theta}_L$과 $\hat{\theta}_U$를 구하는 것이다.

일반적으로 어떤 α 값에 대하여

$$P(\hat{\theta}_L < \theta < \hat{\theta}_U) = 1 - \alpha, \qquad \hat{\theta}_L \text{과 } \hat{\theta}_U \text{는 추정량 } \hat{\theta} \text{의 함수}$$

일 때, 모수 θ가 속하는 구간 $(\hat{\theta}_L, \hat{\theta}_U)$를 θ에 대한 $100(1-\alpha)\%$의 **신뢰구간**(confidence interval) 또는 **구간추정량**(interval estimator)이라 한다. 이때, $1-\alpha$를 **신뢰수준**(confidence level) 또는 신뢰도라 하고 α를 **유의수준**(significance level)이라고 하며 $\hat{\theta}_L$과 $\hat{\theta}_U$를 각각 **신뢰구간의 하한**과 **상한**이라고 한다. 신뢰도의 값으로는 주로 0.9, 0.95, 0.99 등이 사용된다.

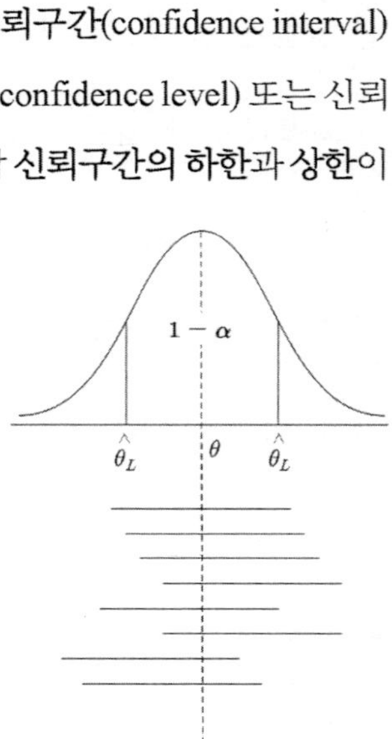

여기서 신뢰도 0.95의 신뢰구간의 의미는 크기 n의 표본 $X_1, X_2, \cdots, X_n$을 추출했을 때, 표본 관찰값으로 구한 표본평균을 $\overline{x}_1$, 또 다른 표본 관찰값으로 구한 표본평균을 $\overline{x}_2$, $\cdots$, 또 다른 표본 관찰값으로 구한 표본평균을 $\overline{x}_{100}$ 라고 하면, 이 100개의 $\overline{x_i}$로 구한 100개의 신뢰구간 $(\widehat{\theta_L}, \widehat{\theta_U})$ 중에서 95개가 θ의 참값을 포함한다는 뜻이다.

신뢰도 $1-\alpha$에 해당되는 확률구간 $(\widehat{\theta_L}, \widehat{\theta_U})$은 무수히 많을 수 있다. 그중에서 신뢰구간의 길이 $\widehat{\theta_U} - \widehat{\theta_L}$가 가능한 한 짧을수록 좋다. 왜냐하면 구간의 길이가 짧을수록 모수 θ에 대한 추측이 더 정밀하다는 의미를 갖기 때문이다.

이제, 한 모집단의 모평균, 모비율의 구간추정에 대하여 알아보자.

§2 모평균의 구간추정

모평균 μ에 대한 구간추정은 점추정량인 표본평균 $\overline{X}$ 의 분포로부터 얻어진다.

정규모집단 $N(\mu,\ \sigma^2)$에서 추출한 크기 n인 표본을 $X_1,\ X_2,\ \ldots,\ X_n$이라고 하면 표본평균 $\overline{X}$는 정규분포 $N(\mu,\ \frac{\sigma^2}{n})$를 따르고, 표준화 변수 $Z=\frac{\overline{X}-\mu}{\sigma/\sqrt{n}}$은 표준정규분포 $N(0,\ 1)$을 따른다.

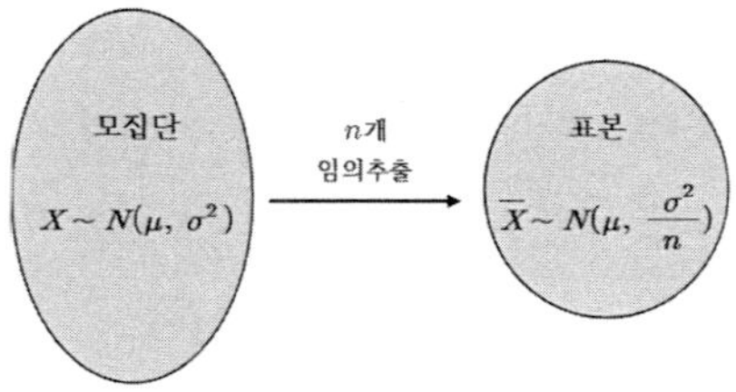

따라서 표준정규분포의 성질로부터

$$P(-Z_{\frac{\alpha}{2}} < Z < Z_{\frac{\alpha}{2}}) = 1-\alpha \qquad \cdots\cdots ①식$$

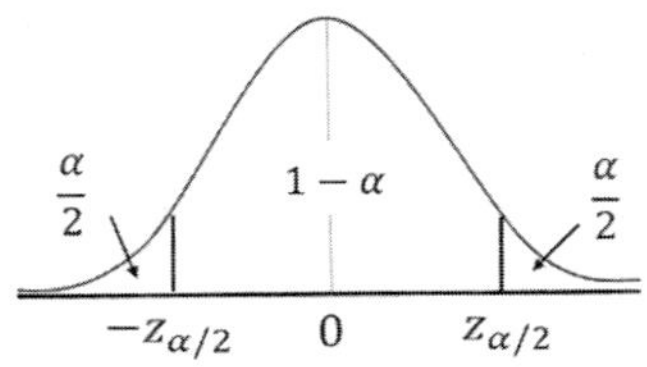

가 성립한다. 여기서 $Z_{\frac{\alpha}{2}}$는 표준정규분포에 따르는 확률변수 Z에 대하여 $P(Z < -Z_{\frac{\alpha}{2}}) = \frac{\alpha}{2}$를 만족하는 점(경계값)이다.

식 ①에 $Z=\frac{\overline{X}-\mu}{\sigma/\sqrt{n}}$를 대입하여 μ에 관해 정리하면 다음 식이 성립한다.

$$P(\overline{X} - Z_{\frac{\alpha}{2}}\frac{\sigma}{\sqrt{n}} < \mu < \overline{X} + Z_{\frac{\alpha}{2}}\frac{\sigma}{\sqrt{n}}) = 1-\alpha \qquad \cdots\cdots ②식$$

따라서, 모표준편차 σ를 알 때 모평균 μ의 $100(1-\alpha)\%$의 신뢰구간은 ②식으로부터 다음과 같이 얻어진다.

$$(\overline{X} - Z_{\frac{\alpha}{2}}\frac{\sigma}{\sqrt{n}},\quad \overline{X} + Z_{\frac{\alpha}{2}}\frac{\sigma}{\sqrt{n}}) \qquad \cdots\cdots ③식$$

그러나 모표준편차 σ는 대부분의 경우에는 미지의 값이므로 실제로 ③식을 구할 수 없다. 그러나 표본의 크기 n이 크면, ③식에서 모표준편차인 σ 대신 표본표준편차인 S를 대입하여도 ②가 근사적으로 성립하기 때문에 모평균 μ의 신뢰구간은 다음과 같다.

$$(\overline{X} - Z_{\frac{\alpha}{2}}\frac{S}{\sqrt{n}},\quad \overline{X} + Z_{\frac{\alpha}{2}}\frac{S}{\sqrt{n}}) \qquad \cdots\cdots ④식$$

한편, 모집단의 분포가 정규분포를 따르지 않더라도 표본의 크기가 큰 경우에는, 중심극한정리에 의하여 표본평균의 분포가 근사적으로 정규분포를 따르므로 ④식의 신뢰구간을 사용할 수 있다.

④식의 신뢰구간에서 $\overline{X}$는 μ의 점추정값이고, $\frac{S}{\sqrt{n}}$는 $\frac{\sigma}{\sqrt{n}}$의 추정값이다. 따라서, 모평균 μ에 대한 신뢰도 $100(1-\alpha)\%$의 신뢰구간의 상한과 하한은

(μ의 점추정값) ± $Z_{\frac{\alpha}{2}}$(추정량의 표준편차) 이다. 이때 $Z_{\frac{\alpha}{2}}$(추정량의 표준편차)를 **오차한계**라고 한다. 따라서 신뢰구간은 (μ의 점추정값) ± (오차한계) 와 같은 형태이다. 이와 같은 신뢰구간의 형태는 다른 모수의 구간추정에서도 같다.

대표본인 경우 모평균 μ의 신뢰구간	**대표본($n \geq 30$)의 경우**에 모평균 μ에 대한 신뢰도 $100(1-\alpha)\%$의 신뢰구간은 각 경우에 대하여 다음과 같다. (1) σ가 알려져 있을 때, $\left(\overline{X} - Z_{\frac{\alpha}{2}}\frac{\sigma}{\sqrt{n}},\ \ \overline{X} + Z_{\frac{\alpha}{2}}\frac{\sigma}{\sqrt{n}}\right)$ (2) σ가 미지의 값일 때, $\left(\overline{X} - Z_{\frac{\alpha}{2}}\frac{S}{\sqrt{n}},\ \ \overline{X} + Z_{\frac{\alpha}{2}}\frac{S}{\sqrt{n}}\right)$

참고 정규분포의 확률값 $\begin{cases} P(\mu - 1.645\sigma \leq X \leq \mu + 1.645\sigma) = 0.9 \\ P(\mu - 1.96\sigma \leq X \leq \mu + 1.96\sigma) = 0.95 \\ P(\mu - 2.58\sigma \leq X \leq \mu + 2.58\sigma) = 0.99 \end{cases}$ 에 의하여

(i) 신뢰도 90%에 대응하는 유의수준 α에 대한 계수는

$$100(1-\alpha) = 90 \rightarrow \alpha = 0.1 \text{ 이므로 } z_{\frac{\alpha}{2}} = z_{0.05} = 1.645 \text{ 이다.}$$

(ii) 신뢰도 95%에 대응하는 유의수준 α에 대한 계수는

$$100(1-\alpha) = 95 \rightarrow \alpha = 0.05 \text{ 이므로 } z_{\frac{\alpha}{2}} = z_{0.025} = 1.96 \text{ 이다.}$$

(iii) 신뢰도 99%에 대응하는 유의수준 α에 대한 계수는

$$100(1-\alpha) = 99 \rightarrow \alpha = 0.01 \text{ 이므로 } z_{\frac{\alpha}{2}} = z_{0.005} = 2.58 \text{ 이다.}$$

〈예제 5-1〉

어떤 학교 학생들의 평균 I.Q.는 μ와 $\sigma^2 = 36$인 정규분포를 따른다고 한다. 평균 I.Q.를 추정하기 위해 임의로 30명의 학생에 대하여 조사한 결과 $\overline{X} = 111$이었다. 이 학교 학생들의 평균 I.Q.에 대한 신뢰도 95%의 신뢰구간을 구하여라.

풀이 95%의 신뢰구간을 구하는 것이므로 $z_{\frac{\alpha}{2}} = z_{0.025} = 1.96$ 으로부터, 이 학교 학생들의 평균 I.Q.에 대한 신뢰구간은

$$\left(111 - 1.96\frac{\sqrt{36}}{\sqrt{30}},\ 111 + 1.96\frac{\sqrt{36}}{\sqrt{30}}\right) = (108.85,\ 113.15)$$ 이다. //

〈예제 5-2〉

우리나라 성인의 한 달 휴대폰 통화요금의 평균을 알아보기 위하여 임의로 성인 100명을 추출하여 조사하였더니 표본평균이 $\overline{X} = 35$이고 표본표준편차가 $S = 20$ 이었다. 우리나라 성인의 한 달 휴대폰 통화요금에 대한 평균을 신뢰도 95%의 신뢰구간으로 추정하여라.

풀이 모집단의 분포를 모르더라도 표본의 크기가 대표본이므로 신뢰도 95%의 신뢰구간은

$$\left(\overline{X} - 1.96\frac{S}{\sqrt{n}},\ \overline{X} + 1.96\frac{S}{\sqrt{n}}\right) = \left(35 - 1.96\frac{20}{\sqrt{100}},\ 35 + 1.96\frac{20}{\sqrt{100}}\right)$$

$$= (35 - 3.92,\ 35 + 3.92) = (31.08,\ 38.92)$$ 이다. //

모평균 μ에 대한 구간추정은 표본의 크기 n이 클 때만 정규분포로 근사하여 구할 수 있다. 그러나 소표본에서는 모집단이 정규분포를 따를 때에도 σ 대신 S를 대입한 것이 오차로 인하여 정규분포와 많이 다를 수 있다. 그러므로 소표본의 경우에는 t-분포를 이용해서 모평균 μ에 대한 신뢰구간을 다음과 같이 구한다.

소표본인 경우 모평균 μ의 신뢰구간	**소표본($n < 30$)의 경우**에 모평균 μ에 대한 신뢰도 $100(1-\alpha)\%$의 신뢰구간은 다음과 같다. $\left(\overline{X} - t_{\frac{\alpha}{2}}(n-1)\frac{S}{\sqrt{n}},\ \ \overline{X} + t_{\frac{\alpha}{2}}(n-1)\frac{S}{\sqrt{n}}\right)$ 단, 모집단은 정규분포를 따른다.

참고 모집단의 분포가 정규분포를 따르지 않고 소표본인 경우에는 모평균 μ의 신뢰구간을 구할 수 없다.

〈예제 5-3〉

우리나라 고등학교 학생들의 평균 키를 조사하기 위해서 16명의 고등학생을 임의추출하여 조사한 결과 평균 172cm, 표준편차 3.5cm였다고 한다. 우리나라 전체 고등학교 학생들의 평균 키의 분포가 정규분포를 따른다고 할 때, 그 평균에 대한 신뢰도 90%의 신뢰구간을 구하여라.

풀이 표본의 크기는 $n = 16$ 이므로 소표본이다. 이때, 표본평균 $\overline{X} = 172$, 표준편차는 $S = 3.5$ 이므로 신뢰도 90%의 신뢰구간은

$$\overline{X} \pm t_{0.05}(15)\frac{S}{\sqrt{n}} = 172 \pm (1.753)\frac{3.6}{\sqrt{16}} = 172 \pm 1.578$$

즉, 구하는 신뢰구간은 $(170.42,\ 173.58)$ 이다. //

§3 모비율의 구간추정

모비율 p에 대한 구간추정은 점추정량인 표본비율 $\hat{p}$의 분포로부터 얻어진다.

모비율이 p인 이항모집단에서 크기가 n인 표본 $X_1,\ X_2,\ \cdots,\ X_n$을 추출하였을 때,

$$Y = \sum_{i=1}^{n} X_i \sim B(n,\ p)$$

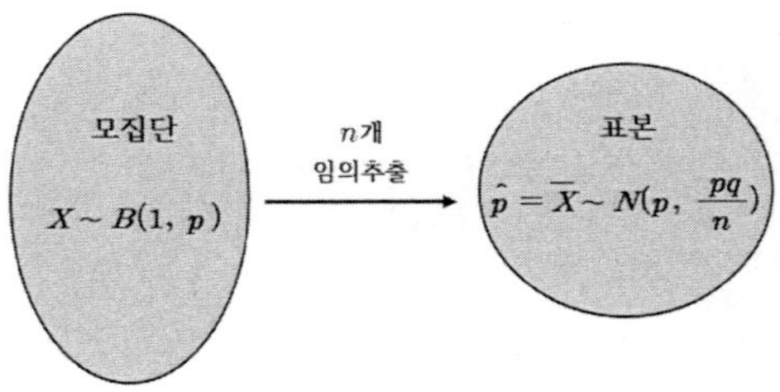

이므로 표본비율 $\hat{p}$ 은 중심극한정리에 의해 $n \to \infty$ 이면 $\hat{p} = \overline{X} \sim N(p,\ \frac{pq}{n})$ 이 성립한다.

따라서 $n \to \infty$ 이면 $Z = \dfrac{\hat{p} - p}{\sqrt{\frac{pq}{n}}} \sim N(0,\ 1)$ 이다. 그러나, 모표준편차 $\sqrt{\frac{pq}{n}}$ 는 미지의 값이므로 표본의 값인 $\sqrt{\frac{\hat{p}\hat{q}}{n}}$ 으로 대입해도 근사적으로 $Z = \dfrac{\hat{p} - p}{\sqrt{\frac{\hat{p}\hat{q}}{n}}} \sim N(0,\ 1)$ 이 성립한다.

따라서 표본의 크기가 클 때, 모비율 p에 대한 신뢰도 $100(1-\alpha)\%$에 대한 신뢰구간은

$$\left(\hat{p} - Z_{\frac{\alpha}{2}}\sqrt{\frac{\hat{p}\hat{q}}{n}},\ \hat{p} + Z_{\frac{\alpha}{2}}\sqrt{\frac{\hat{p}\hat{q}}{n}}\right)$$

이다. 일반적으로, 이항분포를 정규분포로 근사시킬 때 표본의 크기가 크다는 것은 $n\hat{p} > 5,\ n\hat{q} > 5$일 때이다.

한편, 위의 식에서 $Z_{\frac{\alpha}{2}}\sqrt{\frac{\hat{p}\hat{q}}{n}}$ 의 최댓값은 $Z_{\frac{\alpha}{2}}\sqrt{\frac{1}{4n}}$ 이다. 이 최댓값을 **최대허용오차한계**라고 한다. 일반적으로 여론조사 기관에서는 모비율 p의 신뢰구간을 최대허용오차한계를 이용하여 구한다.

대표본인 경우 모비율 p의 신뢰구간	**대표본($n\hat{p} > 5,\ n\hat{q} > 5$)의 경우**에 모비율 p대한 신뢰도 $100(1-\alpha)\%$의 신뢰구간은 $\left(\hat{p} - Z_{\frac{\alpha}{2}}\sqrt{\frac{\hat{p}\hat{q}}{n}},\ \hat{p} + Z_{\frac{\alpha}{2}}\sqrt{\frac{\hat{p}\hat{q}}{n}}\right),\quad \hat{q} = 1-\hat{p}$ 이다.

〈예제 5-4〉

어떤 지역에서 자동차를 2대 이상 보유한 가구의 비율을 추정하기 위해서 그 지역에 있는 100가구를 임의추출하여 조사였더니 20가구가 2대 이상의 자동차를 보유하였다. 이 지역에서 2대 이상의 자동차를 보유한 가구의 비율을 신뢰도 95%의 신뢰구간으로 추정하여라.

풀이 표본비율 $\hat{p}$은 $\hat{p} = \frac{20}{100} = 0.2$ 이고, $n\hat{p} > 5,\ n\hat{q} > 5$ 이므로 $\hat{p}$의 분포는 근사적으로 정규분포를 따른다. 따라서, 모비율 p에 대한 신뢰도 95%의 신뢰구간은

$$\hat{p} \pm 1.96\sqrt{\frac{\hat{p}\hat{q}}{n}} = 0.2 \pm 1.96\sqrt{\frac{(0.2)(0.8)}{100}} = 0.2 \pm 0.0784 \text{ 이다.}$$

즉, 구하는 신뢰구간은 $(0.12,\ 0.28)$ 이다. //

이항모집단의 모수 p에 대한 신뢰구간을 추정할 때, 대표본($n\hat{p} > 5,\ n\hat{q} > 5$) 이면 정규 분포를 이용하여 근사 신뢰구간을 구할 수 있지만 소표본이면 정규분포를 이용할 수 없다.

통계 이야기

우리나라 최초의 여론조사

1430년 세종대왕은 우리나라 최초의 전 국민 여론조사를 실시하였다.

“정부·육조와 각 관사와 한양 안의 전직 각 품관과 각 도의 관찰사·수령 및 품관부터 여염의 세민에 이르기까지 모두 가부를 물어서 아뢰게 하라” (세종실록)

전 국민 여론조사의 대상은 172,648명, 여론조사를 하기 위해 걸린 시간은 약 5개월이었다. 왕의 명령은 하늘의 뜻이고 법과 같았던 조선시대에 세종대왕은 왜 국민의 의견을 묻는 파격적인 정책을 실시하였을까?

세종대왕이 하고자 했던 것은 세제개혁이었다. 기존에는 손실답험법이라는 방법을 사용했는데, 이는 논밭에 대한 세금을 거둘 때 그 해에 곡식이 얼마나 산출되었는가를 보고 세율을 정하는 것으로 흉년이면 조금 거두고, 풍년에는 많이 거두는 제도였다. 제도의 의도는 좋으나 흉년과 풍년을 가르는 기준이 명확하지 않았고, 땅을 소유한 지주들이 조사관에게 뇌물을 바쳐 수확량을 축소해 보고하는 것이 관행적이었기 때문에 이를 타파하기 위한 제도가 필요하였다.

세종대왕은 공법제도를 도입하고자 하였다. 공법은 정액세로써 흉작이던 풍작이던 토지의 크기에 따라 동일한 세금을 내는 것이다. 일견 불합리해 보이지만 워낙 탈세가 많았기 때문에 아주 적은 정액세를 부과하더라도 제대로만 걷히면 지금보다 나아지리라는 세종대왕의 계산이 있었다.

그러나 신하들의 반대가 만만치 않았다. 지금도 마찬가지이지만 그 당시 조정 대신들은 기본적으로 대지주였다. 조세 투명성을 높이는 제도이기 때문에 찬성할 수 없었던 것이었다. 청렴한 정승으로 유명한 황희 정승조차 반대하였다.

결국 세종대왕은 여론조사 결과를 이용하여 공법제도를 도입하기 위해서 전 국민 여론조사 방법을 택하였다.

2 가설검정

가설검정이란 모집단에 대한 미지의 모수에 대한 어떤 예상이나 주장 등의 옳고 그름을 판정하거나, 주장 또는 추측의 타당성 여부를 확인하여 채택 또는 기각을 결정하는 과정이다. 가설의 타당성을 직관이나 주관으로 판정하면 오류를 범할 가능성이 높으나 확률을 이용하여 객관적이고 합리적으로 판정하면 의사결정에 매우 유용한 방법이 될 수 있다.

이 절에서는 가설검정의 뜻과 절차에 대하여 알아본다.

§1 가설검정

모집단 분포나 모수에 대한 어떤 추측이나 주장을 **통계적 가설**(statistical hypothesis) 또는 간단히 **가설**이라고 한다. **가설검정**이란 가설이 옳고 그름을 주어진 오차 범위 안에서 통계적 방법으로 판정하는 것이다. 가설의 진위여부를 판정함에 있어서 모집단의 개체 전수를 조사한다는 것은 현실적으로 불가능하므로 대상 모집단으로부터 추출한 표본을 토대로 모수에 대한 가설을 검정하는데 이때, 구간추정에서와 마찬가지로 모수의 통계량인 표본평균 또는 표본분산 등의 분포를 이용한다.

보기

어느 전구 제조회사는 생산된 전구의 평균수명이 800시간이고, 표준편차는 100시간인 정규분포를 따른다고 한다. 이와 같은 주장의 진위여부를 파악하기 위하여 그 회사에서 생산된 전구 중에서 100개를 임의로 추출하여 수명을 조사한 결과, 표본평균이 780시간이었다면 그 회사의 주장이 옳다고 판정할 수 있는지를 생각해보자.

풀이 전구의 평균수명을 확률변수 X로 나타내면 X의 분포는 $X \sim N(\mu,\ \sigma^2)$이고, 이 모집단에서 추출한 크기 $n = 100$ 의 표본으로 얻은 표본평균은 $\overline{X} = 780$ 이다.

이제 "그 제조회사의 전구의 평균수명이 800시간이다"라는 가설을 H_0라고 하면 H_0는 다음과 같이 나타낼 수가 있다.

$$H_0 : \mu = 800$$

이 가설을 **귀무가설**(null hypothesis) 이라고 한다. 이에 대하여 "그 제조회사의 전구의 평균수명이 800시간 미만이다" 라는 가설은 $H_1 : \mu < 800$ 과 같이 나타낼 수 있고, 이 가설을 **대립가설**(alternative hypothesis)이라고 한다. 대립가설은 $H_1 : \mu > 800$ 또는 $H_1 : \mu \neq 800$ 와 같이 세울 수 있다.

일반적으로 가설을 세울 때는 귀무가설과 대립가설은 서로소이고, 귀무가설에는 등호가 포함되어야 한다. 또, 가설은 검정하는 사람이 분석 목적에 적합하도록 세우면 되지만 채택되기를 원하는 가설을 대립가설로 세우는 것이 보통이다.

위의 가설에서 제조업자의 주장이 옳다면 표본평균 $\overline{X}$는 모평균 $\mu = 800$에 가까운 값이 나오겠지만 $\overline{X}$의 값이 800보다 훨씬 작다면 제조업자의 말은 옳지 않다고 결론 내려야 할 것이다. 이때, 그 주장의 진위여부를 판단하는 기준인 $\overline{X}$의 값은 어떻게 구해야 하는가?

만일 귀무가설 H_0가 참인데도 H_0를 기각하는 오류를 범할 확률이 0.05보다 작도록 정하자(이 확률은 0.01, 0.1 등의 값으로도 정할 수 있다).

귀무가설 H_0가 참일 때, $\overline{X}$ 의 분포는

$$\overline{X} \sim N(\mu = 800,\ \frac{\sigma^2}{n} = \frac{100^2}{100}\ ) \text{ 이다.}$$

즉, $Z = \dfrac{\overline{X} - 800}{10} \sim N(0,\ 1)$ 이므로, $P(\ Z = \dfrac{\overline{X} - 800}{10} < -1.645\ ) < 0.05$ 이 성립한다. 따라서 표본 관측값으로 구한 Z의 값이 -1.645 보다 작으면 귀무가설 H_0를 기각하고 대립가설 H_1 을 채택한다. 그런데 표본평균이 $\overline{X} = 780$ 이므로 $Z = \dfrac{780 - 800}{10} = -2$ 이다. 따라서 귀무가설 H_0 를 기각하고 제조회사의 주장과 달리 $\mu < 800$ 이라고 판정한다.

이제 위의 검정과정을 일반화하여 보자.

위에서 모평균 μ을 검정하는데 표본평균 $\overline{X}$ 의 분포를 이용하였다. 이처럼 검정에 이용되는 통계량을 **검정통계량**(test statistic)이라고 한다. 일반적으로 모평균을 검정하는 경우에는 표본평균, 모비율을 검정하는 경우에는 표본비율, 모분산을 검정하는 경우에는 표본분산(의 함수)이 검정통계량이 된다.

귀무가설을 기각하거나 채택하는 결정은 검정통계량의 분포에 의한다. 이때, 귀무가설 H_0을

기각하는 영역을 **기각역**(reject region or critical region), 귀무가설 H_0을 채택하는 영역을 **채택역**(acceptance region)이라고 한다.

앞의 <보기>에서 μ는 미지의 수이므로, 두 가설 H_0와 H_1 중에 어느 하나가 옳은가를 수리적으로 증명할 수는 없다. 따라서 검정결과에 따른 결정에 대하여 다음과 같은 두 가지 오류를 생각할 수 있다.

검정결과 \ 사실	H_0 : 참	H_0 : 거짓
H_0 : 채택	옳은 결정	제 2종 오류
H_0 : 기각	제 1종 오류	옳은 결정

(1) 제 1종 오류 : 귀무가설이 참인데도 귀무가설을 기각할 확률이다. 즉,

$$\alpha = P(H_0 : \text{기각} \mid H_o : \text{참})$$

(2) 제 2종 오류 : 귀무가설이 거짓인데도 귀무가설을 채택할 확률이다. 즉,

$$\beta = P(H_0 : \text{채택} \mid H_o : \text{거짓})$$

바람직한 검정은 제 1종 오류와 제 2종 오류를 모두 최소화하는 것이다. 그러나 α와 β를 동시에 최소화하는 검정법은 없는 것으로 알려져 있다. 따라서 α를 고정하고 β를 최소화(또는 $1-\beta$를 최대화)하는 것이 일반적인 검정 방법이다. 이때, 미리 고정한 α의 최대허용한계를 유의수준이라고 하고, $1-\beta$를 검정력이라고 한다. 즉, 유의수준은 제 1종 오류를 범할 최대 확률이므로, 유의수준 α인 검정법이란 제 1종 오류를 범할 확률이 α이하인 검정법을 뜻한다.

참고 가설검정의 절차

(1) 가설 설정 : 주어진 검정 문제에 적합한 가설(H_0와 H_1)을 설정한다.

(2) 검정통계량 선택 : 가설을 검정하기 위한 통계량을 선택하고 그 분포를 고려한다.

(3) H_0의 기각역 설정 : 주어진 유의수준 α에서 $\alpha = P(H_0 : \text{기각} \mid H_o : \text{참})$을 만족하는 검정통계량의 범위를 설정한다.

(4) H_0의 기각여부 결정 : H_0의 기각역이 설정되면 검정통계량의 관측값과 비교해서 기각여부를 판정한다.

3 한 모집단에 대한 가설검정

한 모집단에 대한 가설은 그 모집단의 여러 가지 특성, 예를 들면 모집단의 분포, 모평균, 모분산 등에 대하여 세울 수 있다. 이와 같은 가설에 대한 검정은 검정통계량의 분포를 알면 쉽게 해결될 수 있다.

이 장에서는 모평균, 모비율에 대한 가설검정을 다룬다.

§1 모평균에 대한 가설검정

모평균 μ에 대한 검정은 구간추정에서와 같은 조건으로 나누어 이루어진다.

모집단의 분포가 정규분포 $X \sim N(\mu,\ \sigma^2)$ 또는 그 이외의 분포 $X \sim f(\mu,\ \sigma^2)$인 경우에 모평균 μ에 대한 가설은 다음과 같이 세울 수 있다.

$$H_0\ :\ \mu = \mu_0\ (\text{단, } \mu_0 \text{ 는 상수}), \qquad H_1\ :\ \mu < \mu_0 \quad (\text{또는 } \mu > \mu_0,\ \mu \neq \mu_0)$$

이때, 모평균의 검정통계량은 $\overline{X}$ 의 표준화변수인 $Z = \dfrac{\overline{X} - \mu}{\sigma / \sqrt{n}}$ 또는 $Z = \dfrac{\overline{X} - \mu}{S / \sqrt{n}}$ 이다.

1. 모분산이 알려진 경우

표본의 크기와 관계없이 모집단의 분포가$X \sim N(\mu,\ \sigma^2)$일 때, 표본평균 $\overline{X}$ 의 분포는 $\overline{X} \sim N(\mu,\ \dfrac{\sigma^2}{n})$ 이다.

따라서 표준화변수 $Z = \dfrac{\overline{X} - \mu}{\sigma / \sqrt{n}} \sim N(0,\ 1)$ 이다. 그러므로 대립가설이 $H_1 : \mu < \mu_0$일 때, H_0의 기각역은 Z 분포의 좌측 꼬리에 유의수준 α 만큼의 확률로 잡는 것(좌측검정)이다. 즉,

$$\alpha = P(H_0: \text{기각} \mid H_o: \text{참}) = P\left(Z = \frac{\overline{X} - \mu_0}{\sigma/\sqrt{n}} \le -Z_\alpha\right)$$

따라서 H_0가 참일 때, 검정통계량 Z가

$$Z = \frac{\overline{X} - \mu_0}{\sigma/\sqrt{n}} \le -Z_\alpha$$

이면 H_0를 기각한다.

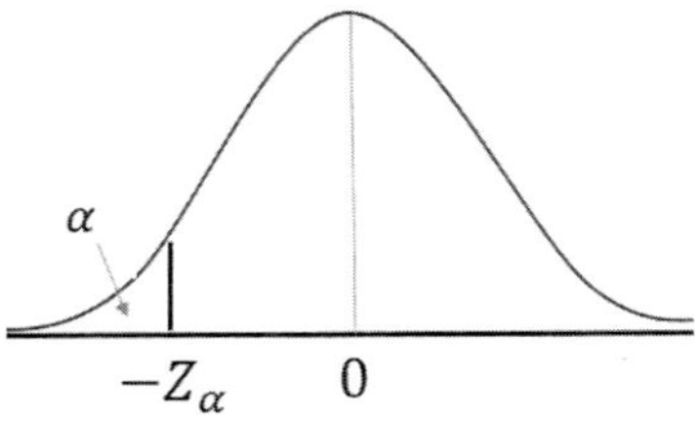

H_0	H_1	검정통계량	H_0의 기각역
$\mu = \mu_0$ (또는 $\mu \geqq \mu_0$)	$\mu < \mu_0$: 좌측검정	$Z = \frac{\overline{X} - \mu_0}{\sigma/\sqrt{n}}$	$Z \le -Z_\alpha$
$\mu = \mu_0$ (또는 $\mu \leqq \mu_0$)	$\mu > \mu_0$: 우측검정		$Z \ge Z_\alpha$
$\mu = \mu_0$	$\mu \ne \mu_0$: 양측검정		$\mid Z \mid \ge Z_{\alpha/2}$

2. 모분산이 알려져 있지 않고 대표본인 경우

표본평균 $\overline{X}$ 의 분포는 모집단 분포에 의해서 결정되므로 정규모집단이 아닌 경우에 $\overline{X}$ 의 분포를 일률적으로 말할 수 없지만 중심극한정리에 의하여, $n \to \infty$ 이면 $\overline{X} \sim N(\mu, \frac{\sigma^2}{n})$ 이므로 대표본인 경우에는 정규모집단의 여부와 관계없이 $\overline{X} \sim N(\mu, \frac{\sigma^2}{n})$이다. 따라서 $n \to \infty$ 이면 $Z = \frac{\overline{X} - \mu}{\sigma / \sqrt{n}} \sim N(0, 1)$ 이다. 이식에서 모표준편차 σ 대신에 표본표준편차 S 로 바꾸어 주어도 $n \to \infty$ 이면 $Z = \frac{\overline{X} - \mu}{S/\sqrt{n}} \sim N(0, 1)$ 이 성립한다. 그러므로 H_0의 기각역은 다음과 같다.

H_0	H_1	검정통계량	H_0의 기각역
$\mu = \mu_0$ (또는 $\mu \geqq \mu_0$)	$\mu < \mu_0$	$Z = \frac{\overline{X} - \mu_0}{S/\sqrt{n}}$	$Z \le -Z_\alpha$
$\mu = \mu_0$ (또는 $\mu \leqq \mu_0$)	$\mu > \mu_0$		$Z \ge Z_\alpha$
$\mu = \mu_0$	$\mu \ne \mu_0$		$\mid Z \mid \ge Z_{\alpha/2}$

3. 모분산이 알려져 있지 않고 소표본인 경우

모평균의 구간추정에서 모분산이 알려지지 않고 표본의 크기가 작은 경우에는 정규모집단 여부와 관계없이 검정통계량은 $T = \dfrac{\overline{X} - \mu_0}{S/\sqrt{n}} \sim t(n-1)$ 이므로 H_0의 기각역은 다음과 같다.

H_0	H_1	검정통계량	H_0의 기각역
$\mu = \mu_0$ (또는 $\mu \geqq \mu_0$)	$\mu < \mu_0$	$T = \dfrac{\overline{X} - \mu_0}{S/\sqrt{n}}$	$T \leq -t_\alpha(n-1)$
$\mu = \mu_0$ (또는 $\mu \leqq \mu_0$)	$\mu > \mu_0$		$T \geq t_\alpha(n-1)$
$\mu = \mu_0$	$\mu \neq \mu_0$		$\mid T \mid \geq t_{\alpha/2}(n-1)$

〈예제 5-5〉

한 질병에 대한 기존 치료법에 대한 치료기간은 평균 15일이고 표준편차는 3일인 정규분포를 따른다고 한다. 이 질병에 대한 치료법을 새로 개발한 의료진들은 새로운 치료법이 치료기간을 단축시킨다고 주장한다. 이를 확인하기 위해서 이 병을 앓고 있는 9명의 환자를 임의로 추출하여 관찰한 결과 표본평균 $\overline{X} = 13$을 얻었다. 새로운 치료법에 의한 치료기간에 대하여 치료법을 개발한 의료진들의 주장이 옳은지를 유의수준 $\alpha = 0.05$로 검정하여라.
(단, 새로운 치료법에 의한 치료기간도 표준편차가 3일인 정규분포를 따른다고 가정한다.)

풀이 새로운 치료법에 의한 평균치료기간을 μ라고 하면 가설을 다음과 같이 설정할 수 있다.

$$H_0 : \mu = 15 , \qquad H_1 : \mu < 15$$

표본의 크기는 $n = 9$로 소표본이다. 따라서 검정 통계량의 관찰값은

$$Z = \frac{\overline{X} - \mu_0}{\sigma/\sqrt{n}} = \frac{13-15}{3/\sqrt{9}} = -2 < -1.645 = -Z_{0.05} \text{ 이다.}$$

그러므로 귀무가설 H_0를 기각한다. 즉, 의료진들의 주장이 옳다고 할 수 있다. //

〈예제 5-6〉

어떤 택배회사에서는 하루 배송 건수의 평균이 880건 이라고 한다. 이것이 사실인지를 확인하기 위해서 50일 동안 하루 배송 건수를 조사한 결과 $\overline{X} = 871$, $S = 21$이었다. 택배회사의 하루 배송 건수의 평균에 대하여 유의수준 $\alpha = 0.05$로 검정하여라.

풀이 택배회사의 하루 배송 건수의 평균을 μ라고 하면 가설은 다음과 같이 세울 수 있다.

$$H_0 : \mu = 880 \ , \qquad H_1 : \mu \neq 880$$

표본의 크기가 대표본이므로 검정 통계량은 $Z = \dfrac{\overline{X} - \mu_0}{S/\sqrt{n}}$ 이고 그 관측값은

$Z = \dfrac{871 - 880}{21/\sqrt{50}} = -3.03$ 이다. 유의수준 $\alpha = 0.05$일 때, 귀무가설 H_0의 기각역은

$|Z| = 3.03 > Z_{0.025} = 1.96$ 이므로 귀무가설 H_0을 기각한다. 즉, 택배회사의 하루 배송건수의 평균은 880건이라고 할 수 없다. //

〈예제 5-7〉

어느 보건학자가 우리나라 중학교 학생들의 평균 키가 168cm라고 생각하였다. 이생각이 타당한지를 검증하기 위해서 16명의 중학생을 임의추출하여 조사한 결과 평균 170cm, 표준편차 3cm였다고 한다. 이 보건학자의 생각이 맞는지 유의수준 10%로 검정하여라.

풀이 우리나라 중학교 학생들의 평균 키를 μ 라고 하면 가설은 다음과 같이 세울 수 있다.

$$H_0 : \mu = 168 \ , \qquad H_1 : \mu > 168$$

표본의 크기는 소표본이므로 검정 통계량의 관찰값은

$$T = \frac{\overline{X} - \mu_0}{S/\sqrt{n}} = \frac{170 - 168}{3/\sqrt{16}} = 2.67 > 1.341 = t_{0.1}(15) \text{ 이다.}$$

따라서 귀무가설 H_0를 기각한다. 즉, 우리나라 중학교 학생들의 평균 키가 168cm 라고 할 수 없다. 따라서 우리나라 중학교 학생들의 평균 키에 대한 보건학자의 생각은 타당하다고 할 수 없다. //

§2 모비율에 대한 가설검정

모비율에 대한 가설검정은 모평균의 가설검정 방법과 같다. 모비율 p에 대한 가설은 다음과 같이 설정할 수 있다.

$$H_0 : p = p_0 \ , \qquad H_1 : p < p_0 \quad (\text{또는} \quad p > p_0 \ , \ p \neq p_0)$$

이때, 모비율 p에 대한 검정통계량은 $\hat{p}$이고, $\hat{p}$의 분포는 다음과 같다.

$n \to \infty$ 일 때, $\hat{p} \sim N(p, \frac{pq}{n})$이다. 따라서 $n \to \infty$ 일 때, $Z = \frac{\hat{p} - p}{\sqrt{\frac{pq}{n}}} \sim N(0, 1)$ 이다.

그러므로 대립가설이 $H_1 : p < p_0$일 때, H_0 의 기각역은 Z 분포의 좌측 꼬리에 유의수준 α 만큼의 확률이다. 즉, $\alpha = P(H_0 : \text{기각} \mid H_0 : \text{참}) = P(Z \leq -Z_\alpha \mid p = p_0)$

따라서, 검정통계량 Z 관측값이

$$Z = \frac{\hat{p} - p_0}{\sqrt{p_0 q_0 / n}} \leq -Z_\alpha$$

이면 H_0를 기각한다.

| 이항모집단에서 $np_0 > 5$, $nq_0 > 5$ 인 경우 |

H_0	H_1	검정통계량	H_0의 기각역
$p = p_0$ (또는 $p \geqq p_0$)	$p < p_0$		$Z \leq -Z_\alpha$
$p = p_0$(또는 $p \leqq p_0$)	$p > p_0$	$Z = \frac{\hat{p} - p_0}{\sqrt{p_0 q_0 / n}}$	$Z \geq Z_\alpha$
$p = p_0$	$p \neq p_0$		$\lvert Z \rvert \geq Z_{\alpha/2}$

〈예제 5-8〉

어느 도시의 자체조사에 의하면 공해규제안의 입법추진에 대한 찬성률이 20%라고 한다. 공해추방시민모임에서 이를 확인하기 위해 100명의 시민을 임의로 추출하여 조사한 결과 찬성자의 수가 28명이었다. 이 결과로부터 공해규제안의 입법추진에 대한 찬성률이 20%보다 높은지를 유의수준 0.05로 검정하여라.

풀이 공해규제안의 입법추진에 대한 찬성률을 p라고 할 때, 가설은 다음과 같이 설정할 수 있다.

$$H_0 : p \leq 0.2 , \qquad H_1 : p > 0.2$$

이때, 크기 $n = 100$인 표본으로부터 공해규제안의 입법추진에 찬성에 대한 표본비율은 $\hat{p} = \frac{28}{100} = 0.28$이고 $np_0 = 20 > 5$이고 $nq_0 = 80 > 5$ 이므로 검정통계량은 Z이다. Z의 관찰값은

$$Z = \frac{\hat{p} - p_0}{\sqrt{p_0 q_0 / n}} = \frac{0.28 - 0.2}{\sqrt{(0.2)(0.8)/200}} = 2 > 1.645 = Z_{0.05} \text{ 이다.}$$

따라서 H_0를 기각한다. 즉, 공해규제제안의 입법추진에 대한 찬성률이 20%보다 높다고 할 수 있다. //

〈예제 5-9〉

어느 집단의 구성원 중에 25% 이하가 대졸이상의 학력을 지니고 있다고 한다. 그런데 이 모집단에서 200명을 임의로 추출하여 조사한 결과 그중 42명이 대졸이상의 학력을 지니고 있었다. 이 조사 결과로 그 집단 구성원 중 25%이하가 대졸이상의 학력을 지니고 있다는 말을 지지할 수 있는지를 유의수준 0.05로 검정하여라.

풀이 그 집단의 대졸이상 학력소지자의 비율을 p라고 하면 가설은 다음과 같이 설정할 수 있다.

$$H_0 : p \leq 0.25 , \qquad H_1 : p > 0.25$$

이때, 검정통계량은 Z이고, 크기 $n = 200$ 인 표본으로부터 대졸이상 학력소지자의 표본비율은 $\hat{p} = 0.21$ 이므로 Z의 관측값은

$$Z = \frac{\hat{p} - p_0}{\sqrt{p_0 q_0 / n}} = \frac{0.21 - 0.25}{\sqrt{0.25 \times 0.75/200}} = -1.31$$

유의수준 $\alpha = 0.05$에서 $Z = -1.31 > Z_{0.05} = -1.645$이므로 H_0를 기각할 수 없다. 즉, 그 단체에는 대졸이상 학력소지자가 25% 이하라고 할 수 있다. //

4 두 모집단에 대한 가설검정

한 모집단에서의 검정은 두 모집단에서의 검정으로 확대할 수 있다. 두 모집단에서의 모수의 차, 모수의 비 등에 대한 검정도 그 차 또는 비에 대한 검정통계량의 분포를 알면 쉽게 해결될 수 있다.

이 절에서는 첫 번째 모집단으로부터 크기가 n_1 인 확률표본을 추출하고, 두 번째 모집단으로부터 크기가 n_2 인 확률표본을 추출하여 두 모평균의 차에 대한 검정을 알아본다. 본 절에서는 두 모집단의 분포가 정규분포인 경우를 가정하고 있다.

§1 두 모평균 차에 대한 가설검정

두 모평균의 차이에 대한 검정은 두 모집단이 서로 독립인 경우와 종속인 경우로 나누어 검정한다.

1. 두 모집단이 독립인 경우

두 모집단이 서로 독립이고 각각 정규분포 $X \sim N(\mu_1,\ \sigma_1^2)$, $Y \sim N(\mu_2,\ \sigma_2^2)$를 따른다고 할 때, 두 모평균의 차 $\mu_1 - \mu_2$에 대한 가설은 다음과 같이 설정할 수 있다.

$$H_0 :\ \mu_1 - \mu_2 = D_0\,, \qquad H_1 :\ \mu_1 - \mu_2 < D_0 \ \ (\text{또는}\ \ \mu_1 - \mu_2 > D_0\,,\ \ \mu_1 - \mu_2 \neq D_0)$$

이때, 두 모평균의 차 $\mu_1 - \mu_2 = D_0$에 대한 검정통계량은

$(\overline{X} - \overline{Y}) \sim N(D_0\,,\ \dfrac{\sigma_1^2}{n_1} + \dfrac{\sigma_2^2}{n_2})$이다. 따라서 $Z = \dfrac{(\overline{X} - \overline{Y}) - D_0}{\sqrt{\dfrac{\sigma_1^2}{n_1} + \dfrac{\sigma_2^2}{n_2}}} \sim N(0,\ 1)$ 이다.

그러므로 대립가설이 $H_1 :\ \mu_1 - \mu_2 < D_0$일 때, H_0의 기각역은 Z 분포의 좌측 꼬리에 유의수준 α 만큼의 확률로 잡는 것이다.

$$\alpha = P(H_0 : \text{기각} \mid H_o : \text{참}) = P\left(Z = \frac{(\overline{X} - \overline{Y}) - D_0}{\sqrt{\frac{\sigma_1^2}{n_1} + \frac{\sigma_2^2}{n_2}}} \le -Z_\alpha\right) \cdots\cdots \text{①식}$$

즉, 검정통계량 Z가 $Z = \frac{(\overline{X} - \overline{Y}) - D_0}{\sqrt{\frac{\sigma_1^2}{n_1} + \frac{\sigma_2^2}{n_2}}} \le -Z_\alpha$ 이면 H_0를 기각한다.

그런데 이 식에서 모분산 σ_1^2, σ_2^2은 대부분의 경우에 미지의 값이므로 Z의 값을 구할 수 없다. 이때 식 ①에서 모분산 σ_1^2, σ_2^2 대신에 표본표준편차 S_1^2, S_2^2로 바꾸면 $Z = \frac{(\overline{X} - \overline{Y}) - D_0}{\sqrt{\frac{S_1^2}{n_1} + \frac{S_2^2}{n_2}}}$ 의 분포는 대표본인 경우(n_1, $n_2 > 30$)에는 표준정규분포로 근사하지만 소표본의 경우에는 더이상 정규분포에 따르지 않는다. 그러나 등분산 $\sigma_1^2 = \sigma_2^2 = \sigma^2$을 가정하면

$$T = \frac{(\overline{X} - \overline{Y}) - D_0}{S\sqrt{\frac{1}{n_1} + \frac{1}{n_2}}} \sim t(n_1 + n_2 - 2) \qquad \left(\text{단, } S^2 = \frac{(n_1 - 1)S_1^2 + (n_2 - 1)S_2^2}{n_1 + n_2 - 2}\right)$$

이므로, H_0의 기각역은

$$\alpha = P(H_0 : \text{기각} \mid H_o : \text{참}) = P\left(T = \frac{(\overline{X} - \overline{Y}) - D_0}{S\sqrt{\frac{1}{n_1} + \frac{1}{n_2}}} \le -t_\alpha(n_1 + n_2 - 2)\right)$$

이다. 즉, 검정통계량

$$T = \frac{(\overline{X} - \overline{Y}) - D_0}{S\sqrt{\frac{1}{n_1} + \frac{1}{n_2}}} \le -t_\alpha(n_1 + n_2 - 2) \quad \text{이면, } H_0\text{를 기각한다.}$$

두 모평균의 차 $\mu_1 - \mu_2$에 대한 가설은 다음과 같이 대표본인 경우와 소표본인 경우로 나눈다.

| 대표본(n_1, $n_2 > 30$)의 경우: 두 모집단이 독립 |

H_0	H_1	검정통계량	H_0의 기각역
$\mu_1 - \mu_2 = 0$	$\mu_1 - \mu_2 < 0$	$Z = \frac{\overline{X} - \overline{Y}}{\sqrt{\frac{S_1^2}{n_1} + \frac{S_2^2}{n_2}}}$	$Z \le -Z_\alpha$
	$\mu_1 - \mu_2 > 0$		$Z \ge Z_\alpha$
	$\mu_1 - \mu_2 \ne 0$		$\lvert Z \rvert \ge Z_{\alpha/2}$

| 소표본인(n_1, $n_2 < 30$) 경우 : 두 모집단이 독립, 등분산 $\sigma_1^2 = \sigma_2^2 = \sigma^2$을 가정 |

H_0	H_1	검정통계량	H_0의 기각역
$\mu_1 - \mu_2 = 0$	$\mu_1 - \mu_2 < 0$	$T = \dfrac{\overline{X} - \overline{Y}}{S\sqrt{\dfrac{1}{n_1} + \dfrac{2}{n_2}}}$	$T \le -t_\alpha(n_1 + n_2 - 2)$
	$\mu_1 - \mu_2 > 0$		$T \ge t_\alpha(n_1 + n_2 - 2)$
	$\mu_1 - \mu_2 \ne 0$		$\vert T \vert \ge t_{\alpha/2}(n_1 + n_2 - 2)$

(단, S^2 은 공통표본분산으로 $S^2 = \dfrac{(n_1 - 1)S_1^2 + (n_2 - 1)S_2^2}{n_1 + n_2 - 2}$)

〈예제 5-10〉

자동차를 소유한 대학생이 학업 성취도에 영향을 미치는지를 조사하기 위해서 자동차 소유 학생과 소유하지 않은 학생 각각 100명의 표본을 추출하여 조사한 결과 평점의 평균과 분산은 다음과 같았다.

	자동차 비소유 학생	지동차 소유 학생
표본평균	$\overline{X_1} = 2.70$	$\overline{X_2} = 2.54$
표본분산	$S_1^2 = 0.36$	$S_2^2 = 0.40$

자동차를 소유한 학생과 소유하지 않은 학생 사이에 성취도의 차가 있는지를 유의수준 $\alpha = 0.1$ 로 검정하여라.

풀이 자동차 소유 학생과 소유하지 않은 학생의 평점 평균을 각각 μ_1, μ_2 라고 하면 가설은 다음과 같이 세울 수 있다.

$$H_0: \ \mu_1 - \mu_2 = 0, \qquad H_1: \ \mu_1 - \mu_2 \ne 0$$

표본의 크기가 대표본이므로 검정통계량 Z의 값을 구하면

$$Z = \frac{(\overline{X} - \overline{Y})}{\sqrt{\dfrac{S_1^2}{n_1} + \dfrac{S_2^2}{n_2}}} = \frac{2.70 - 2.54}{\sqrt{\dfrac{0.36}{100} + \dfrac{0.40}{100}}} = 1.84$$

이때, $Z = 1.84 > Z_{\frac{\alpha}{2}} = Z_{0.05} = 1.645$ 이므로 귀무가설 H_0을 기각한다. 즉 자동차를 소유한 학생과 자동차를 소유하지 않은 학생 사이에는 평점의 차이가 없다고 할 수 없다. //

〈예제 5-11〉

도시와 지방에 사는 학생 간의 학력을 비교하기 위해서 도시에 사는 학생 16명과 지방에 사는 학생 15명을 무작위로 추출하여 학력시험을 실시한 결과 다음과 같은 자료를 얻었다.

	도시	지방
표본평균	$\overline{X_1} = 81$	$\overline{X_2} = 77$
표본분산	$S_1^2 = 25$	$S_2^2 = 36$

학력시험점수는 각각 정규분포를 따르고 두 모분산은 같다고 할 때, 도시에 사는 학생의 평균점수가 지방에 사는 학생의평균점수보다 높은지를 유의수준 1%로 검정하여라.

풀이 주어진 자료로부터 공통표본분산은

$$S^2 = \frac{(n_1-1)S_1^2 + (n_2-1)S_2^2}{n_1+n_2-2} = \frac{(16-1)25+(15-1)36}{16+15-2} = 30.31 \quad \text{이므로} \quad S = 5.505$$

이다. 도시에 사는 학생의 평균점수를 μ_1, 지방에 사는 학생의 평균점수를 μ_2 라고 하면 가설은 다음과 같이 세울 수 있다.

$$H_0: \ \mu_1 - \mu_2 = 0\ , \qquad H_1: \ \mu_1 - \mu_2 > 0$$

표본의 크기가 소표본이기 때문에 검정통계량 T를 구하면

$$T = \frac{\overline{X_1} - \overline{X_2}}{S\sqrt{\frac{1}{n_1} + \frac{1}{n_2}}} = 2.022 < 2.462 = t_{29}(0.01)$$ 이다. 또한 이 검정법은 우측검정이므로,

기각역은 $T > t_\alpha(n_1+n_2-2)$ 이므로 귀무가설 H_0를 기각할 수 없다. 즉, 도시에 사는 학생의 평균점수가 지방에 사는 학생의 평균점수보다 높다고 할 수 없다. //

2. 두 모집단이 종속인 경우

두 정규모집단이 종속이면 이 두 모집단은 실제로 하나의 이변량 정규분포이다. 이변량 정규분포에서 각각의 주변분포함수는 정규분포이고, 그 두 분포는 종속이 된다. 따라서 이 경우의 표본은 이변량 정규모집단에서 추출하기 때문에 (X_1, Y_1), (X_2, Y_2), $\cdots$, (X_n, Y_n)가 된다.

두 정규모집단이 종속일 때, 다음과 같은 모평균 차에 대한 가설을 검정해보자.

$$H_0: \ \mu_1 - \mu_2 = 0\ , \qquad H_1: \ \mu_1 - \mu_2 < 0 \ (\text{또는}\ \mu_1 - \mu_2 > 0,\ \ \mu_1 - \mu_2 \neq 0)$$

이때, $X_i - Y_i = D_i$, $i = 1, 2, \cdots, n$ 라고 하면 $\overline{X} - \overline{Y} = \overline{D}$ 이고, 검정통계량은 다음과 같다.

$$T = \frac{\overline{D}}{S_D/\sqrt{n}} \sim t(n-1), \qquad \text{단, } S_D = \sqrt{\frac{\sum_{i=1}^{n}(D_i - \overline{D})^2}{n-1}}$$

따라서 대립가설이 $H_1: \mu_1 - \mu_2 < D_0$일 때, H_0의 기각역은 다음과 같이 t-분포의 좌측영역이 된다.

$$\alpha = P(H_0 : \text{기각} \mid H_o : \text{참}) = P\left(T = \frac{\overline{D}}{S_D/\sqrt{n}} \le -t_\alpha(n-1)\right) \qquad \cdots\cdots ①\text{식}$$

즉, 검정통계량이 $T = \frac{\overline{D}}{S_D/\sqrt{n}} \le -t_\alpha(n-1)$ 이면 H_0를 기각한다.

두 정규모집단이 종속일 때, 모평균 차 $\mu_1 - \mu_2$에 대한 가설검정은 다음과 같다.

H_0	H_1	검정통계량	H_0의 기각역
$\mu_1 - \mu_2 = 0$	$\mu_1 - \mu_2 < 0$	$T = \frac{\overline{D}}{S_D/\sqrt{n}}$	$T \le -t_\alpha(n-1)$
	$\mu_1 - \mu_2 > 0$		$T \ge t_\alpha(n-1)$
	$\mu_1 - \mu_2 \ne D_0$		$\lvert T \rvert \ge t_{\alpha/2}(n-1)$

〈예제 5-12〉

오른쪽 구두가 왼쪽 구두보다 더 빨리 마모된다는 주장이 있다. 이를 확인하기 위해 임의로 8명을 뽑아 새 구두를 일정기간 동안 착용케 한 후 마모 정도를 측정한 결과 다음과 같았다. 이 자료가 위의 주장을 지지하는지를 유의수준 0.05로 검정하여라.

구두	1	2	3	4	5	6	7	8
오른쪽	3.2	2.8	3.5	3.7	3	2.5	2.7	4
왼쪽	3	2.8	3.8	3.1	2.5	2.4	3	3.6

풀이 오른쪽 구두와 왼쪽 구두의 마모 정도의 평균을 각각 μ_1, μ_2 라고 하면, 가설은 다음과 같이 세울 수 있다.

$$H_0 : \mu_1 - \mu_2 \ge 0, \qquad H_1 : \mu_1 - \mu_2 < 0$$

오른쪽 구두와 왼쪽 구두의 마모 정도는 서로 종속이다. 두 구두의 마모 정도의 차를 D_i = (오른쪽 − 왼쪽) 라고 하면 D_i는 다음과 같다.

구두	1	2	3	4	5	6	7	8	평균	표준편차
오른쪽	3.2	2.8	3.5	3.7	3	2.5	2.7	4		
왼쪽	3	2.8	3.8	3.1	2.5	2.4	3	3.6		
D_i	0.2	0	-0.3	0.6	0.5	0.1	-0.3	0.4	0.15	0.3423

따라서 검정통계량의 관측값은

$$T = \frac{\overline{D}}{S_D / \sqrt{n}} = \frac{0.15}{0.3423 / \sqrt{8}} = 1.24 > -t_{0.05}(7) = -1.895$$

이므로 H_0를 기각할 수 없다. 즉, 오른쪽 구두가 왼쪽 구두보다 더 빨리 마모된다고 할 수 있다.

//

제5장 연습문제

1. (1998년 임용고사 기출) 평균 μ, 분산 4인 정규분포에 따르는 모집단에서 크기 n인 임의의 표본을 추출하여 얻은 평균을 $\overline{X}$ 라고 할 때 다음 물음에 답하시오.

(1) $n = 100$, $\overline{X} = 10$ 일 때, 신뢰도 95%로 μ의 신뢰구간을 구하시오.

(2) $|\overline{X} - \mu| \leq \frac{1}{2}$ 인 확률이 95%이상이 되게 하려면 n의 크기를 얼마로 하면 되는지 구하시오.

2. (2010년 임용고사 기출) 과거 조사에 의하면 어느 지역의 초등학교 5학년 학생들의 신장은 평균 141.0cm이었다. 줄넘기 운동이 또래 아이들의 신장 발육에 도움이 되는지를 알아보고자 체육활동에서 이 운동을 적극 권장하여 실시하여 왔다. 이 운동을 꾸준하게 실시한 또래 아이들 중 임의로 추출한 81명의 신장을 조사한 결과 평균 142.2cm, 표준편차 6.0cm이었다. 줄넘기 운동이 아이들의 신장 발육에 도움이 된다고 할 수 있는지를 유의수준 0.05로 다음 단계와 같이 검정할 때, (가), (나), (다)에 알맞게 채워라.(단, 이 지역 아이들의 과거와 현재의 생활환경과 영양 섭취 등은 같고, 아이들의 신장은 정규분포를 따른다고 가정한다.)

<1단계> 가설검정

귀무가설 H_0 에 대한 대립가설 H_1 : [(가)]

<2단계> 검정통계량과 분포

표본의 크기가 $n = 81$ 로 충분히 크므로 귀무가설 H_0 가 참이라는 가정하에서

검전통계량 $Z = \dfrac{\overline{X} - \mu}{S/\sqrt{n}}$ 는 표준정규분포 $N(0,\ 1)$ 에 근사한다.

(단, $\overline{X}$ 는 포본평균, μ는 모평균, S는 표본표준편차이다.)

<3단계> 유의수준 $\alpha = 0.05$ 에 대한 기각역은 [(나)]

<4단계> 검정통계량의 관측값을 구한다.

<5단계> 결론

검정통계량의 관측값을기각역과 비교한 결과 줄넘기 운도이 신장 발육에

[(다)]

※ 참고: $Z \sim N(0,\ 1)$ 일 때, $P(\ |Z|\ \leq 1.645) = 0.90$, $P(\ |Z|\ \leq 1.96) = 0.95$ 이다.

3. (2013년 임용고사 기출) 어느 지역의 성인 300명을 대상으로 조사한 결과, 영양제를 주 2회 이상 복용하는 사람이 180명이었다. 이 지역의 성인 중 영양제를 주 2회 이상 복용하는 사람의 비율에 대한 99%신뢰구간을 구하여라. (단, $\sqrt{2}$ 는 1.41 로 계산하고, $Z \sim N(0,\ 1)$ 일 때, $P(\ |\ Z\ |\ \leq\ 2.58) = 0.99$ 이다. 소수점 아래 다섯째 자리에서 반올림한다.)

참고문헌

김원경. 교사를 위한 확률과 통계학, 교우사, 2011.

김원경·김현주·황인아. 임용고사를 위한 확률과 통계, 교우사, 2018.

김윤경·주상열. 확률의 이해, 교우사, 2002.

김제영 외 3인. 확률 및 통계, 청문각, 1996.

김종호·김주환·이기성, 확률론 입문, 교우사, 2001.

김진경 외5인. 통계학 엑셀을 위한 분석, 자유아카데미, 2018.

우정수·강성복. 확률의 입문, 교우사, 1999.

유성모 외 3인. 초급통계학, 자유아카데미, 2003.

이민영. 확률 및 통계 입문, 경문사, 2007.

장세경. 사범대생을 위한 확률과 통계, 경문사, 2010.

장세경·김현. 새로운 확률의 이해, 경문사, 2007.

최기헌·황창하. 확률론의 이해, 자유아카데미, 2001.

Robert B. Ash. Basic Probability Theory, John Wiley & Sons, 1970.

Sheldon Ross. A First Course in Probability, Macmillan Publishing Company, 1976.

1 이항누적분포표

$$P(X \le c) = \sum_{x=0}^{c} P(X = x) = \sum_{x=0}^{c} {}_nC_x p^x (1-p)^{n-x}$$

		p										
		0.05	0.1	0.2	0.3	0.4	0.5	0.6	0.7	0.8	0.9	0.95
	c											
n=1	0	0.9500	0.9000	0.8000	0.7000	0.6000	0.5000	0.4000	0.3000	0.2000	0.1000	0.0500
	1	1.0000	1.0000	1.0000	1.0000	1.0000	1.0000	1.0000	1.0000	1.0000	1.0000	1.0000
n=2	0	0.9025	0.8100	0.6400	0.4900	0.3600	0.2500	0.1600	0.0900	0.0400	0.0100	0.0025
	1	0.9975	0.9900	0.9600	0.9100	0.8400	0.7500	0.6400	0.5100	0.3600	0.1900	0.0975
	2	1.0000	1.0000	1.0000	1.0000	1.0000	1.0000	1.0000	1.0000	1.0000	1.0000	1.0000
n=3	0	0.8574	0.7290	0.5120	0.3430	0.2160	0.1250	0.0640	0.0270	0.0080	0.0010	0.0001
	1	0.9928	0.9720	0.8960	0.7840	0.6480	0.5000	0.3520	0.2160	0.1040	0.0280	0.0073
	2	0.9999	0.9990	0.9920	0.9730	0.9360	0.8750	0.7840	0.6570	0.4880	0.2710	0.1426
	3	1.0000	1.0000	1.0000	1.0000	1.0000	1.0000	1.0000	1.0000	1.0000	1.0000	1.0000
n=4	0	0.8145	0.6561	0.4096	0.2401	0.1296	0.0625	0.0256	0.0081	0.0016	0.0001	0.0000
	1	0.9860	0.9477	0.8192	0.6517	0.4752	0.3125	0.1792	0.0837	0.0272	0.0037	0.0005
	2	0.9995	0.9963	0.9728	0.9163	0.8208	0.6875	0.5248	0.3483	0.1808	0.0523	0.0140
	3	1.0000	0.9999	0.9984	0.9919	0.9744	0.9375	0.8704	0.7599	0.5904	0.3439	0.1855
	4	1.0000	1.0000	1.0000	1.0000	1.0000	1.0000	1.0000	1.0000	1.0000	1.0000	1.0000
n=5	0	0.7738	0.5905	0.3277	0.1681	0.0778	0.0313	0.0102	0.0024	0.0003	0.0000	0.0000
	1	0.9774	0.9185	0.7373	0.5282	0.3370	0.1875	0.0870	0.0308	0.0067	0.0005	0.0000
	2	0.9988	0.9914	0.9421	0.8369	0.6826	0.5000	0.3174	0.1631	0.0579	0.0086	0.0012
	3	1.0000	0.9995	0.9933	0.9692	0.9130	0.8125	0.6630	0.4718	0.2627	0.0815	0.0226
	4	1.0000	1.0000	0.9997	0.9976	0.9898	0.9688	0.9222	0.8319	0.6723	0.4095	0.2262
	5	1.0000	1.0000	1.0000	1.0000	1.0000	1.0000	1.0000	1.0000	1.0000	1.0000	1.0000
n=6	0	0.7351	0.5314	0.2621	0.1176	0.0467	0.0156	0.0041	0.0007	0.0001	0.0000	0.0000
	1	0.9672	0.8857	0.6554	0.4202	0.2333	0.1094	0.0410	0.0109	0.0016	0.0001	0.0000
	2	0.9978	0.9842	0.9011	0.7443	0.5443	0.3437	0.1792	0.0705	0.0170	0.0013	0.0001
	3	0.9999	0.9987	0.9830	0.9295	0.8208	0.6563	0.4557	0.2557	0.0989	0.0159	0.0022
	4	1.0000	0.9999	0.9984	0.9891	0.9590	0.8906	0.7667	0.5798	0.3446	0.1143	0.0328
	5	1.0000	1.0000	0.9999	0.9993	0.9959	0.9844	0.9533	0.8824	0.7379	0.4686	0.2649
	6	1.0000	1.0000	1.0000	1.0000	1.0000	1.0000	1.0000	1.0000	1.0000	1.0000	1.0000

2 포아송분포표

: 한 점 x에서의 확률값 $P(X=x)=\dfrac{e^{-\lambda}\lambda^{x}}{x!}$ (계속)

x	$\lambda=.1$	.2	.3	.4	.5	.6	.7	.8	.9	1.0
0	.9048	.8187	.7408	.6703	.6065	.5488	.4966	.4493	.4066	.3679
1	.0905	.1637	.0000	.2681	.3033	.3293	.3476	.3595	.3659	.3679
2	.0045	.0164	.0333	.0536	.0758	.0988	.1217	.1438	.1647	.1839
3	.0002	.0011	.0033	.0072	.0126	.0198	.0284	.0383	.0494	.0613
4	.0000	.0001	.0003	.0007	.0016	.0030	.0050	.0077	.0111	.0153
5	.0000	.0000	.0000	.0001	.0002	.0004	.0007	.0012	.0020	.0031
6	.0000	.0000	.0000	.0000	.0000	.0000	.0001	.0002	.0003	.0005
7	.0000	.0000	.0000	.0000	.0000	.0000	.0000	.0000	.0000	.0001
8	.0000	.0000	.0000	.0000	.0000	.0000	.0000	.0000	.0000	.0000

x	$\lambda=1.5$	2	3	4	5	6	7	8	9	10
0	.2231	.1353	.0498	.0183	.0067	.0025	.0009	.0003	.0001	.0000
1	.3347	.2707	.1494	.0733	.0337	.0149	.0064	.0027	.0011	.0005
2	.2510	.2707	.2240	.1465	.0842	.0446	.0223	.0107	.0050	.0023
3	.1255	.1804	.2240	.1954	.1404	.0892	.0521	.0286	.0150	.0076
4	.0471	.0902	.1680	.1954	.1755	.1339	.0912	.0573	.0337	.0189
5	.0141	.0361	.1008	.1563	.1755	.1606	.1277	.0916	.0607	.0378
6	.0035	.0120	.0504	.1042	.1462	.1606	.1490	.1221	.0911	.0631
7	.0008	.0034	.0216	.0595	.1044	.1377	.1490	.1396	.1171	.0901
8	.0001	.0009	.0081	.0298	.0653	.1033	.1304	.1396	.1318	.1126
9	.0000	.0002	.0027	.0132	.0363	.0688	.1014	.1241	.1318	.1251
10	.0000	.0000	.0008	.0053	.0181	.0413	.0710	.0993	.1186	.1251
11	.0000	.0000	.0002	.0019	.0082	.0225	.0452	.0722	.0970	.1137
12	.0000	.0000	.0001	.0006	.0034	.0113	.0264	.0481	.0728	.0948
13	.0000	.0000	.0000	.0002	.0013	.0052	.0142	.0296	.0504	.0729
14	.0000	.0000	.0000	.0001	.0005	.0022	.0071	.0169	.0324	.0521

(계속)

x	$\lambda=1.5$	2	3	4	5	6	7	8	9	10
15	.0000	.0000	.0000	.0000	.0002	.0009	.0033	.0090	.0194	.0347
16	.0000	.0000	.0000	.0000	.0000	.0003	.0014	.0045	.0109	.0217
17	.0000	.0000	.0000	.0000	.0000	.0001	.0006	.0021	.0058	.0128
18	.0000	.0000	.0000	.0000	.0000	.0000	.0002	.0009	.0029	.0071
19	.0000	.0000	.0000	.0000	.0000	.0000	.0001	.0004	.0014	.0037
20	.0000	.0000	.0000	.0000	.0000	.0000	.0000	.0002	.0006	.0019
21	.0000	.0000	.0000	.0000	.0000	.0000	.0000	.0001	.0003	.0009
22	.0000	.0000	.0000	.0000	.0000	.0000	.0000	.0000	.0001	.0004
23	.0000	.0000	.0000	.0000	.0000	.0000	.0000	.0000	.0000	.0002
24	.0000	.0000	.0000	.0000	.0000	.0000	.0000	.0000	.0000	.0001
25	.0000	.0000	.0000	.0000	.0000	.0000	.0000	.0000	.0000	.0000

3 표준정규분포표

: 누적확률값 $P(Z \leq z) = \int_{-\infty}^{z} \frac{1}{\sqrt{2\pi}} exp(-\frac{1}{2}t^2)dt$

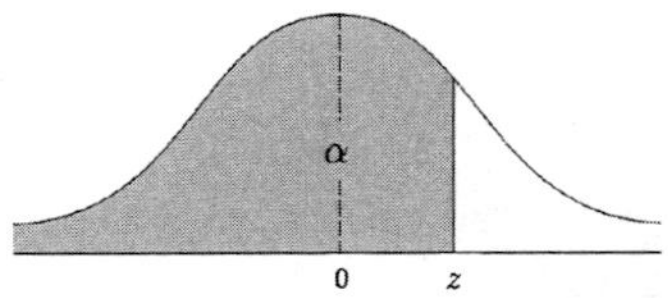

z	0.00	0.01	0.02	0.03	0.04	0.05	0.06	0.07	0.08	0.09
0.0	0.5000	0.5040	0.5080	0.5120	0.5160	0.5199	0.5239	0.5279	0.5319	0.5359
0.1	0.5398	0.5438	0.5478	0.5517	0.5557	0.5596	0.5636	0.5675	0.5714	0.5754
0.2	0.5793	0.5832	0.5871	0.5910	0.5948	0.5987	0.6026	0.6064	0.6103	0.6141
0.3	0.6179	0.6217	0.6255	0.6293	0.6331	0.6368	0.6406	0.6443	0.6480	0.6517
0.4	0.6554	0.6591	0.6628	0.6664	0.6700	0.6736	0.6772	0.6808	0.6844	0.6879
0.5	0.6915	0.6950	0.6985	0.7019	0.7054	0.7088	0.7123	0.7157	0.7190	0.7224
0.6	0.7258	0.7291	0.7324	0.7357	0.7389	0.7422	0.7454	0.7486	0.7518	0.7549
0.7	0.7580	0.7612	0.7642	0.7673	0.7704	0.7734	0.7764	0.7794	0.7823	0.7852
0.8	0.7881	0.7910	0.7939	0.7967	0.7996	0.8023	0.8051	0.8079	0.8106	0.8133
0.9	0.8159	0.8186	0.8212	0.8238	0.8264	0.8289	0.8315	0.8340	0.8365	0.8389
1.0	0.8413	0.8438	0.8461	0.8485	0.8508	0.8531	0.8554	0.8577	0.8599	0.8621
1.1	0.8643	0.8665	0.8686	0.8708	0.8729	0.8749	0.8770	0.8790	0.8810	0.8830
1.2	0.8849	0.8869	0.8888	0.8907	0.8925	0.8944	0.8962	0.8980	0.8997	0.9015
1.3	0.9032	0.9049	0.9066	0.9082	0.9099	0.9115	0.9131	0.9147	0.9162	0.9177
1.4	0.9192	0.9207	0.9222	0.9236	0.9251	0.9265	0.9279	0.9292	0.9306	0.9319
1.5	0.9332	0.9345	0.9357	0.9370	0.9382	0.9394	0.9406	0.9418	0.9430	0.9441
1.6	0.9452	0.9463	0.9474	0.9485	0.9495	0.9505	0.9515	0.9525	0.9535	0.9545
1.7	0.9554	0.9564	0.9573	0.9582	0.9591	0.9599	0.9608	0.9616	0.9625	0.9633
1.8	0.9641	0.9649	0.9656	0.9664	0.9671	0.9678	0.9686	0.9693	0.9700	0.9706
1.9	0.9713	0.9719	0.9726	0.9732	0.9738	0.9744	0.9750	0.9756	0.9762	0.9767
2.0	0.9773	0.9778	0.9783	0.9788	0.9793	0.9798	0.9803	0.9808	0.9812	0.9817
2.2	0.9821	0.9826	0.9830	0.9834	0.9838	0.9842	0.9846	0.9850	0.9854	0.9857
2.3	0.9861	0.9865	0.9868	0.9871	0.9875	0.9878	0.9881	0.9884	0.9887	0.9890
2.3	0.9893	0.9896	0.9898	0.9901	0.9904	0.9906	0.9909	0.9911	0.9913	0.9916
2.4	0.9918	0.9920	0.9922	0.9925	0.9927	0.9929	0.9931	0.9932	0.9934	0.9936
2.5	0.9938	0.9940	0.9941	0.9943	0.9945	0.9946	0.9948	0.9949	0.9951	0.9952
2.6	0.9953	0.9955	0.9956	0.9957	0.9959	0.9960	0.9961	0.9962	0.9963	0.9964
2.7	0.9965	0.9966	0.9967	0.9968	0.9969	0.9970	0.9971	0.9972	0.9973	0.9974
2.8	0.9974	0.9975	0.9976	0.9977	0.9977	0.9978	0.9979	0.9980	0.9980	0.9981
2.9	0.9981	0.9982	0.9983	0.9983	0.9984	0.9984	0.9985	0.9985	0.9986	0.9986
3.0	0.9987	0.9987	0.9987	0.9988	0.9988	0.9989	0.9989	0.9989	0.9990	0.9990
3.1	0.9990	0.9991	0.9991	0.9991	0.9992	0.9992	0.9992	0.9992	0.9993	0.9993
3.2	0.9993	0.9993	0.9994	0.9994	0.9994	0.9994	0.9994	0.9995	0.9995	0.9995
3.3	0.9995	0.9995	0.9996	0.9996	0.9996	0.9996	0.9996	0.9996	0.9996	0.9997
3.4	0.9997	0.9997	0.9997	0.9997	0.9997	0.9997	0.9997	0.9997	0.9998	0.9998

4 t - 분포표 : $P(t \geq t_\alpha) = \alpha$: 오른쪽 꼬리확률

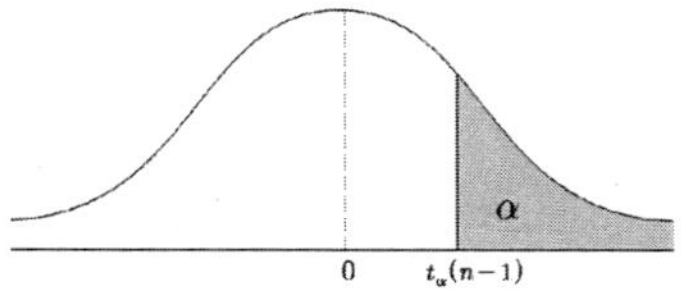

자유도 \ α	.100	.050	.025	.010	.005
1	3.078	6.314	12.706	31.821	63.657
2	1.886	2.920	4.303	6.965	9.925
3	1.638	2.353	3.182	4.541	5.841
4	1.533	2.132	2.776	3.747	4.604
5	1.476	2.015	2.571	3.365	4.032
6	1.440	1.943	2.447	3.143	3.707
7	1.415	1.895	2.365	2.998	3.499
8	1.397	1.860	2.306	2.896	3.355
9	1.383	1.833	2.262	2.821	3.250
10	1.372	1.912	2.228	2.764	3.169
11	1.363	1.796	2.201	2.718	3.106
12	1.356	1.782	2.179	2.681	3.055
13	1.350	1.771	2.160	2.650	3.012
14	1.345	1.761	2.145	2.624	2.977
15	1.341	1.753	2.131	2.602	2.947
16	1.337	1.746	2.120	2.583	2.921
17	1.333	1.740	2.110	2.567	2.898
18	1.330	1.734	2.101	2.552	2.878
19	1.328	1.729	2.093	2.539	2.861
20	1.325	1.725	2.086	2.528	2.845
21	1.323	1.721	2.080	2.518	2.831
22	1.321	1.717	2.074	2.508	2.819
23	1.319	1.714	2.069	2.500	2.807
24	1.318	1.711	2.064	2.492	2.797
25	1.316	1.708	2.060	2.485	2.787
26	1.315	1.706	2.056	2.479	2.779
27	1.314	1.703	2.052	2.473	2.771
28	1.313	1.701	2.048	2.467	2.763
29	1.311	1.699	2.045	2.462	2.756
inf.	1.282	1.645	1.960	2.326	2.576

찾아보기

황 인 아

현) 청주대학교 수학교육과 교수

한남대학교 수학과 이학 박사
한국교원대학교 수학교육과 교육학 박사

교사를 위한
확률과 통계 입문

초판발행 2024년 9월 25일

지은이 황인아
펴낸이 오판근
펴낸곳 (주) 교우
주 소 서울시 동대문구 약령시로 8 교우빌딩 2층 (주)교우
전 화 02-925-2861 / **팩 스** 02-925-2860, **편집부** 02-925-2825
홈페이지&북스토어 www.kyowoo.co.kr / 이메일 kyowoo@kyowoo.co.kr

등 록 1994년 3월 24일 제1994-000013호
ISBN 979-11-251-0401-8 (93310)

Published by Kyowoo Co., Ltd. Printed in Korea

값 20,000원

교우미디어는 (주) 교우의 Imprint 사입니다.
수학정원·과학정원은 (주) 교우의 새로운 브랜드명입니다.

잘못된 책은 구입하신 서점에서 교환해 드립니다.